BusinessVillage

Elke Katharina Meyer
Frank Nesemann
Thomas Achim Werner

Positiv führt!

Mit Positive Leadership Teams und Organisationen empowern

BusinessVillage

Elke Katharina Meyer, Frank Nesemann, Thomas Achim Werner
Positiv führt!
Mit Positive Leadership Teams und Organisationen empowern
1. Auflage 2024

Bestellnummern
ISBN 978-3-86980-753-9 (Druckausgabe)
ISBN 978-3-86980-754-6 (E-Book,PDF)
ISBN 978-3-86980-755-3 (E-Book,epub)

Direktbezug www.BusinessVillage.de; PB-1192

Bezugs- und Verlagsanschrift
BusinessVillage GmbH
Reinhäuser Landstraße 22
37083 Göttingen
Telefon: +49 (0)5 51 20 99-1 00
E-Mail: info@businessvillage.de
Web: www.businessvillage.de

Autorenfoto | Ralf Hiemisch, www.ralfhiemisch.de

Grafiken im Buch und Umschlaggestaltung | Olga Hopfauf & Stephan Baumgarten, www.baumhopf.de

Layout und Satz | Sabine Kempke

Druck und Bindung | www.booksfactory.de

Inhalt in der Übersicht

Ausführliches Inhaltsverzeichnis

Geleitwort von Prof. Dr. Judith Mangelsdorf

Die Art und Weise, wie wir führen, prägt nicht nur Unternehmen, sondern auch das gesellschaftliche Gefüge, in dem wir leben. In einer Zeit, in der Herausforderungen wie soziale Ungleichheit, Umweltkrisen und ein tiefgreifender Wandel in der Arbeitswelt immer deutlicher werden, ist die Frage nach der richtigen Führung entscheidender denn je. Das Buch greift das Konzept der »Positiven Führung« auf, führt es weiter und bringt es in die Praxis. Es geht über den Unternehmensalltag hinaus und kann als kraftvoller Hebel dienen, um auch in der Gesellschaft Wandel zu bewirken.

»Positiv führt!« fordert dazu auf, Führung neu zu denken: Es geht nicht mehr um Macht und Kontrolle, sondern um Vertrauen, Empathie und das Ziel, Menschen ganzheitlich zu stärken. Diese Werte können nicht nur eine neue Unternehmenskultur schaffen, sondern auch eine neue gesellschaftliche Haltung spiegeln – geprägt von gegenseitiger Unterstützung und dem festen Glauben an das Potenzial jedes Einzelnen.

In einer Arbeitswelt, in der 38 Prozent der Beschäftigten Mängel bei ihren Führungskräften sehen und psychische Belastungen rapide ansteigen, ist es an der Zeit, Führungskräften die Werkzeuge an die Hand zu geben, die nicht nur das Wohlbefinden der Mitarbeitenden fördern, sondern auch zu einer gesellschaftlichen Transformation beitragen. Führungskräfte, die Positive Leadership praktizieren, schaffen nicht nur produktivere und zufriedenere Teams – sie tragen auch dazu bei, dass diese Werte in die Gesellschaft ausstrahlen.

Stellen Sie sich eine Gesellschaft vor, in der Vertrauen, Sinnhaftigkeit, positive Beziehungen und ein wertschätzender Umgang miteinander nicht nur in Unternehmen gelebt werden, sondern auch im öffentlichen Leben, in Schulen, in der Politik und in Familien. Positive Leadership ist mehr als ein Führungsstil – es ist eine Haltung, die dazu beitragen kann, unsere Gesellschaft resilienter, gerechter und nachhaltiger zu gestalten. Führungskräfte, die ihre Mitarbeitenden ermächtigen, schaffen Räume, in denen Menschen ihr Potenzial entfalten und sich aktiv einbringen können – sowohl im Arbeitsalltag als auch im gesellschaftlichen Miteinander.

Dieses Buch eröffnet uns einen tiefen Einblick in die Prinzipien, Strategien und Praktiken der Positiven Führung. Dabei geht es nicht nur darum, Führungskräfte zu stärken, sondern auch Teams und ganze Organisationen zu befähigen, eine Kultur des Vertrauens, der Achtsamkeit und der Innovation zu leben. Es bietet einen Wegweiser für alle, die erkennen, dass nachhaltiger Erfolg nur durch eine menschenzentrierte Führung möglich ist. Das Buch zeigt nicht nur, warum dieser Wandel notwendig ist, sondern gibt auch konkrete Hilfestellungen, wie Positive Leadership im Unternehmensalltag verankert werden kann.

Die Autoren – Elke Katharina Meyer, Frank Nesemann und Thomas Achim Werner – verstehen Positive Leadership als Schlüssel zu einer tiefgreifenden gesellschaftlichen Veränderung. Ihre fundierte Expertise und ihre praktische Erfahrung zeigen, wie ein Wandel in der Führung nicht nur den Unternehmenserfolg, sondern auch das Gemeinwohl positiv beeinflussen kann.

Ich lade Sie ein, sich von den Seiten dieses Buches inspirieren zu lassen. Es bietet nicht nur theoretische Ansätze, sondern auch praxisnahe Werkzeuge, die Ihnen helfen, eine Kultur der Positiven Führung in Ihrem eigenen Umfeld zu etablieren. Die Veränderung beginnt bei jedem Einzelnen, doch ihre Auswirkungen reichen weit über die Unternehmensgrenzen hinaus – hin zu einer besseren, zukunftsfähigen Gesellschaft.

Denn letztlich ist die Art, wie wir führen, ein Spiegel dessen, wie wir als Gesellschaft zusammenleben wollen.

Berlin, den 25. September 2024

Prof. Dr. Judith Mangelsdorf

Einstieg

Willkommen in diesem Buch »Positiv führt!«. Sicher haben Sie schon einmal erfahren, wie destruktiv schlechte Führung sein kann. Eine Führung, die demotiviert, Konflikte schürt und das Potenzial der Mitarbeitenden ungenutzt lässt, kann nicht nur die Produktivität beeinträchtigen, sondern auch die Unternehmenskultur nachhaltig schädigen. Vielleicht haben Sie sich deshalb mit alternativen Führungsansätzen beschäftigt. Umso mehr freuen wir uns, dass Sie den Weg zur Positiven Führung gefunden haben.

Lassen Sie sich von den folgenden Seiten inspirieren und entdecken Sie neue Ideen, die Sie unmittelbar für sich und in Ihrem Team umsetzen können. Wir wünschen Ihnen dabei viele wertvolle Erkenntnisse und Erfolgserlebnisse. Wir bieten Ihnen das neuste Wissen zu Positive Leadership und einen ganzen Werkzeugkoffer voller erprobter Techniken.

Ein Hinweis zur verwendeten Sprache im Buch

»Positive Leadership« ist ein englischer Fachbegriff. Wir nutzen immer wieder auch »Positive Führung« synonym zu »Positive Leadership«.

Uns sind Gleichberechtigung. Gleichartigkeit und Nichtdiskriminierung aller Menschen persönliche Anliegen. Dort, wo es den Lesefluss nicht beeinflusst, verwenden wir das Gerundium (die Mitarbeitenden) oder auch den Doppelpunkt (Kolleg:innen). Auch wenn wir das im Interesse eines positiven Leseerlebnisses nicht durchgängig umsetzen, versichern wir, dass wir immer alle Menschen meinen und niemanden ausschließen möchten.

Über das Autorenteam

In diesem Buch bündeln wir – das Kernteam des Unternehmens Positivity Guides eGbR – unsere langjährige Expertise aus unseren Trainings und Beratungen in Positive Leadership sowie unsere aussagekräftigen Forschungsergebnisse. Unser Ziel ist es, Führungskräfte auf ihrem Weg zu einer positiven und zukunftsfähigen Unternehmenskultur zu begleiten.

Elke Katharina Meyer erkannte früh, dass das Potenzial für Glück und Erfolg in jedem Menschen selbst liegt. Seit über dreißig Jahren begleitet sie als Trainerin und Coach Einzelpersonen sowie Teams auf ihrem Weg, diese Potenziale freizusetzen. Als Expertin für Positive Leadership und Führung inspiriert sie Führungskräfte dazu, sich selbst achtsam sowie positiv auszurichten und eine positive, zukunftsfähige Führungs- und Unternehmenskultur zu gestalten.

Frank Nesemann (mittig) fasziniert die Erforschung und Förderung menschlicher Potenziale. Schwerpunkte seiner Arbeit sind Führungskräfte- und Persönlichkeitsentwicklung, gesundes Führen, Organisationsentwicklung, Gesundheit am Arbeitsplatz und Teamentwicklung. Mit dreißig Jahren Erfahrung in Pädagogik und Führung sowie seiner Expertise in Positive Leadership und Positiver Psychologie zielt er auf nachhaltige Veränderungen in Organisationen ab. Seine hier vorgestellte aktuelle und in Deutschland einzigartige Studie belegt signifikante Effekte von Positive Leadership Trainings. Die Ergebnisse begeistern und bestätigen ihn und uns: Positiv führt!

Thomas Achim Werner (links) lebt seine Mission, Führungskräfte zu inspirieren und sie auf eine Reise der positiven Veränderung mitzunehmen. Er kombiniert seine Kompetenz als Betriebswirt und Führungskraft mit der Theorie und Praxis von Positive Leadership. Als motivierender Experte befähigt er Führungskräfte, mit Positivität und Empathie zu führen, um nachhaltig positive Unternehmenskulturen zu schaffen ... für glückliche Menschen in erfolgreichen Unternehmen!

Uns Autoren verbindet die Leidenschaft, die Arbeitswelt zu verbessern, denn darin verbringen erwachsene Menschen einen Großteil ihrer täglichen Wachzeit. Wir teilen den Wunsch, Menschen zu befähigen, ihre Zukunft aktiv zu gestalten, sowie unsere Begeisterung für Lernen und Weiterentwicklung. Diese gemeinsamen Ziele ergänzen wir mit unserer Freude am Genuss und am Entdecken neuer Orte auf unseren Reisen, was uns zusätzlich inspiriert und verbindet.

Unsere unterschiedlichen Ausbildungen und beruflichen Erfahrungen bereichern unsere Perspektiven. Unsere individuellen Persönlichkeiten und heterogenen Signaturstärken (Seite 75) führen zu inspirierenden Diskussionen und vielfältigen Ansätzen in unserer Arbeit.

Mit großer Freude danken wir dem Verlag für die unterstützende Zusammenarbeit. Unsere Interviewpartner haben das Buch mit wertvollen Einblicken bereichert, und Rosaria Chirico hat uns mit ihrem klaren, wertschätzenden Feedback auf dem Weg begleitet. Vielen Dank an Olga Hopfauf und Stephan Baumgarten für die grafische Unterstützung. Stellvertretend für all unsere Lehrer:innen, die uns inspiriert haben, möchten wir Judith Mangelsdorf von Herzen unseren besonderen Dank aussprechen.

Kontakt

E-Mail: kontakt@positivity-guides.de
Web: www.positivity-guides.de

Wie können Sie dieses Buch am besten nutzen?

Wir laden Sie ein, das Buch auf die Weise zu nutzen, die Ihnen am meisten zusagt: Lesen Sie es von vorne nach hinten, springen Sie zwischen den Kapiteln hin und her, überfliegen Sie die Inhalte oder tauchen Sie tief in spezifische Themen ein.

Wir haben bewusst Theorie und Praxis voneinander getrennt: Dieses Buch wendet sich vorrangig an Praktiker und soll sowohl fundierte Hintergründe bieten als auch als Nachschlagewerk für Führungskräfte dienen. So können Sie – je nach Vorkenntnissen oder Situation – entscheiden, ob Sie sich zunächst auf praktische Übungen konzentrieren oder sich mit den theoretischen Hintergründen vertraut machen möchten.

In Teil I (ab Seite 25) sind die Grundlagen von Positive Leadership zusammengefasst. Hiermit können Sie psychologische Wirkungen und wissenschaftliche Erklärungen der in Teil II folgenden Praxis besser verstehen und nachvollziehen.

Sie erhalten einen detaillierten Einblick in die Wurzeln von Positive Leadership und erfahren, warum dieses Konzept für moderne Führungskräfte unverzichtbar ist. Dann lernen Sie das PERMA-Modell als Grundkonzept von Positive Leadership kennen sowie die ergänzenden Themen Achtsamkeit und Hoffnung. Im Anschluss präsentieren wir Ihnen unsere aussagekräftigen Forschungsergebnisse, die die positiven Auswirkungen von Positive Leadership Trainings belegen.

In Teil II des Buches (ab Seite 139) gehen wir auf die konkrete Praxis ein. Zunächst stellen wir dar, auf welchen grundlegenden Führungsskills Positive Leadership aufbaut. Dann laden wir Sie zu ausführlichen Selbstreflexionen ein. Sie analysieren zunächst, wie positiv Sie schon jetzt führen. In der Folge erhalten Sie umfassende, konkrete Anleitungen und Werkzeuge, um Positive Leadership in Ihrem Team umzusetzen.

Teil III des Buches (ab Seite 257) richtet den Blick in die Zukunft und wagt einen Ausblick, wohin Positive Leadership führen kann. Hier erhalten Sie eine Anleitung, wie Sie in Ihrem Unternehmen eine Positive Leadership-Welle auslösen. Im Anschluss bieten wir Ihnen einige Denkimpulse, was aus Positive Leadership Wunderbares entstehen kann, wenn wir in einem größeren Rahmen zu denken wagen.

Auf dem Cover haben Sie bereits unsere »Positivity« genannten Ausrufezeichen als Symbol für eine positive Führungskraft kennengelernt. »Positivity« wird Sie in verschiedenen Varianten durch das Buch begleiten und Ihnen die Orientierung erleichtern.

Selbstreflexion
Wir laden Sie anhand einiger Fragen ein, sich selbst zu reflektieren.

Wissenschaft
Sie erhalten kompakte Erkenntnisse aus der Wissenschaft.

Tipp
Hier finden Sie einen konkreten Tipp.

Interview
Hier bekommen Sie spannende Impulse durch einen Interviewpartner.

Aus der Praxis
Hier teilen wir unsere Erfahrungen. Falls Namen genannt werden, sind diese stets fiktiv abgewandelt.

Nun wünschen wir Ihnen viel Freude, neue Erkenntnisse und für Sie gut umsetzbare Anregungen, um mehr Positive Führung in die Unternehmen zu bringen.

Bei Fragen und Feedback freuen wir uns über Ihre Kontaktaufnahme.

Ihre Elke Katharina Meyer, Frank Nesemann und Thomas Achim Werner

Das Downloadangebot zum Buch

Dieses Buch liefert vielfältige Anregungen, um Positive Führung praktisch mit Leben zu füllen. Damit Sie und Ihre Teams erfolgreich ins Umsetzen kommen, stellen wir einige Arbeitsvorlagen zum Download zur Verfügung. Zum Zeitpunkt des Erscheinen des Buches sind das die folgenden:

- Arbeitsblatt Fragen zur Verbundenheit,
- Arbeitsblatt PERMA-Füllstände,
- Arbeitsblatt PERMA-Führungsverhalten,
- Arbeitsblatt PERMA-Führungsvorbilder,
- Arbeitsblatt Positives Feedback mit WWW,
- Arbeitsblatt Realitäts-Hoffnungs-Check,
- Ausbildungsangebote der Positivity-Guides.
- Checkliste Ein guter Start als Führungskraft,
- Links zu Testverfahren,
- Übersicht Coachingverbände,
- WOOP-Anleitungen.

Das Downloadangebot des Verlages zum Buch

www.businessvillage.de/DL-1192.html

Teil I – die Basis:
Was ist Positive Leadership?

»Führung wurde zu einer Zeit mit Kraft gleichgesetzt. Heute bedeutet es, wie man mit den Menschen auskommt.«

Mahatma Gandhi, Staatsmann und Freiheitskämpfer

Im ersten Teil dieses Buches erfahren Sie, warum in der Welt der Führung ein Wandel erforderlich ist, wie Positive Leadership entstanden ist und was man darunter versteht.

Wir legen dann die theoretische Basis, um Positive Leadership tiefgründiger zu verstehen. Dabei gehen wir intensiv auf das PERMA-Modell ein, ergänzt um die Themen Achtsamkeit und Hoffnung. Warum haben wir uns entschieden, Achtsamkeit und Hoffnung – zusätzlich zum gut erforschten PERMA-Modell – in den Fokus zu nehmen? Führungskräfte stehen in einer zunehmend komplexen und herausfordernden Arbeitswelt vor der Aufgabe, nicht nur ihre Teams zu steuern, sondern auch sich selbst zu führen. Achtsamkeit ist hierbei ein essenzielles Werkzeug, das es ermöglicht, innezuhalten, die eigenen Gedanken und Emotionen zu reflektieren und gezielt zu steuern. Eine achtsame Führungskraft ist in der Lage, klarer und bewusster zu agieren, was wiederum zu einer nachhaltig positiven Führungskultur führt.

Hoffnung ist ein weiterer zentraler Aspekt, der oft unterschätzt wird. Doch in unsicheren Zeiten – sei es durch wirtschaftliche Herausforderungen, technologische Veränderungen oder gesellschaftliche Umbrüche – ist Hoffnung der Schlüssel, um nach vorne zu blicken und Perspektiven zu schaffen. Hoffnung gibt Führungskräften Kraft, Motivation und klare Handlungsoptionen, um auch in schwierigen Situationen nach Lösungen zu suchen und eine positive Zukunftsvision zu vermitteln.

Anhand einer in Deutschland bisher einmaligen wissenschaftlichen Feldstudie von Frank Nesemann legen wir Ihnen zum Abschluss dieses Teils kompakt dar, wie Positive Leadership in der Praxis wirkt und welche Erkenntnisse sich daraus ableiten lassen.

Dieser erste Teil ist vor allem für die wissbegierigen und wissenschaftlich interessierten Führungskräfte geschrieben, die gerne erst einmal die Grundlagen verstehen und kritisch durchdenken möchten, bevor sie an die Umsetzung gehen.

Zugleich finden Sie als Leser viele Zahlen, Daten und Fakten. Diese bieten Ihnen solide und fundierte Argumente, um auch etwaige Zweifler, Kritiker, Controller und andere Detailinteressierte davon zu überzeugen, wie wertvoll und erfolgsrelevant es ist, Positive Leadership einzuführen.

1 Positiv führt! Warum ist eine neue Führung notwendig?

»Ich wünsche mir für dieses Land, dass wir verstehen, dass es gemeinsam einfach besser geht.«

Julian Nagelsmann, Bundestrainer der deutschen Fußballnationalmannschaft

Dieser Satz hat sich bereits ins Gedächtnis der Deutschen eingebrannt. Nagelsmann trifft den Nagel auf den Kopf. Er spricht das aus, was viele Menschen in diesem Land fühlen, und überträgt seine Europameisterschafts-Erfahrungen authentisch auf die Gesellschaft. In seiner Pressekonferenz – nach dem dramatischen EM-Aus 2024 – spricht er über die Schwarzmalerei in unserer Gesellschaft. Er prangert an, dass viele anderen nichts gönnen, nur das Negative sehen und Probleme statt Lösungen suchen. Ja, wir haben ein Problem, auch mit unserer Führungskultur. Aber wo bleiben die Gespräche über Lösungen? Wir brauchen Mut, neue Wege zu gehen und Lösungen auszuprobieren. Ob sie sofort funktionieren, wissen wir nicht. Doch immer nur meckern bringt uns nicht weiter.

Jeder zeigt auf den anderen: »Fragen Sie die Geschäftsleitung, den Chef – der ist schuld.« Aber was würden Sie anders machen? »Keine Ahnung, ich kann nichts ändern.« Doch das stimmt nicht. Wir können alle anpacken und gemeinsam etwas verändern, auch in der Führungskultur dieses Landes. Es ist nicht alles so traurig, wie es schwarzgemalt wird. Nagelsmanns Worte treffen genau ins Herz.

Zurück zur Gemeinsamkeit, weg von der trennenden Individualität, hin zu einer Geschlossenheit, die uns stärkt. Diese Ausrichtung gilt auch für dieses Buch: mehr Mut zur Veränderung, Empowerment und Teamgeist. Weg von Schwarzmalerei und Individualismus. Es ist wichtig, auf die eigenen Stärken zu vertrauen, sie bewusst einzusetzen und sich mit Kollegen zu verbinden. Führungskräfte stehen oft vor der Herausforderung, sich isoliert zu fühlen – allein, im ständigen Wettbewerb und ohne die Möglichkeit, sich über Führungsfragen und Probleme auszutauschen. Nur durch Zusammenarbeit und gegenseitige Unterstützung können wir mehr erreichen und Probleme in Lösungen verwandeln. Gemeinsam sind wir stärker und erfolgreicher.

Wir können alle mit anpacken und gemeinsam etwas verändern – auch in der Führungskultur. Wieder zurück zu einer Gemeinsamkeit. Weg von dieser Individualität, die uns trennt, hin zu einer Geschlossenheit, wo wir uns alle guttun und gemeinsam stärken.

Was ist das aktuelle Problem?

Nur jeder vierte Arbeitnehmer ist mit seiner Führungskraft hochzufrieden – eine erschreckende Zahl, die uns alle aufrütteln sollte. Was läuft falsch in unseren Unternehmen, wenn 38 Prozent der Befragten Nachholbedarf bei ihrer Führungskraft sehen? Warum fühlen sich immer weniger Mitarbeitende langfristig an ihren Arbeitgeber gebunden?

Die Zahlen sprechen eine deutliche Sprache: Im Jahr 2018 hatten noch 78 Prozent der Befragten die feste Absicht, in einem Jahr noch bei ihrem derzeitigen Arbeitgeber zu sein, heute sind es nur noch 55 Prozent. Noch drastischer zeigt sich der Trend bei der Frage nach der langfristigen Verbundenheit: Nur noch 39 Prozent wollen in drei Jahren noch für ihren aktuellen Arbeitgeber arbeiten – ein dramatischer Rückgang im Vergleich zu den 65 Prozent im Jahr 2018 (Gallup 2021, Institut für Beschäftigung und Employability & Hays 2023).

Steigende psychische Belastungen

Die Zahl der Fehltage aufgrund psychischer Erkrankungen hat sich zwischen 2007 und 2023 mehr als verdoppelt – von 48 Millionen auf 118 Millionen Tage pro Jahr. Diese erschreckenden Zahlen verdeutlichen den hohen Druck, unter dem viele Mitarbeitende stehen. Im Schnitt hatte ein Versicherter zweiunddreißig Fehltage pro Jahr aufgrund psychischer Belastungen (Bundesanstalt für Arbeitsschutz und Arbeitsmedizin und DAK 2023). Um diesen Herausforderungen zu begegnen, ist eine neue Führung unverzichtbar. Aber was ist, wenn genau dieser neuen Führung ein solches Empowerment fehlt?

Vom Manager zum Leader

Viele Führungskräfte sehen sich im Alltag mit einem enormen Zeitdruck konfrontiert. Oftmals geraten sie in den Strudel der Managementaufgaben und finden kaum noch Raum für das, was eigentlich im Zentrum ihrer Rolle stehen sollte: die Führung ihrer Mitarbeitenden. Sie umfasst nicht nur das Setzen von klaren Erwartungen und das Bereitstellen von Unterstützung, sondern auch die Förderung einer positiven Arbeitskultur, die Entwicklung von Talenten und das Schaffen eines Umfelds, in dem sich Mitarbeitende empowered fühlen.

Führungskräfte stehen dabei unter vielfältigen Einflüssen. Auf der äußeren Ebene prägen unternehmensspezifische Faktoren, wie Ziele, Strukturen und Vorgaben, die Art und Weise, wie Führung gestaltet werden kann. Auf der inneren Ebene wirken kulturelle Einflüsse, die tief in den Systemen und Denkweisen der Organisation verwurzelt sind – oft unbewusst. Diese Kultur bestimmt, wie offen kommuniziert wird, wie Entscheidungen getroffen werden und welchen Stellenwert zwischenmenschliche Beziehungen haben. Führungskräfte müssen sich dieser äußeren und inneren Dynamiken bewusst sein, um ihre Rolle nicht nur als Manager, sondern als echte Leader zu erfüllen, die ihre Mitarbeitenden inspirieren und eine positive, nachhaltige Veränderung vorantreiben.

Positive Führung als Lösungsansatz

Es gilt als sicherer Weg, das Wohlbefinden der Mitarbeitenden zu steigern, Belastungen abzumildern und somit Fehlzeiten zu reduzieren, wenn Führungskräfte in Positive Leadership geschult werden. Der Führungsansatz basiert auf den fünf Säulen der Positiven Psychologie: positive Emotionen, Engagement, positive Beziehungen, Sinn/Bedeutung und Zielerreichung. Studien zeigen das Erwartbare: Eine höhere Qualität des Führungsverhaltens geht mit Empowerment, Stressreduktion, minimierter Burn-out-Gefährdung und besserem Wohlbefinden einher.

Aber warum wird Positive Leadership noch so selten genutzt, obwohl die Vorteile klar auf der Hand liegen?

Warum ist (uns) Empowern so wichtig?

Es fehlt am Empowerment. Am Empowerment von Führenden wie Mitarbeitenden. Empowerment ist deshalb so wichtig, weil es die Grundlage für eine Kultur des Vertrauens und der Eigenverantwortung schafft. Wenn Führungskräfte und Mitarbeitende ermächtigt werden, Entscheidungen zu treffen und Verantwortung zu übernehmen, steigt nicht nur ihre Selbstwirksamkeit, sondern auch ihr Zugehörigkeitsgefühl zur Organisation. Dieses Gefühl der Kontrolle und Autonomie wirkt wie ein Treibstoff für die innere Motivation: Menschen, die sich ermächtigt fühlen, gehen proaktiver mit Herausforderungen um, denken kreativer und entwickeln Lösungen, die über den Standard hinausgehen. Empowerment setzt Potenziale frei, die in starren, hierarchischen Strukturen oft ungenutzt bleiben, und fördert eine Lernkultur, in der Fehler als Chancen zur Weiterentwicklung betrachtet werden. Langfristig entsteht dadurch nicht nur eine höhere Leistungsfähigkeit, sondern auch eine tiefere Zufriedenheit, die sich in einem gesunden, positiven Arbeitsklima widerspiegelt.

Wir haben uns entschieden, den englischen Originalbegriff zu verwenden, da er sehr eingängig ist und deutsche Übersetzungen die Bedeutung des Begriffs nicht vollständig wiedergeben.

Empowern ist auch mehr als nur ein Modewort. Im Englischen bedeutet es sowohl ermächtigen als auch befähigen und Energie vermitteln. Ermächtigen umfasst, die persönliche Stärke eines Menschen in Form der Selbstwirksamkeit zu steigern. Hinzu kommt die im Rahmen einer Hierarchie vom Unternehmen verliehene Ermächtigung, Verantwortung zu übernehmen und Entscheidungen zu treffen.

Erfolgreiches Empowerment umfasst vier zentrale Ebenen: Individuum, Team, Führung und Unternehmen. Ein empowerter Mitarbeitender fühlt sich wertgeschätzt, autonom und kann seinen Arbeitsplatz aktiv mitgestalten. Teams funktionieren besser, wenn sie als Einheit agieren und kreative Synergien schaffen. Führungskräfte fördern Empowerment, indem sie Eigenverantwortung und Selbstwirksamkeit ermöglichen und eine Kultur des Vertrauens schaffen. Unternehmen stärken Empowerment durch flache Hierarchien und Partizipation.

Empowerment basiert zudem auf vier Dimensionen: Kompetenz, Bedeutsamkeit, Selbstbestimmung und Einflussnahme. Diese stärken das Selbstbewusstsein und die Motivation der Mitarbeitenden, was zu einer positiven Arbeitskultur führt. Studien (Schermuly et al. 2011, Brosi 2023) zeigen, dass Empowerment die Arbeitszufriedenheit erhöht, Burn-out reduziert und die Gesundheit fördert.

Die Generation Z und ihre Erwartungen

Angesichts des aktuellen Fachkräftemangels mit 540 000 regelmäßig unbesetzten Stellen in Deutschland (Stand 2024) ist es dringender denn je, neue Führungswege zu beschreiten. Denn wer, wenn nicht die Führungskräfte, sollte die Arbeitsumfelder gestalten, die heute vom Markt gefordert werden?

Die Generation Z, die derzeit auf den Arbeitsmarkt strömt, legt großen Wert auf eine ausgewogene Work-Life-Balance und eine positive Arbeitsumgebung. Unternehmen, die diesen Bedürfnissen nicht gerecht werden, riskieren, wertvolle Talente zu verlieren oder gar nicht erst zu gewinnen. Laut einer Umfrage von Deloitte (2020) ist für 72 Prozent der Generation Z eine ausgewogene Work-Life-Balance »sehr wichtig« oder »wichtig«.

Die VUCA-Welt und agile Methoden

In der heutigen VUCA-Welt (volatil, unsicher, komplex und mehrdeutig) müssen Unternehmen anpassungsfähig und agil sein, um wettbewerbsfähig zu bleiben. Agile Methoden wie OKR, Kanban und Scrum sind entscheidend, um auf die sich schnell ändernden Marktbedingungen und Kundenbedürfnisse reagieren zu können. Die Art des Arbeitens und des Zusammenarbeitens verändert sich hierdurch. Ein weiterer Grund, gerade die Führungskräfte zu stärken, um in neuen, unsicher erscheinenden Rahmenbedingungen erfolgreich zu navigieren.

Positive Leadership als wissenschaftlich fundierter Ansatz

Positive Leadership – basierend auf der Positiven Psychologie und dem PERMA-Modell – bietet einen wissenschaftlich fundierten Ansatz für eine neue Art der Führung. Die positiven Veränderungen in Unternehmen sind evidenzbasiert und deren Wirkungen sind nachgewiesen. Somit bietet Positive Leadership eine grundlegende Antwort auf die Probleme dieser Zeit.

Warum brauchen wir Positive Leadership gerade jetzt?

Die Gallup-Studie von 2024 zeigt eine kritische Herausforderung für deutsche Unternehmen auf: Nur 17 Prozent der Mitarbeitenden fühlen eine starke emotionale Verbundenheit zu ihrem Arbeitgeber! Ein Wert, der weit unter dem weltweiten Durchschnitt liegt. Diese niedrige Bindungsrate unterstreicht die Notwendigkeit, etwas zu verändern. Denn die emotionale Verbundenheit ist ein wichtiger Faktor, damit die Mitarbeitenden bleiben, motiviert arbeiten und sich wohlfühlen.

Ein Mangel an emotionaler Verbundenheit kann für Führungskräfte erhebliche Schmerzpunkte mit sich bringen. Ohne eine starke Bindung an das Unternehmen sind die Mitarbeitenden weniger engagiert und neigen dazu, nur das Nötigste zu tun. Dies kann zu einer spürbaren Produktivitätsminderung führen. Die Fluktuation steigt, was nicht nur hohe Kosten für die Rekrutierung und Einarbeitung neuer Mitarbeitender verursacht, sondern auch wertvolles Wissen und Erfahrung verloren gehen lässt.

Zudem wirkt sich eine geringe emotionale Verbundenheit negativ auf die Teamdynamik und das Betriebsklima aus. Konflikte und Missverständnisse nehmen zu und die Zusammenarbeit leidet. Innovation und Kreativität bleiben auf der Strecke, da Mitarbeitende, die sich nicht verbunden fühlen, weniger bereit sind, Risiken einzugehen oder neue Ideen vorzuschlagen.

Führungskräfte stehen vor der Herausforderung, eine Unternehmenskultur zu schaffen, die Vertrauen und Loyalität fördert. Dies erfordert gezielte Maßnahmen wie transparente Kommunikation, Anerkennung und Wertschätzung der Mitarbeiterleistungen sowie die Förderung von persönlicher und beruflicher Entwicklung. Nur durch ein bewusstes Engagement für die Stärkung der emotionalen Verbundenheit können Unternehmen langfristig erfolgreich sein und ihre besten Talente halten.

Dafür hilft es, die Prinzipien Positiver Führung zu verstehen und anzuwenden. Positive Führung fördert nicht nur die Identifikation und das Engagement der Mitarbeitenden, sondern trägt auch zu deren Zufriedenheit und Motivation bei. Indem sie eine Kultur des Vertrauens und der Unterstützung schafft, motiviert sie die Mitarbeitenden, sich langfristig für das Unternehmen einzusetzen und dessen Ziele aktiv zu fördern. In einer Zeit schneller Veränderungen und einer Vielfalt der Managementkonzepte, die oft mehr Verwirrung als Klarheit stiftet, agieren viele Führungskräfte intuitiv oder sind sich unsicher über den besten Führungsstil. Es wird dabei gleichzeitig immer wichtiger, Führungsstile anzuwenden, die sowohl positiv als auch anpassungsfähig und schnell umsetzbar sind. Die Förderung und Schulung von Führungskräften zielt besonders darauf ab, ein unterstützendes Arbeitsumfeld zu schaffen. Dadurch kann potenzieller Mitarbeiterabwanderung entgegengewirkt und eine resiliente, zukunftsfähige Organisation aufgebaut werden.

Die Macht der Zuversicht: ein Weckruf

Wie sieht es denn mit der Zuversicht in deutschen Unternehmen aus? Zuversicht ist ein entscheidendes psychologisches Element, das nicht nur das individuelle Wohlbefinden, sondern auch die Leistungsfähigkeit und das Engagement von Mitarbeitenden maßgeblich beeinflusst. Sie fungiert als ein Marker, der anzeigt, wie es uns geht und wie wir die Zukunft wahrnehmen. Zuversicht kann dabei helfen, Herausforderungen zu meistern, kreative Lösungen zu finden und die Widerstandsfähigkeit in Krisenzeiten zu stärken. Sie schafft eine positive Grundstimmung, die sich auf das gesamte Unternehmen auswirkt und Transformationen erleichtert.

Die »Zuversichtsindex 2024 Studie« der Jenewein AG offenbart jedoch alarmierende Defizite in deutschen Unternehmen. Trotz der Bedeutung der Zuversicht für den Unternehmenserfolg zeigen die Ergebnisse, dass vielen Organisationen dieser essenzielle Antrieb fehlt. Die Zahlen sprechen eine deutliche Sprache:

- Nur 40 Prozent der Mitarbeitenden und 51 Prozent der Führungskräfte glauben, dass die beste Zeit ihres Unternehmens noch bevorsteht.
- 41 Prozent der Mitarbeitenden und 52 Prozent der Führungskräfte sind von der Zukunftsvision ihres Unternehmens begeistert.
- 38 Prozent der Befragten sorgen sich um die Fähigkeit ihres Unternehmens, zukünftige Krisen zu meistern.
- 20 Prozent halten die Führungskräfte in ihrem Unternehmen für überfordert.
- Nur 60 Prozent fühlen sich im Beruf als Teil einer echten Gemeinschaft.
- Nur 50 Prozent der Mitarbeitenden und Führungskräfte sagen, dass in ihrem Unternehmen Menschen genauso wichtig sind wie Zahlen.
- 29 Prozent befürchten, dass ihr Arbeitgeber nicht attraktiv genug für jüngere Generationen ist.
- 30 Prozent sehen das Risiko, dass ihr Unternehmen durch zu langsame Veränderungen abgehängt wird.

Die Zeit der Ausreden ist also definitiv vorbei. Unternehmer müssen jetzt handeln. Zuversicht, eine positive Fehlerkultur und flexible Arbeitsmodelle sind kein Luxus, sondern eine Notwendigkeit. Unternehmen müssen transparente Kommunikation, Teambuilding und flexible Arbeitsmodelle fördern, um eine Kultur der Zuversicht und Gemeinschaft zu schaffen. Wer nicht handelt, riskiert nicht nur die Zukunft seines Unternehmens, sondern auch das Vertrauen und die Loyalität der Mitarbeitenden.

2.1 Führungsstile im Wandel der Zeit

In recht kurzer Zeit hat sich Führung sehr verändert, so wie sich Unternehmen an wechselnde Bedingungen angepasst haben. Verschiedene Stile haben sich dabei entwickelt und es gibt unendlich viel Literatur und zahlreiche Ratgeber dazu. Ein Umstand, der zu Verwirrung führen kann. Die eine Führungskraft verfolgt und schwört auf einen besonderen Stil, während sich die nächste Führungskraft entweder keine Zeit nimmt oder einfach »irgendwie führt«.

Jeder Führungsstil hat seine Berechtigung, wie die Historie zeigt. Positive Leadership wird heute als zentraler Ansatz gesehen. Wir erklären, warum.

Wie haben sich aber die verschiedenen Stile entwickelt? Hier eine kurze und knappe Zusammenfassung, um zu verstehen, was auch heute noch daran wichtig sein könnte.

Führung entwickelte sich von einer einfachen Organisation von Massenarbeit während der Industrialisierung zu einem Schlüsselelement in dynamischen, sich ständig verändernden Umfeldern, in denen Anpassungsfähigkeit und eine Kultur des Vertrauens entscheidend sind. Ursprünglich konzentrierte sich Führung darauf, Effizienz durch uniforme Arbeitsabläufe zu erzielen, bekannt als Taylorismus. Über die Jahre verlagerte sich der Fokus hin zu einem tieferen Verständnis der Bedeutung menschlicher Beziehungen im Arbeitsumfeld, gefördert durch die Human-Relations-Bewegung.

Moderne Führungsstile, wie die transformationale Führung, begeistern heute Mitarbeitende, indem sie inspirierende Visionen vermitteln. Führen gleicht dem Steuern eines Schiffs durch unbekannte Gewässer in einer unsicheren Welt. Als Kapitän gibt man die Richtung vor und motiviert gleichzeitig das Team, gemeinsame Ziele zu erreichen. Dabei können unterschiedliche Führungsstile zum Einsatz kommen (siehe Kasten).

Heute sind Führungskräfte gefordert, wie Entdecker neue Pfade in einem sich ständig verändernden Umfeld zu bahnen, wobei ethische und finanzielle Verantwortung sowie das Wohlbefinden aller im Vordergrund stehen. Das Wohlbefinden und die Work-Life-Balance werden besonders von der Generation Z eingefordert. Positive Leadership, ein Stil, der die Schaffung eines unterstützenden und förderlichen Arbeitsumfeldes hervorhebt, spielt bei diesen Themen eine zentrale Rolle in der modernen Führungslandschaft. Dazu später mehr.

Die wichtigsten Führungsstile

Situative Führung: Die Führungskraft passt das Verhalten den spezifischen Bedürfnissen der Situation und der Mitarbeitenden an. Die Führungskraft zeigt Flexibilität und die Fähigkeit, je nach Umstand die Führungsweise zu ändern.

Agile Führung: Die Führungskraft zeigt Anpassungsfähigkeit und schnelle Reaktionen auf Veränderungen mit agilen Methoden. Dieser Ansatz ist ideal für dynamische und schnelllebige Umgebungen.

Autoritäre Führung: Hier gibt die Führungskraft klare Anweisungen und setzt die Regeln fest, wobei wenig Raum für Einfluss von Mitarbeitenden bleibt.

Laisser-faire ist ein zurückhaltender Führungsstil, bei dem die Führungskraft ihren Mitarbeitenden große Autonomie in der Ausführung ihrer Aufgaben gewährt, wobei sie selbst bei Störungen kaum eingreift, unterstützt oder direktive Anweisungen gibt.

Transaktionale Führung ist ein Führungsstil, bei dem die Interaktion zwischen Führungskraft und Mitarbeitenden hauptsächlich auf einem System von Belohnungen und Bestrafungen basiert, um spezifische Leistungsziele zu erreichen.

Transformationale Führung: Inspiriert und motiviert Mitarbeitende, indem sie eine Vision vermittelt und das Team dazu ermutigt, über den Tellerrand hinauszudenken und sich weiterzuentwickeln – also eine Transformation bewirkt.

Die Schattenseite von Führung

Gute Führung ist der Schlüssel zu mehr Produktivität, Innovation und Teamgeist. Sie fördert die Motivation und Kommunikation und ist entscheidend für die Konfliktlösung und Talententwicklung der Mitarbeitenden. Gute Führung hat immer auch Vorbilder; sicher fallen Ihnen ein paar sofort ein. Wahrscheinlich auch sehr schnell die Negativbeispiele und wie man es nicht machen sollte. Denn eins ist klar: Mitarbeitende kommen und gehen wegen der Führungskraft.

Führung bringt neben ihren unbestreitbaren Vorteilen auch Schattenseiten mit sich. Wie zwei Seiten der gleichen Medaille. Sie kann sowohl für die Führungskraft selbst als auch für die Mitarbeitenden stressig und herausfordernd sein, ähnlich den Nebenwirkungen eines starken Medikaments.

Führung kann erhebliche Herausforderungen mit sich bringen: Machtmissbrauch, Überforderung und Widerstand gegen Veränderungen sind nur einige Beispiele. Diese Probleme führen oft zu Stress, Burn-out und Konflikten innerhalb der Organisation. Entscheidungsdruck und Kommunikationsfehler beeinträchtigen die Effektivität und lassen persönliche Bedürfnisse in den Hintergrund treten.

Machtmissbrauch: Wenn Führungskräfte ihre Macht missbrauchen, schwindet das Vertrauen der Mitarbeitenden und es entsteht eine Kultur der Angst.

Überforderung: Führungskräfte, die sich ständig am Limit bewegen, verlieren den Überblick, machen Fehler und rutschen vielleicht sogar in einen Burn-out.

Widerstand gegen Veränderungen: Wenn Führungskräfte übermäßig an Traditionen haften, bleiben Innovationen und Weiterentwicklungen auf der Strecke und das Unternehmen stagniert.

Hoher Entscheidungsdruck: Wenn der Entscheidungsdruck zu hoch wird, bleibt kaum Raum für strategisches Denken und die Effektivität wird beeinträchtigt.

Kommunikationsfehler: Unklare Kommunikation kann zu Missverständnissen und ineffizienten Arbeitsprozessen führen.

Am Ende zahlen alle einen hohen Preis: Die Organisation verliert an Wettbewerbsfähigkeit und die Menschen brennen aus.

Führungskräfte, die anpassungsfähig, empathisch und klar kommunizieren, können andere Wege einschlagen. Sie schaffen eine Kultur der Offenheit und des Vertrauens, in der sich Mitarbeitende wertschätzt und unterstützt fühlen.

Die Führungsgeneration der Millennials

In der modernen Arbeitswelt stehen Millennials komplexen Herausforderungen gegenüber, eingeklemmt zwischen den unterschiedlichen Erwartungen der Babyboomer (zwischen 1946 und 1964 geboren) und der Generation Z (zwischen Mitte der 1990er-Jahre und Anfang der 2010er-Jahre geboren). Millennials sind die Generation, die zwischen 1981 und 1996 geboren wurde. Sie sind bekannt für ihre technologische Affinität, ihren Wunsch nach Work-Life-Balance. Sie haben hohe Erwartung an die Sinnhaftigkeit im Beruf. Sie müssen oft einen Weg finden, mit den traditionelleren Erwartungs- und Arbeitsweisen der Babyboomer und den dynamischeren, flexibleren Ansätzen der Generation Z umzugehen. Dies kann zu Spannungen führen, da Millennials versuchen, die Erwartungen beider Seiten zu erfüllen und gleichzeitig ihre eigenen Werte und Arbeitsvorstellungen zu wahren. Es ist wie eine stille Sinnkrise, in der viele Millennials zwischen diesen unterschiedlichen Arbeitsweisen, zum Beispiel unterschiedlichen Kommunikationswegen (Telefonieren versus Nutzung digitaler Medien) navigieren und oft innerlich resignieren oder das Unternehmen verlassen.

Sie gehen in Führung, wollen etwas ändern und scheitern oft an veralteten und nicht mehr zeitgemäßen Führungsansätzen, wie beispielsweise an dem vorher beschriebenen transaktionalen Stil. Das führt zu inneren Konflikten der eigenen Werte. Sie verlassen das Unternehmen und wollen nicht mehr in Führung gehen.

Dies verdeutlicht somit die negativen Auswirkungen unflexibler Führungsstile, die den Bedürfnissen aller Generationen nicht gerecht werden, und unterstreicht die Notwendigkeit einer sensibleren, adaptiven Führung.

Die negativen Auswirkungen schlechter Führung sind vergleichbar mit einem Riss in einem wertvollen Gemälde in einem Idealbild von Führung. Sie können zu langen Krankheitszeiten und hoher Fluktuation führen, was immense finanzielle Kosten verursacht.

2.2 Transformationale Wege: inspirieren statt nur korrigieren

Führung ist eine Kunst, die das Potenzial hat, die Grundfeste eines Teams zu erschüttern oder es zu höheren Leistungen anzuspornen. Somit ist es für Sie als Führungskraft wichtig zu verstehen, welche Merkmale und Ansätze wichtig sind, das Team zur Extrameile und zu Leistung anzuspornen und zu motivieren. Die Ansätze der transformationalen Führung helfen Ihnen in der Herangehensweise, denn solche Führungskräfte wecken eine tiefe Begeisterung und Verbundenheit mit der Arbeit, die weit über das tägliche Geschäft hinausgehen.

Transformational Führende inspirieren, indem sie einen tieferen Sinn für Arbeit vermitteln und Einstellungen positiv verändern. Im Gegensatz dazu ist die transaktionale Führung eher ein rationales Tauschgeschäft, bei dem gute Leistungen belohnt und schlechte bestraft werden. Dies kann die Kreativität und Eigeninitiative einschränken.

Der Führungsstil ähnelt dann einem »Management by Exception«, bei dem die Führungskraft nur eingreift, wenn Probleme auftreten. Der Mitarbeitende wird wieder auf »Spur gebracht – eingenordet«. Die transaktionale Führung mag kurzfristig funktionieren, ignoriert jedoch das Potenzial für Kreativität und Selbstmotivation, das über reine Transaktionen hinausgeht. Führung erfordert mehr als Belohnungen und Sanktionen; sie muss eine Umgebung schaffen, in der Mitarbeitende sich sicher fühlen, Risiken einzugehen und innovativ zu sein. Das führt dazu, dass der Mitarbeitende nur dann Unterstützung oder Feedback erhält, wenn Probleme auftreten, was zu Unsicherheit und einem Mangel an kontinuierlicher Entwicklung führen kann. Der Mitarbeitende wird lediglich korrigiert und ange-

Das »Full Range of Leadership«-Modell

(nach: Bass und Avolio 1994)

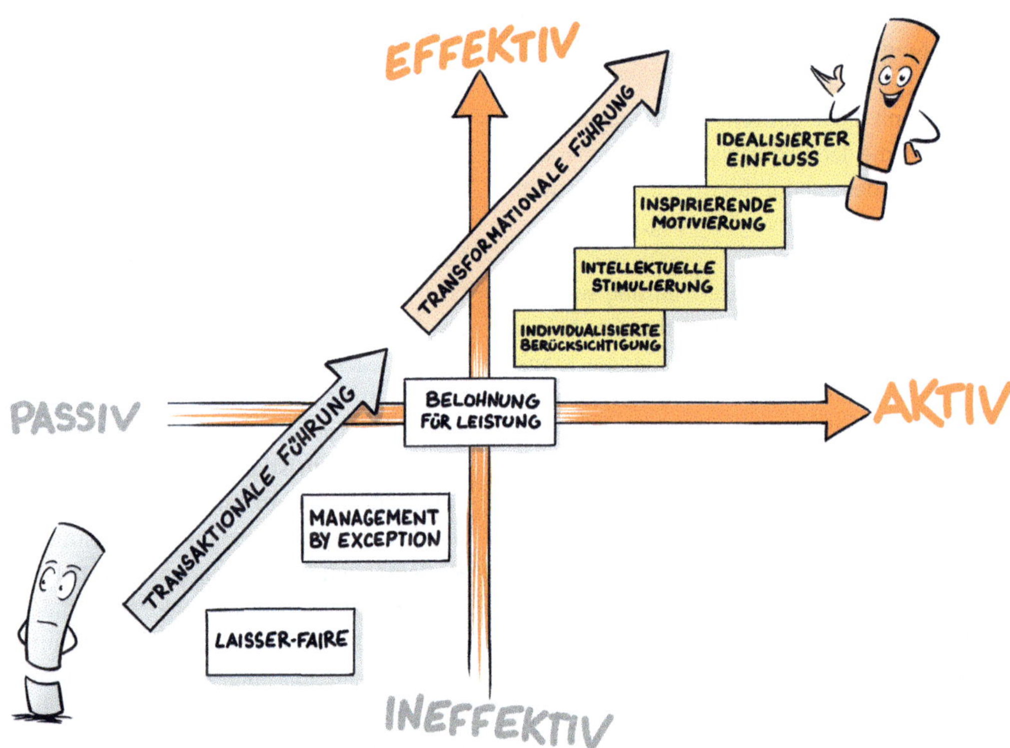

passt, anstatt proaktiv gefördert und ermutigt zu werden. Die transformationale Führung zielt hingegen darauf ab, durch Sinngebung Spitzenleistungen zu erzielen, die auch als die »vier Is« bezeichnet werden:

Individuelle Berücksichtigung: Führungskräfte achten auf die individuellen Bedürfnisse und Potenziale ihrer Mitarbeitenden. Sie bieten Unterstützung, Coaching und Mentoring, um die persönliche und berufliche Entwicklung jedes Einzelnen zu fördern. Sie erkennen und schätzen die Einzigartigkeit und die Beiträge eines jeden Mitarbeitenden.

Intellektuelle Stimulierung: Führungskräfte ermutigen ihre Mitarbeitenden, kreativ und innovativ zu sein. Sie fördern kritisches Denken und das Hinterfragen von bestehenden Annahmen und Methoden. Dies unterstützt die Entwicklung neuer Ideen und Lösungen.

Inspirierende Motivation: Führungskräfte motivieren und inspirieren ihre Mitarbeitenden, indem sie eine klare und ansprechende Vision der Zukunft kommunizieren. Sie setzen hohe Standards und Erwartungen und fördern den Teamgeist und die Begeisterung für gemeinsame Ziele.

Idealisierter Einfluss: Führungskräfte fungieren als Vorbilder, die Respekt und Vertrauen gewinnen. Sie handeln ethisch und zeigen ein hohes Maß an Integrität. Ihre Visionen und Überzeugungen inspirieren und motivieren die Mitarbeitenden.

Stellen Sie sich vor, wie Ihre Mitarbeitenden inspiriert und motiviert sind, weil sie Ihre gemeinsame Vision teilen und wissen, dass ihre Beiträge geschätzt werden. Sie sind bereit, ihr Bestes zu geben, und entwickeln innovative Ideen, weil sie sich befähigt fühlen, über den Tellerrand hinauszuschauen. Dieser Teamgeist und das Engagement führen zu nachhaltigen Erfolgen und schaffen ein positives, unterstützendes Arbeitsumfeld, in dem sich jeder wertgeschätzt und produktiv fühlt.

Positive Leadership ermöglicht und erweitert eigene Führungsätze, genau diese inspirierenden und erfolgreichen Arbeitsumfelder zu schaffen.

2.3 Die Wurzeln von Positive Leadership

Positive Leadership baut auf dem Fundament des transformationalen Führungsstils auf. Führungskräfte, die Positive Leadership leben, streben danach, das volle Potenzial jedes Einzelnen in jedem Moment zu entfalten. Dadurch entwickeln sie einen Blick für ein Umfeld, das nicht nur zum Erfolg anspornt, sondern auch zum Wohl des Ganzen beiträgt. Wir trennen gerne Leben und Arbeit. Das macht sicher auch Sinn, denn wir wollen uns von der Arbeit abgrenzen, damit sie uns nicht auffrisst, und auf diese Weise auf unsere Work-Life-Balance achten.

Arbeitszeit ist doch auch Lebenszeit. Wir verbringen die längste Zeit unseres Lebens mit Arbeiten. Und auch im Arbeitsleben darf ich mich wohlfühlen und es darf mir gut gehen. Die preußische Disziplin und das starke Pflichtgefühl vor allem der Generation Babyboomer manifestieren sich manchmal noch in der Erwartung, dass Arbeit zwangsläufig mit Leid und Selbstaufopferung einhergehen sollte. Und es hält sich hartnäckig die Vorstellung, dass Arbeit eher eine Pflicht und eine Last ist, die ertragen werden muss, als eine erfüllende oder gar freudige Tätigkeit.

Gunther Schmidt (2012), ein renommierter deutscher Systemtherapeut, hat eine differenzierte Sichtweise auf das Konzept der Work-Life-Balance. Er betont, dass es bei der Work-Life-Balance nicht nur darum geht, Arbeit und Leben als zwei getrennte Bereiche in ein Gleichgewicht zu bringen, sondern vielmehr um die Integration und die synergetische Beziehung zwischen beiden. Lassen Sie uns also den Sprung von transformationaler Führung zu einer Kultur positiver Einflüsse vollziehen, in der das Wohlbefinden und das Erfüllende von Zielen, Werten und Sinn eine wichtige Rolle spielt. Wir werden sehen, wie tiefgreifend und nachhaltig der Einfluss eines solchen Führungsstils sein kann.

Das PERMA-Modell: die fünf Schlüsselbereiche des menschlichen Wohlbefindens

Wohlbefinden ist tatsächlich entscheidend, damit Menschen optimal leistungsfähig sind. Es geht um mehr als die bloße Abwesenheit negativer Zustände wie Depressionen oder Einsamkeit; es schließt auch positive Aspekte wie Glück, soziale Bindungen, Vertrauen und Zuversicht ein. Diese Elemente stärken gemeinsam den mentalen und emotionalen Zustand jedes Menschen. Führungskräfte sollten daher nicht nur Probleme lösen, sondern auch aktiv eine Umgebung fördern, die die Entfaltung dieser positiven Aspekte unterstützt.

Martin Seligman gilt als der Begründer der Positiven Psychologie. Er initiierte einen Paradigmenwechsel in der Psychologieforschung. Seligman verlagerte den Fokus von einer Psychologie, die sich hauptsächlich mit der Reparatur von Störungen befasst (»fix what's wrong«), hin zu einer Psychologie, die das Leben bereichert, stärkt und lebenswert macht (»build what's strong«). Zudem stellte er Forscherteams zusammen, die mit dem evidenzbasierten Blick der Frage nachgingen: Was macht ein gelingendes Leben aus?

Ein Ergebnis jahrelanger Forschung ist das PERMA-Modell. Es ist wie ein Gartenplan, der fünf Schlüsselbereiche des menschlichen Gedeihens hervorhebt:

- Positive Emotions (positive Emotionen),
- Engagement (Engagement und Stärken),
- Relationships (Beziehungen),
- Meaning (Sinn und Bedeutung),
- Accomplishment (Zielerreichung).

Jedes dieser Elemente ist wie eine lebenswichtige Zutat für ein erfülltes Leben. Positive Emotionen sind wie die Sonne, die Wärme und Licht spendet, während Engagement wie das Wasser ist, das die Pflanzen ernährt. Beziehungen sind der Boden, der Halt und Nährstoffe bietet; Sinn ist wie der genetische Bauplan, in dem schon viel angelegt ist; und Leistung ist die Frucht, die unser Bemühen belohnt.

Seligmans Modell dient als Wegweiser für Führungskräfte und Psychologen, um zu verstehen, wie man ein Umfeld schafft, in dem Menschen nicht nur überleben, sondern gedeihen und aufblühen können (»to flourish«). Es ist ein Werkzeug, um die verschiedenen Aspekte des Lebens zu messen und zu verbessern.

Sie haben richtig gelesen. Die Psychologie kann heute Wohlbefinden messen! Dank des PERMA-Profilers (Wammerl et al. 2019), eines wissenschaftlich fundierten Instruments, das über Jahre erforscht wurde, lässt sich Wohlbefinden präzise erfassen.

PERMA stellt ein vielschichtiges Modell dar, das Individuen, Organisationen und Gemeinschaften unterstützen kann, die eben genannten fünf zentralen Elemente zu reflektieren und zu optimieren, um ein erfülltes Leben zu führen und aufzublühen. Martin Seligman prägte hierfür den Begriff »flourishing« – im Gegensatz zum »languishing«, dem Verkümmern.

Von PERMA zu PERMA in der Führung

Durch das Verstehen und die Anwendung des PERMA-Modells kann jede Führungskraft heute vorbildhaft nicht nur ihr eigenes Potenzial entfalten, sondern auch die Atmosphäre und Leistungsfähigkeit ihres Teams positiv beeinflussen. Somit wird PERMA bei den Mitarbeitenden kultiviert. Dieses Wissen stärkt Sie in Ihrer Rolle als Führungskraft und ermöglicht es Ihnen, eine Umgebung zu schaffen, in der sowohl Sie selbst als auch Ihre Mitarbeitenden aufblühen können.

Indem Sie Ihre persönliche und berufliche Entfaltung fördern, erkennen Sie Ihre eigenen Stärken und lernen, diese gezielt einzusetzen. Sie entdecken Sinn und Zweck in Ihrem Wirken, feiern erreichte Ziele und lernen, den Tag aus einer positiven Perspektive zu betrachten – Sie schätzen, was gut lief, statt sich auf Unvollendetes oder Mängel zu konzentrieren.

DAS PERMA-MODELL
(NACH: SELIGMAN 2011)

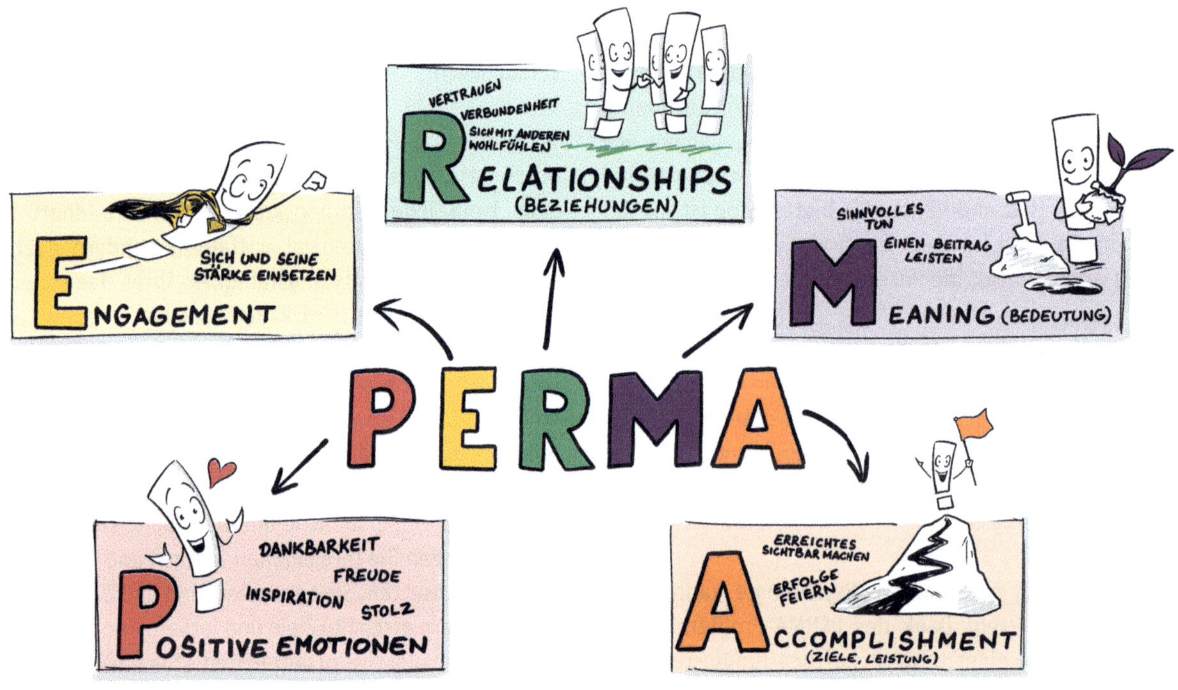

Halten Sie kurz mal inne und überlegen Sie einen Moment, welche Gedanken Sie beispielsweise auf dem Heimweg von der Arbeit nach Hause begleiten. Erinnern Sie sich an die erfolgreichen und schönen Momente des Tages oder bewegen Sie in Ihrem Kopf die Misserfolge und unschönen Begegnungen? Worauf richten Sie Ihren Fokus?

Unser Fokus auf das Negative

In unseren Coachings und Workshops beobachten wir immer wieder, wie Menschen dazu neigen, sich auf das Negative zu konzentrieren. Diese Tendenz hat evolutionäre Wurzeln: Sie hat einst das Überleben unserer Vorfahren gesichert und deren Familien geschützt. Sie ist tief in unserer DNA verankert und hat unsere Entwicklung maßgeblich beeinflusst.

Heute jedoch kann diese Prägung verheerende Auswirkungen haben. Führungskräfte können in eine Abwärtsspirale bis hin zum Burn-out geraten. Der Fokus auf negative Dinge ist so tief in uns verankert, dass gerade, wenn wir unter Stress stehen, dieser fast automatisch abläuft, es passiert ohne bewusstes Nachdenken, ähnlich dem Autofahren.

Wir können die Wirkung auch auf einen Satz reduzieren: »The negativ sucks« – das Negative zieht uns runter. Wo geht Ihre Aufmerksamkeit hin, wenn ein Zahn in Ihrem Mund ein Stück Füllung verloren hat? Die Zunge geht immer wieder an diese Stelle, bis der Schaden beim Zahnarzt behoben wurde.

Die Medien leben vom Impuls der negativen Berichterstattung. Sie bekommen die meiste Aufmerksamkeit und verkaufen sich am besten. Was ist die Wirkung dessen? Die schlimmen Nachrichten ziehen uns runter und wir sehen überall nur noch Krisen.

Das Gute und Gelungene, die Leistung, ist wie ein lauer Sommerwind – angenehm, aber oft nicht so einprägsam und nachhaltig wie negative Erfahrungen. Denken Sie nur an die Absage auf eine Bewerbung für eine sehr wichtige Stelle, die Sie unbedingt haben wollten. Solche negativen Erlebnisse bleiben im Gedächtnis haften.

Doch negative Emotionen sind essenziell und haben wichtige Funktionen. Sie helfen uns, Fehler zu vermeiden: Ekel schützt uns vor schädlichen Substanzen, Wut gibt uns die Kraft, uns zu wehren, und Trauer hilft uns, Verluste zu verarbeiten. Weder negative noch positive Emotionen sind per se gut oder schlecht; sie alle haben ihren Sinn und ihre Wirkung. Negative Emotionen zu negieren und zu unterdrücken, wäre ungesund. Wir brauchen beide. Es ist wie auf der Batterie: plus und minus – beides ist wichtig.

Stellen Sie sich vor, Sie stecken mitten in einer Abwärtsspirale, sind frustriert und schlecht gelaunt, fühlen sich gestresst und überfordert: Welche Auswirkungen hat das auf Ihre Mitarbeitenden? Die Antwort kennen Sie vielleicht: Es wirkt (negativ) ansteckend. Dieses Phänomen der Ansteckung, der als Crossover-Effekt bezeichnet wird, zeigt eindrucksvoll die ansteckende Wirkung, die Führungskräfte auf ihre Mitarbeitenden haben können. Ihre Stimmungen und Ressourcen übertragen sich unweigerlich auf das Team – und das betrifft sowohl positive als auch negative Zustände.

Deshalb ist es entscheidend, diesen Prozess bewusst zu steuern. Wie Sie als Führungskraft Ihre Stärken gezielt einsetzen und Ihren Fokus bewusst wählen, um eine positive Dynamik zu erzeugen, werden wir später im Buch erörtern. Es ist essenziell, dass Sie lernen, Ihren Einfluss bewusst zu nutzen, um die Entwicklung Ihres Teams positiv zu gestalten. Unser Fokus auf das Negative hat tiefe evolutionäre Wurzeln, aber in der heutigen Arbeitswelt kann diese Tendenz gravierende Auswirkungen haben. Wenn Führungskräfte unter Stress stehen und sich zu stark auf Probleme und Herausforderungen konzentrieren, verstärkt dies nicht nur ihre eigenen negativen Emotionen, sondern wirkt sich auch auf ihr Umfeld aus. Dieser Crossover-Effekt führt dazu, dass Stress, Unsicherheit und Frustration auf das Team übergreifen, was das Wohlbefinden und die Leistungsfähigkeit der Mitarbeitenden beeinträchtigt. Die bewusste Steuerung des eigenen Fokus und das gezielte Einsetzen von positiven Stärken sind deshalb entscheidend, um als Führungskraft eine gesunde, produktive Arbeitsatmosphäre zu schaffen.

2.4 Die Entwicklung des PERMA-Lead Modells

Der Wiener Wirtschaftspsychologe Markus Ebner hat über drei Jahre erforscht, wie das PERMA-Modell nun auf Führung angewendet werden kann, und es zu dem PERMA-Lead Modell weiterentwickelt. Für dessen Erforschung benannte Ebner wichtige Eckpunkte: Es sollte für Führungskräfte in der Praxis verständlich sein, es sollte Führungsverhalten messen und es sollte messbare Zusammenhänge mit erfolgsrelevanten »harten« Kriterien in Organisationen zeigen (Ebner 2019).

PERMA-Lead gründet auch auf den Ideen anderer Forscher. Kim Cameron hat Anfang der 2000er-Jahre Positive Organizational Scholarship (POS) entwickelt. POS erforscht, wie Organisationen durch Fokussierung auf Mitarbeiterstärken und positive Abweichungen florieren. Der von Kim Cameron beschriebene »Heliotropic Effect« ist eine zentrale Theorie im Rahmen seines Ansatzes. Der Effekt beschreibt das Phänomen, dass sich Lebewesen oder Systeme instinktiv hin zu positiven, lebensfördernden Energien oder Einflüssen orientieren, ähnlich wie Pflanzen sich in Richtung Sonnenlicht drehen. Er verwendet dieses Bild, um zu verdeutlichen, dass positive Praktiken und Verhaltensweisen in Organisationen dazu führen, dass sich Menschen und die gesamte Organisation gesünder, engagierter und produktiver entwickeln. Die Führungskraft, die ihr Verhalten durch PERMA-Lead erweitert, ist wie ein Gärtner, der das Wachstum und Gedeihen seiner Pflanzen durch sorgfältige und aufmerksame Pflege fördert.

Nach dem Verständnis des Modells ist die Führungskraft in einer Organisation der Nährboden,

- der positive Emotionen **(P)** ermöglicht,
- individuelles Engagement **(E)** anregt,
- tragfähige Beziehungen **(R)** gestaltet,
- Sinn **(M)** in der Arbeit vermittelt und
- Erfolge **(A)** sichtbar macht.

Was ist Positive Leadership?

In Anlehnung an die Positive Psychologie wurde in der Führungsforschung der Begriff »Positive Leadership« entwickelt, woraus sich im Laufe der Jahre verschiedene Modelle herausgebildet haben. Es gibt keine einheitliche Definition. Positive Leadership konzentriert sich auf die Stärken und Potenziale der Mitarbeitenden, indem es eine Kultur des Vertrauens und der positiven Rückmeldung fördert, um Innovation und Engagement zu stimulieren. Diese Führungsart nutzt die Prinzipien der Positiven Psychologie, um eine optimistische, resiliente und leistungsstarke Arbeitsumgebung, die durch die Führungskräfte geprägt ist, zu schaffen.

Führungsverhalten ist messbar!

Markus Ebner hat spezielle Messinstrumente entwickelt, um die Effekte von Führen nach PERMA-Lead wissenschaftlich zu erfassen und vergleichbar zu machen. Die Qualität von Führung anhand der dargestellten PERMA-Lead Kriterien wird so messbar. Es können damit durch statistische Berechnungen Zusammenhänge zwischen dem Verhalten der Führungskraft und beispielsweise dem Wohlbefinden von deren Teams hergestellt werden. Ein wichtiger Meilenstein für Erforschung und Praxis gleichermaßen. Diese wissenschaftlich fundierten Erkenntnisse liefern klare Argumente für die Implementierung von positiven Führungsansätzen in Organisationen.

PERMA-Lead ist inzwischen eine international geschützte Marke der »ebnerteam Training Coaching Forschung GmbH« aus Wien. Als zertifizierte Berater sind die Autoren berechtigt, das Messverfahren und auch die Marke PERMA-Lead zu nutzen.

DER PERMA-LEAD FÜHRUNGSANSATZ
(NACH: EBNER 2019)
E
INDIVIDUELLES ENGAGAGEMENT ANREGEN
R
TRAGFÄHIGE BEZIEHUNGEN GESTALTEN
M
SINN IN DER ARBEIT VERMITTELN
PERMA
LEAD
P
POSITIVE EMOTIONEN ERMÖGLICHEN
A
ERFOLGE SICHTBAR MACHEN UND FEIERN

Ergebnisse der PERMA-Lead-Forschung (Ebner 2024)

Reduktion von Burn-out: Führungskräfte und Mitarbeitende erleben durch ein hohes gemessenes PERMA-Lead signifikant weniger Burn-out-Erscheinungen: je höher PERMA-Lead im Verhalten, desto weniger Burn-out-Gefährdung, das wurde auch in einer Studie bei der Polizei und in Pflegeberufen festgestellt.

Weniger Krankheitstage: Dieser Führungsstil führt zu weniger Ausfalltagen aufgrund von Krankheiten.

Stressminderung: Mitarbeitende berichten von geringerem Stressniveau.

Gesteigerte Resilienz: Führungskräfte entwickeln eine höhere Widerstandsfähigkeit.

Erhöhte Kreativität: Bessere Problemlösungsfähigkeiten bei Führungskräften.

Steigerung des Kundenumsatzes: Ein direkter Zusammenhang zwischen PERMA-Lead und höherem durchschnittlichem Kundenumsatz pro Einkauf wurde festgestellt. Zudem verbringen Kunden eine längere Zeit im Supermarkt.

Reduktion von Abwanderungsgedanken: Je mehr PERMA-Lead von den Mitarbeitenden wahrgenommen wird, desto weniger haben sie die Absicht, das Unternehmen zu verlassen.

Psychologische Sicherheit: Mitarbeitende haben mehr Vertrauen, ihre Meinungen, Ideen oder Fehler offen äußern zu können, ohne negative Konsequenzen fürchten zu müssen.

Positive Leadership und das PERMA-Lead Modell bieten demnach einen wissenschaftlich fundierten Ansatz, um das Arbeitsumfeld positiv zu gestalten und die Leistung von Teams zu optimieren. Die Integration der fünf PERMA-Elemente in die Führungspraxis ermöglicht Führungskräften, ein Arbeitsumfeld zu schaffen, das nicht nur das Wohlbefinden der Mitarbeitenden fördert, sondern auch zu nachhaltigem Unternehmenserfolg beiträgt. Durch die gezielte Förderung von positiven Emotionen, Engagement, unterstützenden Beziehungen, Sinn in der Arbeit und das Feiern von Erfolgen etablieren Positive Leader eine positive, exzellenzfördernde Arbeitskultur.

Das folgende Praxisbeispiel zeigt, wie die fünf Dimensionen des PERMA-Lead-Modells ineinandergreifen und sich gegenseitig verstärken. In Zeiten von Unsicherheit und Wandel bietet diese Führungshaltung von Herrn Schmidt die notwendige Stabilität und Sinnhaftigkeit, die Mitarbeitende gerade jetzt brauchen, um erfolgreich und zufrieden zu arbeiten.

Herr Schmidt, ein Abteilungsleiter in einem Technologieunternehmen, setzt das PERMA-Lead-Modell aktiv in seiner Führung um.

Positive Emotionen: Herr Schmidt startet jeden Montag mit einem kurzen Teammeeting, in dem er die Erfolge der vergangenen Woche hervorhebt und einzelnen Teammitgliedern die Anerkennung für ihren Beitrag dazu ausspricht. Diese positiven Rückmeldungen schaffen eine motivierende Atmosphäre und heben die Stimmung im Team.

Engagement: Er achtet darauf, dass seine Mitarbeitenden Aufgaben übernehmen, die ihren Stärken und Interessen entsprechen. So ist Frau Müller für kreative Projekte zuständig, während Herr Becker analytische Aufgaben übernimmt. Durch diese stärkenorientierte Aufgabenverteilung sind die Mitarbeitenden voll engagiert und oft im Flow-Zustand, was zu höherer Produktivität führt.

Beziehungen: Herr Schmidt organisiert regelmäßige Team-Events, wie gemeinsame Mittagessen oder Teambuilding-Aktivitäten. Diese Maßnahmen fördern den informellen Austausch und stärken die Beziehungen im Team. Ein starkes Zusammengehörigkeitsgefühl entsteht, das die Zusammenarbeit erleichtert und den Beziehungsaufbau fördert.

Sinn: Er legt großen Wert darauf, den Sinn und Zweck hinter den Aufgaben zu vermitteln. Bei jedem Projekt erklärt er, wie es zur Erreichung der Unternehmensziele beiträgt und welchen positiven Einfluss es auf die Kunden hat. Diese Sinnhaftigkeit motiviert die Mitarbeitenden zusätzlich und gibt ihrer Arbeit eine tiefere Bedeutung.

Zielerreichung: Herr Schmidt setzt klare, erreichbare Ziele und verfolgt den Fortschritt regelmäßig. Er stellt sicher, dass jeder Mitarbeitende genau weiß, welche Ziele angestrebt werden und wie der aktuelle Stand ist. Durch regelmäßiges Feedback und Unterstützung stellt er sicher, dass die Ziele erreicht werden, was das Vertrauen und die Zufriedenheit im Team stärkt.

Positiv führt! PERMA-Lead, Achtsamkeit und Hoffnung

Aus unseren Trainings wissen wir, dass viele Führungskräfte sich mit der Anwendung von PERMA-Lead leichter tun, wenn sie zunächst ein wenig Basiswissen und grundlegende Zusammenhänge erhalten. Aus diesem Grund liefert Ihnen dieses Kapitel vertiefende Hintergründe und neueste Forschungsergebnisse zu den fünf Elementen von PERMA-Lead. Zudem geben wir Ihnen wichtige Essentials zu den Themen Achtsamkeit und Hoffnung, die PERMA-Lead wirkungsvoll ergänzen.

Außerdem laden wir Sie zu ersten kleinen Reflexionsübungen ein, die Sie jeweils gut für sich nutzen können, um ein tieferes Verständnis zu erlangen.

PERMA-Lead hat als Modell gegenüber allen anderen Modellen den Vorteil, leicht verständlich, einprägsam und für viele Kontexte umsetzbar zu sein. PERMA-Lead ist sehr übersichtlich. Es gibt nur eine »Handvoll« Elemente. Das eigene Agieren lässt sich gut mithilfe dieser Handvoll ausrichten. Mit einer »PERMA-Hands-on«-Brille können Sie jeden Tag Ihr Verhalten verändern und ergänzen.

Die fünf Elemente oder Dimensionen lassen sich in der praktischen Arbeit nicht so klar voneinander trennen, wie es im Modell erscheint. Sie stehen in vielfältigem Zusammenhang miteinander. Jede einzelne Dimension wirkt sich immer auch auf andere Dimensionen aus. Wir können die fünf Dimensionen am ehesten mit verschiedenen Eingangstüren vergleichen, die den direkten Zutritt ermöglichen und darüber hinaus weitere Räume eröffnen.

Wenn wir im Team nach einer stressigen Phase ein Projekt erfolgreich abschließen, erleben wir positive Emotionen wie Freude, Erleichterung und Stolz. Dabei fühlen wir uns dem Team verbunden, da wir das Ziel gemeinsam erreicht haben. Gleichzeitig feiern wir unseren Erfolg und erleben dabei echtes Accomplishment. Aus wissenschaftlicher Sicht werden Überschneidungen der Dimensionen zwar auch kritisiert (Goodman et al. 2017), in der Praxis hingegen erleben wir das sogar als eine Stärke des Modells. Denn bei der Arbeit in und mit Teams geht es nicht um eine kleinteilige, trennscharfe Diagnostik. Viel entscheidender ist, ob Führende wie Geführte das Modell als Hilfe erleben und dadurch mehr PERMA am Arbeitsplatz erleben und ausbauen können.

Wenn Sie also beim Lesen der folgenden Ausführungen ebenso wie in Kapitel 7 (ab Seite 155) manchmal denken: »... aber gehört das nicht (auch) zu ...«, liegen Sie wahrscheinlich genau richtig.

3.1 Positive Emotionen – die stille Kraft

Wenn wir von positiven Emotionen sprechen, erleben wir in unseren Seminaren manchmal ein erstauntes »Ach, das ist doch Privatsache. Gehört das hierher?« oder »Das macht man doch mit sich allein aus«. Wenn wir diese Aussagen dann hinterfragen, kommt meistens heraus, dass die Menschen positive Emotionen kaum mit der Businesswelt und ihrem Denken in Zahlen, Daten und Fakten in Verbindung bringen. Im Werkzeugkoffer einer Führungskraft kommen positive Emotionen erst einmal nicht vor. Positive Emotionen sind vielleicht nett, wenn sie zufällig auftauchen, und gehören ansonsten in den privaten Bereich. Das ist aber eine Fehlannahme. Inzwischen sind positive Emotionen und ihre wichtige Bedeutung gut erforscht, sowohl für menschliche Weiterentwicklung überhaupt als auch für die Arbeitswelt und als Führungsaufgabe (Fredrickson 2011, 2023; Ebner 2024).

Aber treten wir einen Schritt zurück und beginnen von vorne: Emotionen spielen eine zentrale Rolle im Leben wie im Führungsalltag. Positive und negative Emotionen beeinflussen das Wohlbefinden von Führungskräften und ihren Mitarbeitenden ganz entscheidend. In der Folge prägen sie auch die Teamdynamik und letztlich den Unternehmenserfolg.

»›Welchen Unterschied macht es, wenn ich die Dinge positiv betrachte?‹ Ich kann es Ihnen sagen: Die neueste Wissenschaft zeigt, dass unsere täglichen emotionalen Erfahrungen den Verlauf unseres Lebens beeinflussen.«

Barbara Fredrickson, renommierte US-amerikanische Psychologin

Auch wenn wir glauben, bei der Arbeit überwiegend rational und nicht emotional zu handeln, ist längst erwiesen, dass alle unsere Gedanken von Emotionen begleitet werden. Emotionen spielen eine zentrale Rolle bei der Priorisierung und Entscheidungsfindung – ohne sie wäre beides kaum möglich. Sie kennen das sicher, wenn Sie etwas aus dem Bauch heraus entscheiden. Emotionale Zustände können die kognitive Leistungsfähigkeit sowohl positiv als auch negativ beeinflussen. Zum Beispiel können Angst oder Stress die Entscheidungsfindung beeinträchtigen, während positive Emotionen die Problemlösungsfähigkeiten verbessern können (Phelps 2006).

Im Führungskontext liegt der Fokus sicher immer wieder auch auf negativen Emotionen: Störungen, Ärger, rummeckern, was wieder alles nicht läuft, und vieles mehr. Teilnehmende unserer Seminare fragen häufig danach, wie sie ihre Emotionen managen können, insbesondere wenn es um Wut, Ärger oder Hilflosigkeit geht. Der Gedanke dahinter ist oft, dass es ihnen automatisch besser geht, sobald diese negativen Emotionen reguliert sind.

Mit der Forschung der Positiven Psychologie wurde ein neuer Blick auf das Thema der Emotionen gefunden: Auf der einen Seite werden die Gefahren der Fokussierung auf zu viele negative Emotionen zunehmend erkannt, auf der anderen Seite gibt es (r)evolutionäre Erkenntnisse zu der Bedeutung von positiven Emotionen. Es lohnt sich also ein tieferer Blick. Nicht nur, um die eigenen Emotionen und die unserer Mitarbeitenden besser zu verstehen. Wir sind dann auch in der Lage, situativ kompetenter mit Emotionen umzugehen.

Von positiven und negativen Emotionen

Gleich vorweg: Positive Emotionen heißen nicht positiv, weil sie »gut« sind, und negative Emotionen heißen nicht negativ, weil sie »schlecht« sind. Alle Emotionen sind wichtig und gehören zum Leben dazu. Jede Emotion hat ihre Bedeutung, ihre Wirkung und einen Nutzen. Entscheidend ist jedoch das Verhältnis der beiden Pole zueinander und wie wir mit Emotionen umgehen.

Positive Emotionen – wie etwa Freude – ziehen uns an, wir möchten gerne mehr davon. Aus diesem Grund bezeichnen wir sie als »positiv«.

Negativen Emotionen – wie etwa Angst – möchten wir lieber ausweichen, sie vermeiden oder vermindern. Aus diesem Grund werden sie als »negativ« bezeichnet. Diese Bezeichnungen beziehen sich also nur auf eine Richtung, nicht auf eine Wertung.

Manchmal werden diese Bezeichnungen auch damit verwechselt, ob eine Emotion in einem Kontext sozial erwünscht oder unerwünscht ist. Freude, die sich durch ein Lachen ausdrückt, kann auf einer Beerdigung durchaus als unangemessen bezeichnet werden. Trauer hingegen gilt als angemessen. Schauen wir im Folgenden auf beide Seiten der Emotionen, was sie jeweils bedeuten und ermöglichen. Starten wir mit den negativen Emotionen, die den meisten Menschen im Alltag vordergründiger erscheinen. Warum ist das eigentlich so?

Nutzen und Gefahren von negativen Emotionen

Negative Emotionen wie Angst, Wut, Trauer, Ekel, Scham und Schuld empfinden wir oft als unangenehm. Wir wollen sie schnell loswerden. Diese Emotionen haben jedoch eine wichtige Schutzfunktion. Sie warnen uns vor Gefahren und helfen uns, Fehler zu vermeiden, wie etwa verdorbene Speisen zu essen, oder uns gegen Angriffe zu wehren. Evolutionsbiologisch haben sie unser Überleben gesichert. Um schnell genug auf Gefahren zu reagieren, schieben sich negative Emotionen laut in den Vordergrund und verdrängen alles andere. Wenn eine Gefahr droht oder wir unter Stress stehen, schaltet unser Gehirn in den Überlebensmodus: Unsere Wahrnehmung fokussiert auf die Bedrohung, Stresshormone werden ausgeschüttet und logisches Denken wird eingeschränkt. Dies führt zu den drei Reaktionen: kämpfen, flüchten oder erstarren (fight, flight, freeze).

Im modernen Arbeitsalltag gibt es selten lebensbedrohliche Situationen, aber unser Gehirn kann dennoch überreagieren – vor allem an stressreichen Tagen –, als wäre unser Leben in Gefahr (Sapolsky 2004). Stress löst physiologische Vorgänge im Körper aus. War der Stressmodus in der Evolution immer nur als Akutreaktion vorgesehen, erleben viele Menschen heute Dauerstress in ihrem Arbeitsalltag. Die Gründe dafür sind vielfältig: ständige Erreichbarkeit, ein Übermaß an Anforderungen, mediale Vielfalt sowie Schnelllebigkeit. In der modernen Welt laufen wir somit Gefahr, negative Emotionen als Dauerzustand zu erleben, was unsere Handlungsfähigkeit einschränkt und uns krank machen kann.

Es ist wichtig, dass wir negative Emotionen nicht unterdrücken oder ignorieren. Es ist aber auch wichtig, dass wir ihnen keine zu große Macht über uns überlassen, sondern angemessen und emotional intelligent damit umgehen.

Mehr als nur Luxus: Wie positive Emotionen unser Potenzial entfalten

Positive Emotionen wie Freude, Dankbarkeit, Gelassenheit, Interesse, Hoffnung, Stolz, Vergnügen, Inspiration, Ehrfurcht und Liebe schenken uns Energie und steigern unser Wohlbefinden. Wir empfinden sie als angenehm und sehnen uns nach mehr, da sie uns anziehen. Evolutionär betrachtet galten positive Emotionen lange als Luxus – flüchtig und zart wie der Flügelschlag eines Schmetterlings. Im Alltag erscheinen sie oft zufällig, wie die Freude, wenn wir eine vielversprechende Bewerberin gewinnen. Doch häufig nehmen wir sie nicht bewusst wahr, da negative Emotionen lauter und intensiver sind und die positiven schnell übertönen. Wenn etwa ein wichtiger Kunde die Zusammenarbeit beendet, treten die Sorgen darüber leicht in den Vordergrund und verdrängen die Freude über die neue Mitarbeiterin.

Heute wissen wir jedoch, dass positive Emotionen kein Luxus sind. Wie Barbara Fredrickson es beschreibt, sind sie eine »Schatztruhe der Menschheit«. Erleben wir genügend positive Emotionen, erweitern sie unser Denken und Handeln, fördern Kreativität, Problemlösungsfähigkeiten und Resilienz. Sie helfen uns, in eine Aufwärtsspirale des Wohlbefindens zu gelangen und neue Ressourcen aufzubauen.

Bitte halten Sie einen Moment inne und spüren Sie in sich hinein: In welchen Situationen haben Sie heute schon positive Emotionen empfunden? Welche Emotionen waren das? Können Sie diese benennen?

Ist Ihnen das leichtgefallen? Falls nicht, sind Sie damit nicht allein. Da wir evolutionsbedingt Experten in negativen Emotionen sind, können wir positive Emotionen oft gar nicht genau erfassen und benennen. Nicht umsonst antworten wir auf die Frage »Wie geht es Ihnen?« zumeist mit einem undifferenzierten »Gut«.

Wir laden Sie ein, Ihre positiven Emotionen besser kennenzulernen. Die eigenen positiven Emotionen frühzeitig wahrzunehmen und sie zu erfassen, ist durchaus etwas, was die meisten Menschen noch verbessern können. Das betrifft uns selbst als Führungskräfte und natürlich auch die Menschen, mit denen wir arbeiten.

Die zehn wichtigsten positiven Emotionen und ihre Wirkungen

Fredrickson hat in ihrer Forschung zehn positive Emotionen identifiziert, die im Alltag am meisten verbreitet sind. Vermutlich sind Ihnen all diese Emotionen vertraut. Dennoch lohnt es sich, diese einzeln differenzierter kennenzulernen und würdigen zu lernen.

Eine spannende Erkenntnis ihrer Forschung ist, dass Emotionen in bestimmten Situationen stärker auftreten – es gibt also bestimmte Bedingungen und Situationen, die das Entstehen dieser Emotionen begünstigen. Freude beispielsweise tritt besonders dann auf, wenn wir in einem unterstützenden und wertschätzenden Umfeld arbeiten. In einem solchen Kontext fühlen wir uns sicher. Jede Emotion neigt dazu, eine bestimmte Reaktion hervorzurufen, die wiederum zu einem Ergebnis führt, das langfristig positive Effekte haben kann.

Überlegen Sie:

- Welche der im Folgenden dargestellten Emotionen sind Ihnen sehr vertraut und kommen oft in Ihrem Alltag vor?
- Erinnern Sie sich an eine Situation, in der Sie beispielsweise Freude erlebt haben: Was haben Sie daraufhin getan? Welches Verhalten folgte?
- Welche der Emotionen sind Ihnen eher unbekannt?
- Welche der Emotionen möchten Sie in den nächsten Tagen bewusst entdecken? Bei sich und bei Ihren Mitarbeitenden?
- Welche der Emotionen können Ihnen im beruflichen Kontext helfen? Welche möchten Sie dort erzeugen? Wie machen Sie das?

Die zehn häufigsten positiven Emotionen und ihre Wirkung (Fredrickson 2001, 2009)

Freude ist ein intensives, angenehmes Gefühl. Es entsteht meist in Momenten von Sicherheit und Komfort und fördert spielerisches Verhalten, kreative Ausdrucksformen und den Aufbau von Fähigkeiten.

Dankbarkeit ist eine tiefe Wertschätzung für jemanden oder etwas, das einem etwas Gutes getan hat. Dankbarkeit entsteht, wenn man das Gute im Leben erkennt und anerkennt. Dankbarkeit fördert soziale Bindungen, Freundlichkeit und das Bedürfnis, diese Gunst zu erwidern.

Gelassenheit ist ein Zustand ruhiger Zufriedenheit und innerer Ruhe. Gelassenheit tritt oft in Momenten der Entspannung und Zufriedenheit ein. Sie fördert das Innehalten und Genießen des gegenwärtigen Augenblicks.

Interesse ist eine neugierige, aufmerksame Haltung gegenüber neuen, komplexen oder faszinierenden Reizen. Interesse motiviert zur Exploration und zum Lernen. Interesse fördert persönliches Wachstum und Lernen.

Hoffnung ist ein positives Erwartungsgefühl, das in schwierigen oder bedrohlichen Situationen auftritt. Hoffnung zeichnet sich durch die Zuversicht aus, dass sich die Dinge verbessern werden, und fördert Beharrlichkeit, positive Bewältigung und Durchhaltevermögen.

Stolz ist ein Gefühl der Zufriedenheit und des Erfolgs, das aus eigenen Leistungen oder positiven Handlungen resultiert. Stolz entsteht, wenn man Anerkennung für seine Errungenschaften erfährt. Stolz fördert unser Selbstwertgefühl und motiviert dazu, diesen Stolz zu teilen und nach weiteren Erfolgen zu streben.

Vergnügen ist ein Gefühl der Heiterkeit, das oft in humorvollen oder spielerischen Situationen auftritt. Vergnügen fördert soziale Bindungen und Entspannung.

Inspiration ist ein Gefühl der Erhebung und Motivation, das durch außergewöhnliche Leistungen oder Qualitäten anderer hervorgerufen wird. Inspiration fördert den Wunsch, sich selbst zu verbessern und außergewöhnliche Ziele zu erreichen.

Ehrfurcht beziehungsweise **Bewunderung** ist ein Gefühl des Staunens und der Bewunderung angesichts von etwas Großartigem oder Erhabenen. Ehrfurcht entsteht oft in Gegenwart von Naturwundern, Kunst oder menschlichen Leistungen. Ehrfurcht fördert die Erweiterung des Denkens, Demut sowie das Gefühl, viel Zeit zu haben (Rudd et al. 2012).

Liebe ist ein Gefühl tiefer Zuneigung und Verbundenheit, das in sicheren, intimen Beziehungen entsteht. Liebe umfasst eine Vielzahl positiver Emotionen wie Freude, Dankbarkeit und Gelassenheit. Liebe fördert Fürsorge, Bindung und gemeinsame Freude.

Falls Sie feststellen, dass es Situationen gibt, in denen mehrere positive Emotionen beteiligt sind, ist auch das eine spannende Erkenntnis. Positive Emotionen können sowohl einzeln auftreten als auch gleichzeitig, abhängig von der Art des Erlebnisses und der individuellen Wahrnehmung. Nach beispielsweise einem erfolgreichen Einstellungsgespräch empfinden Sie möglicherweise zur gleichen Zeit Freude, Stolz und Inspiration. Sie können dieses Wissen nutzen, um Umgebungen und Situationen zu schaffen, die eine Vielzahl von positiven Emotionen fördern, was zu einem insgesamt positiven und produktiven Arbeitsklima beiträgt.

Zusammenfassend können wir sagen, dass positive und negative Emotionen sich wie Tag und Nacht ergänzen. Alle Emotionen sind Teil des menschlichen Lebens und Erlebens. Es geht nicht darum, negative Emotionen zu unterdrücken oder zu leugnen. Negative und positive Emotionen sollten allerdings in eine Balance gebracht werden, damit wir ein starkes und selbstbestimmtes Leben führen können.

Die Aufwärtsspirale positiver Emotionen

Warum bezeichnet Fredrickson positive Emotionen als »Schatztruhe der Menschheit«? Ihre Forschungen machen deutlich, dass positive Emotionen für den Aufbau von langfristigen Ressourcen und Fähigkeiten von unschätzbarem Wert sind. Menschen, die regelmäßig positive Emotionen erleben, nehmen mehr Informationen auf, denken kreativer und bauen leichter persönliche Ressourcen auf. Sie entwickeln schneller neue Fähigkeiten, gestalten ihr Leben aktiver und genießen ein höheres Wohlbefinden sowie eine bessere Gesundheit. Diese Effekte beschrieb Fredrickson als »Aufwärtsspirale positiver Emotionen« (Broaden and Build Theory, Fredrickson 1998).

Am Arbeitsplatz wirken positive Emotionen für Mitarbeitende und Führungskräfte gleichermaßen wie ein Katalysator für Kreativität und Innovation. Sie erweitern das Denken und fördern Offenheit für neue Ideen. Dies schafft eine positive Arbeitsatmosphäre, in der Mitarbeitende motiviert und inspiriert sind, was zu höherem Engagement und gesteigerter Produktivität führt (Fredrickson 2011). Positive Emotionen wirken hier wie fruchtbarer Boden, auf dem Ideen gedeihen – ein kreativer Brainstorming-Workshop in solch einer Atmosphäre bringt innovative Ideen hervor und stärkt die Teamdynamik. Engagement, Kreativität und Inspiration sind essenziell, um die Zukunft aktiv und konstruktiv zu gestalten. Positive Emotionen sind daher ein echtes Elixier für Empowerment.

Tipp: Nehmen Sie sich die Zeit, positive Emotionen ganz bewusst wahrzunehmen und zu fördern. Mehr dazu in Kapitel 7.1 (ab Seite 160).

Die Aufwärtsspirale positiver Emotionen

(nach: Fredrickson 2011)

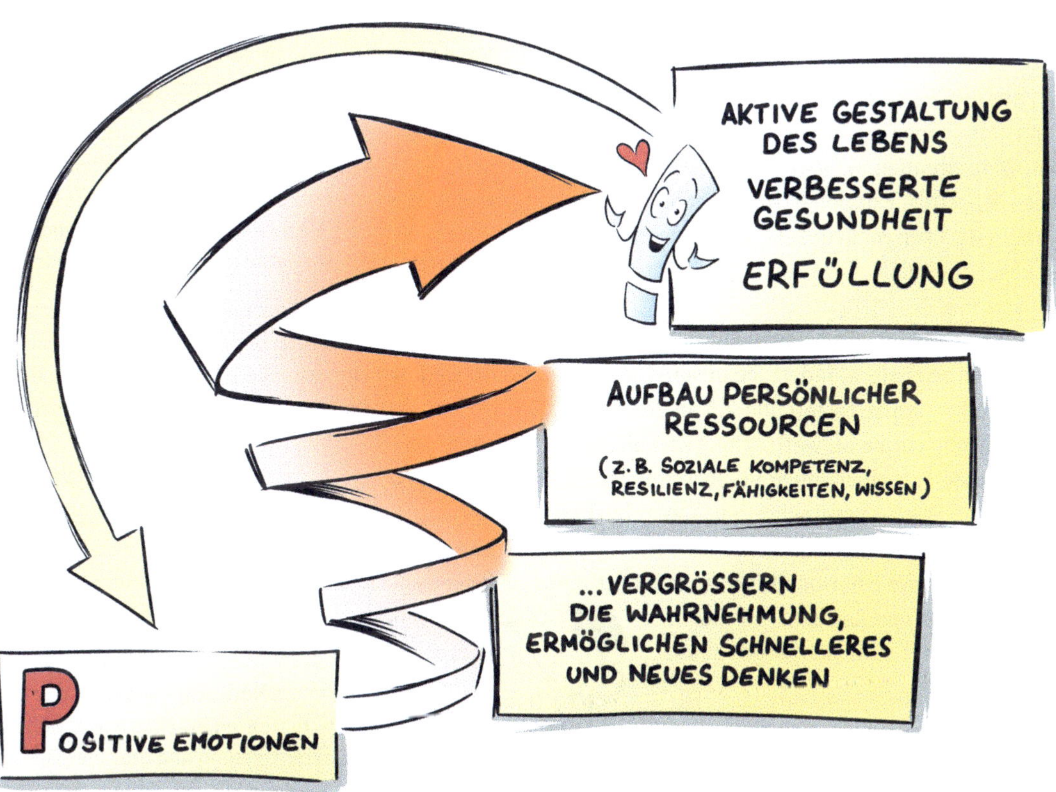

Wäre das nicht schön: Wir setzen uns die rosa Brille auf und sagen: »Ach, das ist doch ganz einfach, ab morgen ist alles nur noch positiv!«. Leider ist es nicht so einfach. Unsere Art und Weise, wie wir die Welt sehen, bewerten und wie wir in der Folge fühlen, gehört zu unseren tief verwurzelten Mustern. Diese Muster können wir nicht so leicht von heute auf morgen ändern. Es ist aber möglich, Muster zu durchbrechen und uns jeden Tag bewusst auf das Positive zu fokussieren. Die Antennen aktiv auf das Gewünschte auszurichten sowie positive Emotionen wahrzunehmen und zu erzeugen. Dann wachsen wir in unserer persönlichen und in der Team-Aufwärtsspirale.

Wenn Sie beginnen, positive Emotionen bei sich persönlich und in Ihrem Team zu fördern, indem Sie unsere Tools nutzen (siehe Kapitel 7.1 ab Seite 160 und 7.2 ab Seite 180), bedenken Sie bitte, dass die Aufwärtsspirale Zeit und aktives Handeln erfordert. Bleiben Sie dran! Je weiter Sie und Ihr Team in dieser Spirale voranschreiten, desto leichter wird es, neue Ideen umzusetzen und positive Veränderungen zu erreichen. Positive Emotionen stärken langfristig Kreativität, Motivation und Resilienz – dieser Prozess braucht Geduld, zahlt sich jedoch aus und macht Spaß.

Welche Wirkungen positive Emotionen erzeugen
(Fredrickson 2001; Lyubomirsky et al. 2005; Cohn et al. 2009)

Erweiterung des Denkens und Handelns |
Positive Emotionen erweitern das Gedanken- und Handlungsrepertoire, fördern Kreativität sowie Flexibilität und helfen, neue Fähigkeiten und Ressourcen zu entwickeln.

Aufbau persönlicher Ressourcen | Positive Emotionen verbessern kognitive Fähigkeiten wie Gedächtnis und Aufmerksamkeit. Sie helfen uns, stärkere und vertrauensvollere Beziehungen aufzubauen, indem wir kooperativer und empathischer mit anderen umgehen.

Förderung von Resilienz und Stressbewältigung |
Positive Emotionen stärken die Resilienz gegenüber Stress, ermöglichen eine schnellere Erholung von Rückschlägen und erhöhen das emotionale Wohlbefinden und die Lebenszufriedenheit.

Verbesserte physische Gesundheit | Positive Emotionen verbessern die Herz-Kreislauf-Gesundheit, stärken das Immunsystem und senken den Blutdruck und sind mit einer längeren Lebensdauer und besserer Lebensqualität verbunden.

Förderung von Zielerreichung und Erfolg | Positive Emotionen erhöhen die Motivation und Ausdauer bei der Zielverfolgung und führen am Arbeitsplatz zu höherem Engagement, besserer Leistung und größerer Zufriedenheit.

Wie viel positive Emotionen braucht der Mensch? Die »Positivity Ratio«

Um in die Aufwärtsspirale der positiven Emotionen zu gelangen, brauchen wir »genügend« positive Emotionen. Was genau aber ist »genügend«?

Die »Positivity Ratio« (Positivitätsverhältnis) beschreibt das Verhältnis von positiven zu negativen Emotionen, das für Wohlbefinden und optimale Leistung notwendig ist. Stand der Forschung ist, dass wir mehr positive Emotionen benötigen, um in ein persönliches Wachstum zu gelangen. Ein Übergewicht an positiven Emotionen trägt erheblich zum Glück bei, zur Gesundheit und zu besseren sozialen Beziehungen (Fredrickson und Losada 2005; Cohn et al. 2009; Garland et al. 2010).

Tipp: Wir können mit einem Verhältnis von mindestens drei zu eins als Faustformel im Alltag arbeiten – also drei positive Emotionen auf eine negative Emotion.

Für Führungskräfte bedeutet dies, dass sie die emotionale Atmosphäre in ihrem Team aktiv gestalten sollten. Ein Umfeld, das positive Emotionen fördert, steigert sowohl das Wohlbefinden der Mitarbeitenden als auch deren Produktivität und Kreativität.

Der Undo-Effekt – positive Emotionen als Neutralisator

Positive Emotionen haben die bemerkenswerte Fähigkeit, die schädlichen Auswirkungen negativer Emotionen und Stressreaktionen auszugleichen beziehungsweise zu neutralisieren! Das ist eine fantastische Nachricht!

Versuchen Sie manchmal auch, wenn Sie gestresst sind, noch schneller zu funktionieren, um damit dem Stress zu begegnen? Falls ja, kennen Sie vermutlich auch den Effekt, dass wir dadurch eher noch gestresster werden. Genau: wenn wir negativen Emotionen mit negativen Emotionen begegnen, verstärkt das unsere Abwärtsspirale. Irgendwie wissen wir das alle.

Damit liegt es klar auf der Hand: Positive Emotionen helfen uns auch in schwierigen Situationen! Positive Emotionen neutralisieren die physischen und psychischen Auswirkungen von negativen Emotionen. Dies wird als »Undo-Effekt« (Englisch »rückgängig machen« beziehungsweise »neutralisieren«) bezeichnet. Stresshormone wie Cortisol werden gesenkt, der Herzschlag verlangsamt sich und der Blutdruck normalisiert sich. Der Körper kehrt in einen entspannten Zustand zurück, was hilft, sich schneller von Stress zu erholen und wieder klar zu denken. Wenn Menschen positive Emotionen erleben, kehren sie schneller zu ihrem normalen physiologischen Zustand zurück und – bei genügend positiven Emotionen – gelangen darüber hinaus in die Aufwärtsspirale. In einem Test-Szenario sahen sich die Probanden nach einer stressigen Situation verschiedene Videos an. Diejenigen, die Videos von Katzenbabys oder Hundewelpen ansahen, erholten sich schneller in Herzfrequenz und anderen physiologischen Stressreaktionen als die anderen Gruppen (Fredrickson & Levenson 1998; Fredrickson et al. 2000).

Ein bedeutendes Projekt ist kurz vor dem Scheitern, die Mitarbeitenden sind gestresst und die Stimmung im Team ist angespannt. Die Fristen sind knapp. Es herrscht großer Druck, das Projekt erfolgreich abzuschließen. Anstatt den Druck zu erhöhen, hebt Teamleiter Enno in einer kurzfristig anberaumten Besprechung das bisherige Engagement der Teammitglieder und die damit schon erreichten Erfolge hervor und bedankt sich dafür. Er organisiert kurzfristig ein gemeinsames Mittagessen. Im Anschluss führen alle Teammitglieder eine Achtsamkeitsübungen durch, die sie vom letzten Workshop kennen. Danach setzt sich das Team erneut an die einzuhaltenden Ziele, formuliert erreichbare Zwischenziele und plant gemeinsam, wie sie sich bestmöglich unterstützen können. Diese Maßnahmen reduzieren den Stress, stärken die Resilienz und verbessern die Teamdynamik, was letztlich dazu beiträgt, das Projekt erfolgreich abzuschließen.

Der Undo-Effekt zeigt, wie wichtig es ist, ein positives emotionales Klima am Arbeitsplatz zu schaffen und auch in schwierigen Situationen positive Emotionen zu ermöglichen. Ohne dieses Verständnis neigen wir dazu, die Emotionen entweder zu ignorieren oder sie übermächtig werden zu lassen. Führungskräfte, die dies verstehen und umsetzen, können nicht nur das Wohlbefinden ihrer Mitarbeitenden verbessern, sondern auch die Leistungsfähigkeit und Resilienz ihres Teams steigern.

Geht auch zu viel des Guten? Toxische Positivität

Haben Sie jemals das Gefühl gehabt, dass Sie sich in einer Situation zu einem Lächeln gezwungen sahen, obwohl Sie innerlich unglücklich waren? Diese Form der erzwungenen Positivität kann tatsächlich toxisch sein. Barbara Fredrickson spricht von »toxischer Positivität« – eine Haltung, die den Zwang zur ständigen positiven Einstellung beschreibt, selbst wenn es unangemessen ist und natürliche negative Emotionen unterdrückt werden (Fredrickson 2009).

Das Anerkennen und Verarbeiten negativer Emotionen ist ebenso wichtig wie das Fördern positiver Emotionen für ein gesundes und erfülltes Leben. Übermäßige und nicht authentische Positivität kann zu psychischen Belastungen und sinkendem Wohlbefinden führen. Eine ohne innere

Überzeugung getroffene optimistische Äußerung oder ein gezwungenes Lächeln können schaden. Studien zeigen, dass das Unterdrücken von Emotionen und das Zeigen von unpassenden positiven Gesichtsausdrücken sowohl kurzfristig als auch langfristig negative Auswirkungen auf die körperliche Gesundheit haben können (Rosenberg et al. 2001; John et al. 2004).

Der Kipppunkt, der darauf hinweist, dass negative Emotionen im Team unterdrückt oder tabuisiert werden, liegt bei elf zu eins, also elf positive Emotionen im Verhältnis zu einer negativen Emotion (Fredrickson 2009). Somit ist es wichtig, alle Emotionen bewusst wahrzunehmen, zu verstehen und konstruktiv damit umzugehen. Sowohl Individuen als auch Teams sollten neben allen positiven Emotionen und Aktivitäten auch Raum für konstruktive Kritik und negative Emotionen bieten.

Führungskräfte sollten ein authentisches und gesundes Emotions-Management fördern und praktizieren, um das Wohlbefinden und die Leistungsfähigkeit ihrer Mitarbeitenden zu unterstützen.

Emotionen wahrnehmen, differenzieren, benennen

Emotionen durchziehen unser tägliches Leben, oft ohne dass wir sie bewusst wahrnehmen. Vielleicht haben Sie sich schon einmal in einem Gefühlschaos verloren und wussten nicht genau, was Sie eigentlich empfinden. Diese Verwirrung ist ganz normal, denn Emotionen sind vielschichtig und oft schwer zu fassen. Dennoch ist die Fähigkeit, unsere Emotionen bewusst wahrzunehmen und sie differenziert zu benennen, von wichtiger Bedeutung für unser emotionales und soziales Wohlbefinden. Emotionen wahrzunehmen bedeutet, aus dem unbewussten Autopiloten auszubrechen, dem ständigen Hamsterrad des Alltags zu entkommen und unsere Emotionen bewusst zu registrieren. Sie dann zu differenzieren heißt, nicht nur zu bemerken, dass es uns »gut« oder »schlecht« geht, sondern konkret zu spüren, welche Emotionen wir gerade haben. Das Yale Center for Emotional Intelligence unterscheidet in dem von ihm entwickelten »Mood Meter« einhundert unterschiedliche Emotionen (Kapitel 7.1 ab Seite 160). Emotionen wahrzunehmen und differenziert zu benennen, ist die Grundlage, um zu verstehen, warum wir diese Emotionen gerade haben. Das Verständnis befähigt uns, unsere Emotionen zu regulieren und einen angemessenen Umgang damit zu finden. Wir können nicht nur unsere Bedürfnisse klarer erkennen, sondern auch gezielter darauf eingehen. Wenn wir beispielsweise merken, dass wir gestresst oder überfordert sind, können wir bewusst Maßnahmen ergreifen, um uns zu entspannen oder Unterstützung zu suchen, anstatt uns von diesen Gefühlen überwältigen zu lassen. Dies führt dazu, dass wir gesündere Entscheidungen treffen und proaktiv

Emotionen differenzieren – was die Forschung sagt

Das Erkennen, Differenzieren und Benennen von Emotionen ...

- fördert die emotionale Intelligenz, was zu besseren Leistungen, gesünderen Beziehungen und höherem allgemeinen Wohlbefinden führt (Brackett et al. 2014);
- erweitert insbesondere bei positiven Emotionen unser emotionales Spektrum und stärkt die Resilienz (Fredrickson 2001);
- reduziert die Wahrscheinlichkeit, unter Depressionen und Angststörungen zu leiden (Kashdan et al. 2015);
- kann die Intensität von negativen Emotionen reduzieren, wenn beispielsweise zwischen »Ärger« und »Frustration« unterschieden wird (Liebermann et al. 2007);
- ermöglicht Teams, produktiver zu sein und eine bessere Leistung zu erbringen. Sie kommunizieren besser und lösen Konflikte effektiver (Druskat et al. 2001).
- Je differenzierter und präziser eine Person Emotionen benennen kann, desto besser kann sie ihre emotionalen Erfahrungen regulieren und auf Umweltanforderungen reagieren (Barrett 2017).

handeln, anstatt uns von unseren Emotionen überrollen zu lassen. Das ist emotionale Intelligenz.

In einem Teammeeting bemerkt Marianne ein unterschwelliges Gefühl von Stress. Statt es zu übergehen, spürt sie differenzierter hin: Sie fühlt sich überfordert, weil viele Fragen offen sind, und angespannt wegen der nahenden Deadline. Gleichzeitig spürt sie Stolz, weil eine ihrer Ideen gut angenommen wurde. Durch das klare innere Benennen dieser Emotionen kann sie gezielt handeln: Sie schlägt vor, die offenen Punkte heute zu klären und eine Lösung für das Erreichen der Deadline für morgen auf die Agenda zu nehmen. Parallel genießt sie das positive Gefühl des Erfolgs bewusst. So reguliert Marianne Ihre Emotionen effektiv und trägt konstruktiv zur Lösung bei.

Indem wir lernen, unsere Emotionen nicht nur passiv zu erleben, sondern sie bewusst wahrzunehmen und präzise zu benennen, gewinnen wir ein tieferes Verständnis für unsere inneren Zustände und werden damit wieder handlungsfähig. Wir stärken zudem unsere Beziehungen: Indem wir unsere Emotionen in Gesprächen offener und klarer kommunizieren können, gehen wir empathischer auf andere zu und vermeiden Missverständnisse sowie Konflikte. Diese emotionale Kompetenz stärkt somit die Führungskraft selbst und ist zugleich eine starke Kompetenz für die Führung von Menschen.

Tipp: »When you name it, you tame it.« Indem Sie Ihre Emotionen benennen, zähmen Sie diese.

Emotionen und Gedanken: eine untrennbare Verbindung

Wie schon erwähnt, sind logisches Denken und emotionale Prozesse eng miteinander verknüpft und beeinflussen sich gegenseitig (Phelps 2006).

Erinnern Sie sich an eine wunderbare Situation aus einem schönen Urlaub zurück. Rufen Sie die inneren Bilder wach und fühlen Sie einen Moment nach. Wie geht es Ihnen jetzt?

Kann es sein, dass Sie sofort angefangen haben zu lächeln, sich zu entspannen und dass sich ein warmes Gefühl ausgebreitet hat? Falls ja, sehen Sie, wie schnell Sie mit nur einem Gedanken unterschiedliche Gefühle und körperliche Reaktionen auslösen können. Ebenso kennen Sie sicher das Phänomen, dass Sorgen verschwinden, nachdem Sie Sport gemacht oder einen schönen Abend mit Freunden verbracht haben. Aber wer beeinflusst wann wen und wie? Und wie können wir das nutzen? Wenn Sie diese untrennbare Verbindung verstehen, können Sie Ihre Gedanken und Emotionen sowie die der Mitarbeitenden angemessen und bewusster managen.

Gedanken führen zu Emotionen

Die grundlegende Theorie von Lazarus (1991) besagt, dass Emotionen durch die Bewertung von Ereignissen entstehen. Diese Bewertungen sind Gedankenprozesse, die automatisch und schnell ablaufen und unmittelbar Emotionen hervorrufen. Ein und dasselbe Ereignis kann bei verschiedenen Personen unterschiedliche Emotionen hervorrufen, abhängig von deren subjektiven Bewertungen und Gedanken. Diese Bewertungen oder Gedankenprozesse sind oft unbewusste Glaubenssätze oder Überzeugungen darüber, wie die Welt funktioniert. Oft tragen wir diese schon lange mit uns herum und haben sie schon lange nicht mehr oder sogar noch nie auf Gültigkeit überprüft.

Führungskraft Arne hat ein Kritikgespräch vor sich und nimmt dabei folgende innere Bewertungen vor: »Oh je, mir fällt es schwer, Kritik zu äußern. Wenn mein Gegenüber die Kritik nicht annimmt, was mache ich dann?« Diese Gedanken führen bei ihm zu Unsicherheit und Sorgen. Ein Glaubenssatz hinter seiner Bewertung könnte lauten: »Kritik ist schmerzhaft und kann Konflikte auslösen.«

Im Gegensatz dazu bewertet Führungskraft Annika die gleiche Situation mit: »Gut, dass wir gleich über dieses Thema sprechen! So können wir frühzeitig dafür sorgen, dass das Projekt gut weiterläuft. Ich bin gespannt, was genau da geschehen ist. Ich freue mich auf meinen Mitarbeiter und unser offenes, konstruktives Gespräch.« Annika empfindet vermutlich Vorfreude und Zuversicht. Ein Glaubenssatz hinter ihrer Bewertung könnte lauten: »Schwierigkeiten lassen sich gut lösen, wenn man sie frühzeitig und offen anspricht.«

In diesem Beispiel sorgen also die Bewertungen für unterschiedliche emotionale Zustände von Arne und Annika. Die äußere Situation mag gleich sein, und doch gehen beide Menschen ganz unterschiedlich in die Situation. Das Beispiel macht deutlich, wie wichtig es ist, unsere eigenen Gedanken und Gefühle mit ihrem wechselseitigen Zusammenhang wahrzunehmen, zu verstehen und auf ihren Realitätsgehalt zu überprüfen. Unsere Emotionen sind, wie oben aufgezeigt, zumeist eine Folge unserer eigenen Bewertung und somit nur in uns real, nicht aber in der äußeren Welt. Wir sprechen bei diesem Phänomen von unserem Kopfkino: In unseren Gedanken drehen wir unseren eigenen Film, der dann unsere Emotionen beeinflusst. Drehen wir einen anderen Film, ändern sich die Emotionen.

Tipp: Prüfen Sie Ihr Kopfkino: Wenn Sie vor einer schwierigen Situation negative Emotionen haben, können Sie sich vorher folgende Fragen stellen: Welche Gedanken führen dazu, dass es mir so geht? Wie könnte man die Situation noch betrachten? Welche anderen Sichtweisen wären hilfreicher für mich? Was würde sich dadurch verändern? Was würde mir dadurch möglich?

Emotionen beeinflussen die Gedanken

Es ist andererseits ebenfalls gut belegt, dass unsere Emotionen unsere Gedanken beeinflussen. Die Emotionen färben die Wahrnehmung, beeinflussen die Aufmerksamkeit und ändern die Art und Weise, wie Informationen interpretiert und Urteile gefällt werden.

So zeigt Gordon H. Bowers Forschung (1981), dass die Stimmung einer Person die Art und Weise beeinflusst, wie Erinnerungen abgerufen und gespeichert werden. Personen in positiver Stimmung erinnern sich eher an positive Ereignisse, während Personen in negativer Stimmung eher negative Erinnerungen abrufen. Wenn jemand also wütend ist, werden Gedächtnisinhalte, die mit Wut verbunden sind, leichter abgerufen, was die Emotion weiter verstärken kann. Sollte also jemand wutentbrannt in die Besprechung kommen, wird er kaum das ganze Bild der Situation wahrnehmen können.

Wütende Personen haben eine optimistischere Risikoeinschätzung, weil Wut mit einem erhöhten Gefühl von Kontrolle und einer geringeren Wahrnehmung von Bedrohung verbunden ist, was die Wahrnehmung von Risiken verzerrt. Sie schätzen Bedrohungen geringer ein als ängstliche Personen und treffen auf dieser Basis andere Entscheidungen (Lerner et al. 2000).

Fredrickson bestätigt die Theorie von Lazarus, dass unsere Gedanken die Emotionen beeinflussen. Gleichzeitig erweitert sie diesen Ansatz mit ihrer Theorie der Aufwärtsspirale, nach der positive Emotionen unser Denken erweitern und uns flexibler, kreativer und offener für neue Ideen machen. Sie betont dabei, dass diese Aufwärtsspirale ihre Wirkung langfristig entfaltet und eine dauerhafte Veränderung unserer Wahrnehmung, Bewertung und emotionalen Reaktion bewirken kann.

Für Führungskräfte lohnt es sich also, sowohl das bewertende Kopfkino als auch die Emotionen gleichermaßen wahrzunehmen, zu berücksichtigen und kraftvoll auszurichten. Und zwar bei sich selbst und auch bei den Mitarbeitenden.

3.2 Engagement neu denken: Mitarbeitende inspirieren und motivieren

Gallup, ein führendes US-amerikanisches Beratungs- und Marktforschungsunternehmen, ist weltweit bekannt für seine umfassenden Meinungsumfragen sowie seine innovativen Instrumente zur Mitarbeiter- und Organisationsentwicklung. Mit seinen umfangreichen Umfragen analysiert und veröffentlicht Gallup seit 1998 den jährlichen länderspezifischen Engagement Index. Er sagt inzwischen sehr genau aus, was sich in Ländern wie Deutschland über die Jahre verändert hat.

Laut aktuellen Studien von Gallup (2023) ergeben sich folgende Zahlen zum Mitarbeiterengagement: Nur etwa 31 Prozent der Mitarbeitenden sind voll engagiert bei der Arbeit. Diese Mitarbeitenden sind motiviert, produktiv und fühlen sich mit ihrem Unternehmen verbunden. Ein großer

Teil der Mitarbeitenden – etwa 59 Prozent – fällt in die Kategorie von »Dienst nach Vorschrift« oder »innere Kündigung«. Diese Mitarbeitenden erledigen nur das Nötigste und zeigen wenig Begeisterung für ihre Arbeit. Zudem sind 18 Prozent der Mitarbeitenden »aktiv unmotiviert«. Diese Gruppe zeigt offen ihre Unzufriedenheit und kann die Arbeitsatmosphäre sowie die Produktivität aktiv negativ beeinflussen. Diese Zahlen sind erschreckend und verdeutlichen, wie wichtig es ist, als Führungskraft Strategien zur Steigerung des Mitarbeiterengagements zu entwickeln.

»Wie viele Menschen arbeiten bei Ihnen?«, fragt ein Geschäftsführer einen anderen. Dieser überlegt einen Moment und antwortet: »Ich denke, so fünfzig Prozent.«

Verfasser unbekannt

Was können Sie als Führungskraft tun, um das Engagement zu steigern, die Fluktuation zu senken und die allgemeine Zufriedenheit und Produktivität im Unternehmen zu erhöhen? Welche Bedeutung haben dabei der gezielte Einsatz von Stärken, das Flow-Konzept, die Motivation und das Mindset?

Empowerment durch Charakterstärken: die (R)Evolution der Positiven Psychologie

Was denken Sie, was uns eher weiterbringt? Die Arbeit an unseren Schwächen oder wenn wir unsere Stärken mehr in den Fokus nehmen und bewusster einsetzen? Was empowert uns? Was motiviert? Wo haben wir am meisten Entwicklungspotenzial?

»Die Aufgabe der Führung besteht darin, die Stärken so stark auszurichten, dass die Schwächen im System irrelevant werden.«

Peter Drucker, Vater des modernen Managements

Beim Thema Engagement geht es um die Motivation, mit der wir bei der Arbeit sind, und darum, wie überhaupt Motivation entsteht. Sind wir gerne, mit Energie und Freude dabei? Motiviert uns das eher, wenn wir an unseren Schwächen arbeiten? Oder wenn wir Stärken – wie durch eine Stärkenbrille sehend – bewusst einsetzen? Was gibt Ihnen in Ihrer Tätigkeit als Führungskraft Energie und macht Freude? Was liegt Ihnen besonders gut? Wo sind Sie »voll drin« und haben das Gefühl, dass Ihnen die Arbeit wie von alleine gelingt? Es flutscht, wie wir auch gerne sagen. Wenn Sie solche Momente erleben, sind Sie mit Ihren Charakterstärken verbunden. Vielleicht sogar mit einer Ihrer Signaturstärken. Das sind jene Stärken, die Sie in vielen Bereichen Ihres Lebens ausmachen, nicht nur als Führungskraft.

Laut der Definition von Robert Biswas-Diener sind Stärken persönliche Superkräfte, die uns immer zur Verfügung stehen. Sie machen Freude, geben Kraft und helfen uns dabei, Dinge besonders gut zu machen, weil sie genau das sind, was uns einzigartig macht.

Was sind Stärken?

Stärken sind persönliche, überdauernde Muster von Gedanken, Gefühlen und Verhaltensweisen. Sie sind individuell, geben Energie und ermöglichen beste Leistung (Biswas-Diener 2010).

Stärkenbrille

Als Stärkenbrille bezeichnen wir den Fokus, mit dem wir auf einen Menschen schauen. Anstatt als Führungskraft das zu fokussieren, was mein Mitarbeitender nicht kann und wo er Schwächen hat, richte ich meinen Fokus auf seine Stärken. Welche Wirkung hat das?

Lisa hat vor Kurzem einen neuen Ansatz in ihrer Führungsstrategie eingeführt, der den Fokus auf die individuellen Stärken ihrer Mitarbeitenden legt. Ein besonders beeindruckendes Beispiel ist die Geschichte von Max, einem jungen Mitarbeiter im Team.

Max war immer engagiert und fleißig, doch seine wahre Stärke, seine Kreativität, blieb lange unentdeckt. Er arbeitete in der Kundenbetreuung, wo zwar seine analytischen Fähigkeiten gefragt waren, aber sein kreatives Potenzial nicht zum Tragen kam. Lisa bemerkte, dass Max in Meetings immer wieder kreative Ideen einbrachte, und entschied sich, dies zu fördern. Sie sprach mit Max und ermutigte ihn, sich an einem Projekt zur Entwicklung neuer Marketingstrategien zu beteiligen.

Max blühte in dieser Rolle auf. Seine kreativen Ideen führten zu innovativen Marketingkampagnen, die nicht nur die Kundenanzahl steigerten, sondern auch die Wahrnehmung des Unternehmens auf dem Markt verbesserten. Max fühlte sich nicht nur wertgeschätzt, sondern auch motiviert und inspiriert, weiter über sich hinauszuwachsen.

Dieses Beispiel zeigt, wie ein Stärkenfokus das gesamte Team positiv beeinflussen kann. Lisa erkannte, dass das Fördern der individuellen Talente ihrer Mitarbeitenden nicht nur deren Zufriedenheit und Engagement steigerte, sondern auch den Erfolg des Unternehmens vorantrieb. Die anderen Teammitglieder wurden ebenfalls inspiriert und begannen ebenso ihre Stärken zu erkennen und einzubringen.

Thesen des Stärkenansatzes

Arbeit an Schwächen ist wenig effektiv:

- Die Arbeit an Schwächen ist oft mühsam.
- Sie ist nur begrenzt erfolgreich.
- Sie trägt wenig zum Selbstbewusstsein, zur Motivation und zum Wohlbefinden bei.

Stärken einsetzen für gute Leistungen:
Um herausragende Leistungen zu erzielen, ist der Einsatz individueller Stärken ausschlaggebend.

Entwicklungspotenzial durch Stärken:
Das menschliche Entwicklungspotenzial entfaltet sich umfassender und wirkungsvoller, wenn der Fokus auf den Einsatz individueller Stärken liegt, anstatt Energie in die Verbesserung von Schwächen zu investieren.

Die Nutzung individueller Stärken fördert das Wohlbefinden und die Zufriedenheit (Biswas-Diener 2010).

Der Pygmalion-Effekt: Wie Erwartungen die Leistungen der Mitarbeitenden beeinflussen

Was wäre, wenn Ihre Erwartungen an Ihre Mitarbeitenden deren Leistung tatsächlich beeinflussten? Im Führungskontext spielt genau dieser Einfluss eine wichtige Rolle. Ein tieferes Verständnis des Pygmalion-Effekts kann Ihnen helfen, das eigene Verhalten bezüglich Ihrer Mitarbeitenden zu reflektieren.

J. Sterling Livingston (1969) führte einen Versuch durch, der später als »Pygmalion-Effekt« oder »sich selbst erfüllende Prophezeiung« bekannt wurde. Im Arbeitskontext bezieht sich dieser Effekt darauf, dass die Erwartungen von Führungskräften gegenüber ihren Mitarbeitenden einen erheblichen Einfluss auf deren Leistung haben können.

In den verschiedenen Phasen des Experiments wurden unterschiedliche Gruppen von Führungskräften und deren Mitarbeitende untersucht, um die Auswirkungen der Erwartungen systematisch zu messen. Die genauen Teilnehmerzahlen des ursprünglichen Experiments sind jedoch in der verfügbaren Literatur oft nicht eindeutig angegeben. Die methodische Strenge und die klaren Ergebnisse des Experiments haben es dennoch zu einer der grundlegendsten Studien in der Management- und Organisationsforschung gemacht.

Livingstons Versuch zeigt im Arbeitskontext deutlich, dass Führungskräfte durch ihre Erwartungen das Potenzial ihrer Mitarbeitenden maßgeblich beeinflussen können. Wenn sie hohe Erwartungen haben, neigen Mitarbeitende dazu, sich entsprechend zu entwickeln und ihre Leistung zu steigern. Positive Bestärkung stärkt ihr Selbstvertrauen und motiviert sie, Herausforderungen anzunehmen. Umgekehrt führen niedrige Erwartungen oft zu weniger Engagement und schlechteren Leistungen.

Positive Erwartungen fördern also Wachstum und Motivation, während negative Stillstand und Resignation hervorrufen können.

Wie beeinflussen Ihre eigenen Erwartungen an Ihre Mitarbeitenden deren Motivation und Leistung und inwieweit könnten Sie diese bewusster estalten, um deren Potenzial optimal zu fördern? haben Sie insbesondere eher negative Erwartungen an Mitarbeitende? Wodurch werden diese geprägt? Was könnten Sie vielleicht ändern?

Erforschung von Charakterstärken

Die Erforschung von Charakterstärken innerhalb der Positiven Psychologie, insbesondere durch Martin Seligman und Christopher Peterson (2004), folgte genau er zentralen Forschungsfrage, die im folgenden Zitat beschrieben ist. Mit einem systematischen und umfassenden Ansatz entwickelten sie eine universelle Klassifizierung, um positive Charaktereigenschaften klar zu definieren und zu ordnen.

Dieses System bildet die Grundlage für viele weitere Studien und praktische Anwendungen, indem es die wesentliche Rolle dieser Eigenschaften für das menschliche Wohlbefinden hervorhebt und fördert. Zunächst war es notwendig, theoretische Grundlagen zu schaffen und Charakterstärken präzise zu definieren. Seligman und Peterson setzten sich das Ziel, ein universelles Klassifikationssystem für positive Charaktereigenschaften zu entwickeln, ähnlich dem DSM (Diagnostisches und Statistisches Manual Psychischer Störungen). Im Jahr 2004 war das eine wirkliche Revolution, weil das vor ihnen noch niemand erforscht hatte.

»Wie können universelle positive Charaktereigenschaften systematisch definiert und klassifiziert werden, um ihre Rolle in der Förderung des menschlichen Wohlbefindens zu verstehen und zu fördern?«

Martin Seligman und Christopher Peterson (2004), die Gründungsväter und wichtigsten Forscher der Positiven Psychologie

Einen umfassenden Überblick zu erhalten über historische und kulturelle Texte, wo Stärken und Werte beschrieben wurden, war der erste Schritt. Fast sechzig Forscher durchforsteten philosophische, religiöse und literarische Werke aus verschiedenen Kulturen und Epochen, um Gemeinsamkeiten in den beschriebenen Tugenden und Stärken zu finden und die Frage zu beantworten: Was ist das Herausragende an uns Menschen? Unabhängig davon, aus welchem Land wir stammen, welcher Ethnie wir angehören, welches

Geschlecht wir haben oder ob wir uns als nicht binär identifizieren – was ist das Beste am menschlichen Wesen?

Die Forschergruppe studierte eine Vielzahl von Werken der antiken Philosophie von Aristoteles und Platon, religiöse Schriften aus dem Christentum, wie die Bibel, aus Judentum, Islam, Buddhismus und Hinduismus sowie Lebensbeschreibungen und literarische Werke, die moralische und ethische Ideale thematisieren. Sogar Nachrufe, Grabinschriften und Popsongs wurden analysiert.

Nachdem die theoretische Basis geschaffen war, wurden von den Psychologen empirische Studien durchgeführt, um die Gültigkeit und Anwendbarkeit der identifizierten Charakterstärken zu testen. Dazu gehörten Befragungen und Interviews mit Menschen aus verschiedenen Kulturen sowie statistische Analysen, um die verschiedenen Dimensionen von Charakterstärken zu bestätigen.

Entwicklung des VIA-Klassifikationssystems

Auf Basis dieser theoretischen und empirischen Arbeiten entwickelten Seligman und Peterson eine »VIA (Values in Action) Classification of Character Strengths«. Dieses System umfasst vierundzwanzig Charakterstärken, die in sechs übergeordnete Tugendenkategorien unterteilt sind. Es ist das zentrale Ergebnis dieser jahrelangen Forschung. Mit dem VIA-System konnten individuelle Stärken zuverlässig gemessen werden. Ziel war es, die Stärken zu fördern und deren Auswirkungen auf das Wohlbefinden zu untersuchen.

Jede dieser auf den folgenden beiden Seiten genannten Stärken ist wertvoll und erstrebenswert in der richtigen Situation und in der richtigen Dosierung. Zudem ist jede Stärke erlernbar.

Durch die Erforschung der Charakterstärken haben Seligman, Peterson und Kollegen ein robustes und universelles System geschaffen, das weltweit in der Psychologie und darüber hinaus Anwendung findet. Es stellt die positiven Aspekte menschlichen Verhaltens systematisch in das Zentrum der Betrachtung. Jeder Mensch trägt eine individuelle Kombination von Fähigkeiten, Talenten und Stärken in sich, die so einzigartig ist wie sein Fingerabdruck.
Diese Einzigartigkeit unterscheidet uns. Wie sieht diese Einzigartigkeit bei Ihnen aus?

Halten Sie im Lesen doch gerne einmal kurz inne. Atmen Sie tiefer durch und gehen Sie die Beschreibungen der Tugenden und Stärken auf den folgenden Seiten durch:

1. In welchen Stärken finden Sie sich am ehesten wieder?
2. Welche der Stärken beschreiben Sie am besten?

Die 6 Tugenden und 24 Charakterstärken der Positiven Psychologie

Tugend 1: Weisheit und Wissen	Tugend 2: Mut	Tugend 3: Humanität
Diese Tugend umfasst die kognitiven Stärken, die den Erwerb und Einsatz von Wissen ermöglichen: **Kreativität:** die Fähigkeit, originelle und nützliche Ideen zu entwickeln. **Neugier:** ein starkes Interesse daran, neue Erfahrungen zu suchen und zu erkunden. **Urteilsvermögen:** die Tendenz, gründlich und sorgfältig zu denken und verschiedene Perspektiven zu berücksichtigen. **Liebe zum Lernen:** der Drang, Wissen und Fähigkeiten zu erwerben und zu vertiefen. **Weitsicht:** die Fähigkeit, zukünftige Konsequenzen von Handlungen zu bedenken und langfristige Ziele zu verfolgen.	Mutige Tugenden umfassen emotionale Stärken, die die Erreichung von Zielen trotz innerer oder äußerer Widerstände ermöglichen: **Tapferkeit:** Mut, sich Herausforderungen zu stellen und trotz Angst oder Unsicherheit zu handeln. **Ausdauer:** Beharrlichkeit und Entschlossenheit, trotz Hindernissen oder Rückschlägen an Aufgaben und Zielen festzuhalten. **Authentizität:** ehrlich und aufrichtig in Handlungen und Worten zu sein und für die eigenen Überzeugungen einzustehen. **Enthusiasmus:** Energie und Begeisterung im Alltag zu zeigen und aktiv sowie positiv zu leben.	Diese Tugend umfasst interpersonelle Stärken, die freundliche und harmonische Beziehungen zu anderen ermöglichen: **Bindungsfähigkeit, Liebe:** Enge, liebevolle Beziehungen zu anderen zu pflegen und sowohl geben als auch empfangen zu können. **Freundlichkeit:** Anderen gegenüber hilfsbereit, großzügig, fürsorglich sein und eine freundliche Grundhaltung anderen gegenüber zeigen. **Soziale Intelligenz:** die Fähigkeit, die Gefühle, Motive und Verhaltensweisen anderer zu verstehen und angemessen darauf zu reagieren.

Tugend 4: Gerechtigkeit	Tugend 5: Mäßigung	Tugend 6: Transzendenz
Gerechtigkeit umfasst soziale Stärken, die das Gemeinwohl fördern und Gemeinschaften stärken: **Fairness:** unparteiisch zu sein und jedem gerecht zu werden, unabhängig von persönlichen Vorlieben. **Führungsvermögen:** Verantwortung zu übernehmen und Gruppen zu organisieren, um gemeinsame Ziele zu erreichen. **Teamwork:** effektiv und harmonisch mit anderen zusammenzuarbeiten, um gemeinsame Ziele zu erreichen.	Diese Tugend umfasst Stärken, die den übermäßigen Genuss und das extreme Verhalten regulieren und Exzessen entgegenwirken: **Vergebungsbereitschaft:** anderen zu verzeihen, die einen verletzt oder Unrecht getan haben, und keinen Groll zu hegen. **Bescheidenheit:** die eigenen Leistungen und Fähigkeiten nicht in den Vordergrund zu stellen und demütig zu bleiben. **Vorsicht:** Bedacht und umsichtig zu handeln, um Risiken und negative Konsequenzen zu vermeiden. **Selbstregulation:** die Fähigkeit, eigene Gefühle, Gedanken und Verhaltensweisen zu kontrollieren und zu steuern.	Transzendente Tugenden verbinden uns mit dem Größeren und geben unserem Leben Sinn und Bedeutung: **Dankbarkeit:** Bewusst und ausdrucksstark für die guten Dinge im Leben dankbar zu sein. **Hoffnung:** optimistisch zu sein und an positive Ergebnisse in der Zukunft zu glauben. **Humor:** die Fähigkeit, das Leben mit einem Lächeln zu betrachten und andere zum Lachen zu bringen. **Spiritualität:** ein Gefühl der Verbundenheit mit etwas Größerem als man selbst zu haben und das Leben als bedeutungsvsoll zu betrachten. **Sinn für das Schöne:** die Fähigkeit, Ästhetik in Kunst, Natur und alltäglichen Dingen zu erkennen, zu schätzen und zu pflegen. Die Menschen empfinden dabei ein tiefes emotionales Wohlbefinden.

Tipp: Wenn Sie nun auf die VIA-Klassifikation schauen, dann stellen Sie sich bestimmt die Frage, wo Ihre Top-Stärken sind, und das ist gut so. Wir empfehlen Ihnen zur besseren Selbstwahrnehmung, sich selbst zu testen.

Dazu gibt es gute kostenlose Möglichkeiten:

- Sehr ausführlich, wissenschaftlich erforscht und millionenfach bewährt ist der VIA-Test der Universität Zürich unter: *www.charakterstaerken.org*. Sie bekommen eine detaillierte Auswertung per E-Mail.
- Ebenfalls ausführlich, schneller auszufüllen und mit vollständiger Auswertung ist der Test unter: *www.gluecksforscher.de*.
- Kürzer und von der Auswertung her nicht so in die Tiefe gehend ist die kostenlose Variante unter: *www.viacharacter.org*. Die vollständige Auswertung ist kostenpflichtig.

Schauen Sie dazu auch gerne in unser Downloadangebot am Anfang des Buches auf Seite 23.

Natürlich gibt es noch Tests kommerzieller Anbieter, die meist kostenpflichtig sind. Das wollen wir gar nicht bewerten. Entscheidend ist, dass jeder heute Tools nutzen kann, um seine Stärken zu validieren. Worauf warten Sie also noch!

Die Tests konzentrieren sich nicht auf Schwächen, sondern ordnen Ihre Stärken nach ihrer Ausprägung, beginnend mit der, die für Sie am bedeutsamsten ist und die Sie am häufigsten einsetzen.

Zwei unterschiedliche Arten von Stärken

Im Laufe unseres Lebens entwickeln wir unterschiedliche Arten von Stärken. Einige davon fallen uns leicht, weil sie tief in unserer Natur verankert sind. Diese werden als Signaturstärken bezeichnet. Es sind jene Fähigkeiten, die uns intuitiv liegen und uns Freude bereiten, wenn wir sie einsetzen.

Daneben gibt es aber auch erlernte Stärken, die wir uns durch viel Arbeit und beständige Übung angeeignet haben. Diese Fähigkeiten beherrschen wir zwar gut und setzen sie häufig ein, aber sie erfordern oft viel Energie, können uns erschöpfen und strengen an.

Energie und Leistung durch Signaturstärken

Stellen Sie sich vor, Sie sind eine Führungskraft in einem dynamischen Unternehmen und möchten Ihre Leistung und Energie maximieren. Ein zentraler Schlüssel dafür ist das Erkennen und Einsetzen Ihrer Signaturstärken – jener Fähigkeiten und Eigenschaften, die Ihnen natürlich liegen, Ihnen Energie verleihen und Ihre Persönlichkeit authentisch widerspiegeln. Wenn Sie Ihre Signaturstärken gezielt einsetzen, spüren Sie eine tiefe Erfüllung und bleiben motiviert und energievoll, auch an herausfordernden Tagen. Nehmen wir an, Kreativität gehört zu Ihren Stärken. Sie lieben es, neue Ideen zu entwickeln und innovative Lösungen zu finden. Wenn Sie diese Stärke in Ihrem Arbeitsalltag nutzen, fühlen Sie sich lebendig und engagiert. Die Herausforderungen des Tages werden zu spannenden Möglichkeiten, Ihre Kreativität zu entfalten.

Am Ende des Tages sind Sie vielleicht müde, aber es ist eine erfüllende Müdigkeit. Sie sind nicht erschöpft oder ausgebrannt, sondern fühlen sich gesund müde, weil Sie im Einklang mit Ihren inneren Stärken gearbeitet haben. Dieses Gefühl, etwas Bedeutsames erreicht zu haben, gibt Ihnen die Kraft und Motivation für den nächsten Tag.

Erlernte Stärken und ihre Herausforderungen

Im Gegensatz zu den Signaturstärken stehen die erlernten Stärken. Dies sind Fähigkeiten, die Sie sich durch Arbeit und Übung angeeignet haben, die aber nicht zu Ihren natürlichen Signaturstärken gehören. Vielleicht haben Sie gelernt, sehr organisiert zu sein, weil Ihr Job es erfordert. Obwohl Sie diese Fähigkeit beherrschen, fühlt es sich oft anstrengend und ermüdend an, sie ständig zu nutzen. Die Arbeit mit erlernten Stärken kann erschöpfend sein, weil sie mehr Energie kostet und nicht die gleiche innere Zufriedenheit bringt wie die Arbeit mit Ihren Signaturstärken.

Führungskräfte stehen häufig vor der Herausforderung, sowohl ihre natürlichen Signaturstärken als auch die im Laufe der Karriere erlernten Stärken geschickt zu nutzen. Signaturstärken – jene Fähigkeiten, die Ihnen von Natur aus liegen – sind eine kraftvolle Quelle von Energie und intrinsischer Motivation. Wenn Sie diese Stärken regelmäßig einsetzen, fühlen Sie sich erfüllt, arbeiten mit Leichtigkeit und erleben weniger Stress. Doch in der Realität des Arbeitsalltags sind oft auch erlernte Stärken erforderlich, um bestimmte Aufgaben zu bewältigen oder Herausforderungen zu meistern. Diese erlernten Fähigkeiten sind unverzichtbar, können aber mit der Zeit zu Überlastung führen, wenn sie nicht gezielt und bewusst eingesetzt werden.

Der Schlüssel zu langfristigem Erfolg und Wohlbefinden liegt darin, eine Balance zwischen beiden Arten von Stärken zu finden. Indem Sie Ihre Signaturstärken bewusst einsetzen, schöpfen Sie regelmäßig neue Energie und bleiben motiviert. Diese Stärken helfen Ihnen dabei, Ihr volles Potenzial zu entfalten und authentisch zu führen. Gleichzeitig sollten erlernte Stärken gezielt und in den Situationen eingesetzt werden, in denen sie wirklich gebraucht werden – ohne dabei die eigenen Ressourcen zu überfordern. So bleiben Sie leistungsfähig und resilient, auch in Zeiten hoher Belastung.

Wissenschaftliche Studien: Wofür ist es gut, die eigenen Stärken zu kennen?

Tägliche Nutzung von Stärken und innovatives Verhalten: Eine Tagebuchstudie zeigt, dass die tägliche Nutzung von Stärken signifikant zu innovativem Verhalten am Arbeitsplatz beiträgt. Mitarbeitende, die ihre Stärken täglich einsetzen, fühlen sich motivierter und sind kreativer in ihrer Arbeit (Liu et al. 2023).

Stärkengebrauch und Arbeitsengagement: Der Gebrauch von Stärken am Arbeitsplatz erhöht das Arbeitsengagement. Engagierte Mitarbeitende sind energiegeladener, hingebungsvoller und gehen vollständig in ihrer Arbeit auf, was zu einer höheren Arbeitsleistung führt (van Wingerden et al. 2018).

Stärkengebrauch und Arbeitszufriedenheit: Die Nutzung persönlicher Stärken im Arbeitsumfeld ist mit einer höheren Arbeitszufriedenheit und einem besseren allgemeinen Wohlbefinden verbunden. Mitarbeitende, die ihre Stärken einsetzen, fühlen sich authentischer und erfüllter in ihrer Arbeit (Meyers et al. 2017).

Stärkengebrauch, Wohlbefinden und Sinngefühl: Die Studie von Harzer und Ruch (2013) zeigt, dass die Anwendung von mindestens vier Signaturstärken am Arbeitsplatz zu höherer Arbeitszufriedenheit, mehr Engagement und einem tieferen Sinngefühl führt. Je mehr Signaturstärken am Arbeitsplatz angewendet werden, desto mehr positive Erfahrungen machen die Mitarbeitenden. Dazu gehören mehr Vergnügen bei der Arbeit, größeres Engagement und ein tieferes Gefühl von Sinnhaftigkeit. Arbeitgeber sollten daher ein Umfeld schaffen, das das Einbringen persönlicher Stärken fördert, um das Wohlbefinden und die Leistung der Mitarbeitenden zu steigern.

Stärken und Teamleistung: Organisatorische Unterstützung für die Nutzung von Stärken führt zu besserer Teamleistung und Arbeitszufriedenheit. Teams, die ihre Stärken nutzen, zeigen mehr Engagement und weniger Burn-out-Symptome (Meyers et al. 2017).

Stärken und Konflikte in Teams: Teams, die auf die Charakterstärken ihrer Mitglieder bauen, erleben weniger Konflikte und mehr Kooperation. Die Nutzung von Stärken fördert das Wohlbefinden und die Zufriedenheit der Teams (Littman-Ovadia, Steger 2010).

Das Ausbalancieren von Stärken

Franks Mutter hatte einen ausgeprägten Sinn für das Schöne. Das Zuhause sah genauso schön aus – jedes Möbelstück und jede Dekoration war sorgfältig ausgewählt und perfekt platziert. Es war, als lebte die Familie in einem Bild aus einem Hochglanzmagazin. Alles hatte seinen festen Platz und strahlte eine wunderbare Harmonie aus.

Doch nach und nach wurde dieser Drang nach Schönheit zur Belastung der Familie. Es war, als lebten sie in einem Museum. Sie mussten auf Zehenspitzen durch die Räume schleichen, um nichts zu verschieben oder zu stören. Ein Buch einfach so auf den Tisch legen? Unvorstellbar! Selbst die Fransen am Teppich wurden mit einem Kamm in Reih und Glied gebracht.

Ist das nun eine Schwäche der Mutter gewesen, die sie hätte bearbeiten sollen? Nein, es ist eine Stärke. Die Stärke »Sinn für das Schöne« geriet allerdings bei der Mutter aus der Balance. Sie überbeanspruchte diese Stärke und ließ sie unreflektiert zur dominierenden Kraft werden. Was zunächst ein harmonisches und ästhetisches Heim schuf, entwickelte sich zur Belastung für die ganze Familie. Das Haus wurde zum Museum, in dem jede Bewegung die perfekte Ordnung stören konnte. Hätte die Mutter diese Stärke moderiert, hätte die Familie die Schönheit in der Wohnung sicher viel besser genießen können. So aber blieb ihnen oft nur das Gefühl, in einer Ausstellung zu leben statt in einem lebendigen, gemütlichen Zuhause. Die Mutter hätte zudem als weitere Möglichkeit eine andere ihrer Stärken moderierend zu dieser Überbeanspruchung einsetzen können: die soziale Intelligenz. Andere Stärken können helfen, die Überbeanspruchung und auch Unterbeanspruchung abzumildern. Wie genau Stärken ausbalanciert werden können, finden Sie im Praxisteil (Kapitel 7.2 ab Seite 180).

Die goldene Mitte (The Golden Mean)

Bei der Nutzung von Stärken ist es wichtig, ein gutes Gleichgewicht zu finden. Dieses Prinzip hat drei Ausprägungen: Underusing (eine Stärke zu wenig nutzen), Overusing (eine Stärke zu viel nutzen) und die goldene Mitte finden.

Overusing bedeutet, eine Charakterstärke im Übermaß zu nutzen, was oft negative Konsequenzen haben kann, so wie das bei Franks Mutter der Fall war. Die übertriebene Nutzung einer Stärke kann dazu führen, dass sie ihre positive Wirkung verliert und sogar problematisch wird.

Underusing bedeutet, eine Charakterstärke nicht ausreichend zu nutzen, so wie bei Max und seiner Kreativität. Dies kann passieren, wenn eine Person ihre Fähigkeiten oder Talente nicht erkennt oder nicht das Vertrauen hat, diese einzusetzen. Das führt oft dazu, dass man nicht das volle Potenzial ausschöpft und möglicherweise Chancen verpasst.

Die goldene Mitte bedeutet, Charakterstärken in einem ausgewogenen Maß zu nutzen. Dies erfordert Selbstreflexion und die Fähigkeit, die Situation und die Bedürfnisse anderer zu berücksichtigen. Es geht darum, die Stärken so einzusetzen, dass sie ihr volles Potenzial entfalten, ohne negative Nebenwirkungen zu verursachen.

Während Underusing dazu führen kann, dass Potenziale ungenutzt bleiben, kann Overusing zu Überforderung und Verwirrung führen und zu Konflikten beitragen. Die goldene Mitte ermöglicht es, Stärken optimal einzusetzen und das persönliche Wohlbefinden zu verbessern und auch im Kontakt mit anderen Menschen mögliche Konflikte zu vermeiden.

Alles fließt – das Flow-Konzept

Kennen Sie diesen Moment, wenn alles fließt und Sie die Welt um sich herum vergessen? Wenn Sie völlig in dem aufgehen, was Sie gerade tun, und sich eins mit Ihren Stärken fühlen? Vielleicht beim Sport oder bei einer anderen Tätigkeit, die Ihnen besonders liegt? Denken Sie in diesem Augenblick an Ihre Schwächen oder daran, wo Sie sich noch verbessern müssen? Wahrscheinlich nicht, denn in diesem Moment sind Sie voll mit Ihren Signaturstärken verbunden. Dieser Zustand wird noch verstärkt durch das ständige Feedback, das Ihnen zeigt, wie gut es gerade läuft – so wie ein Pianist, der beim Spielen jedes Tones sofort spürt, ob er perfekt getroffen wurde, und in diesem Fluss der Musik vollkommen aufgeht.

Diese einzigartigen Fähigkeiten, die Sie ausmachen und Ihnen Energie geben, lassen Sie in solchen Augenblicken alles andere vergessen und einfach nur im Flow sein.

Das Flow-Konzept wurde von dem aus Ungarn stammenden Psychologen Mihály Csíkszentmihályi (1990, 1996) entwickelt und beschreibt einen optimalen Zustand des Bewusstseins, in dem Menschen völlig in einer Tätigkeit aufgehen. Dieser Zustand ist durch hohe Konzentration, tiefe Freude und ein starkes Gefühl der Kontrolle gekennzeichnet. Hier sind die wesentlichen Merkmale des Flow-Zustands:

Klare Ziele und Feedback: Im Flow-Zustand sind die Ziele klar definiert und das Feedback ist unmittelbar. Dies hilft dabei, die Aufmerksamkeit auf die Aufgabe zu richten und sich kontinuierlich zu verbessern.

Balance zwischen Herausforderung und Fähigkeiten: Flow tritt ein, wenn die Anforderungen der Aufgabe perfekt auf die Fähigkeiten der Person abgestimmt sind. Ist die Aufgabe zu einfach, entsteht Langeweile oder gar Bore-out; ist sie zu schwierig, entsteht Frustration bis hin zu Burn-out. Die ideale Herausforderung motiviert und fordert, ohne zu überfordern.

Tiefes Eintauchen in die Aufgabe und sich selbst verlieren: Im Flow-Zustand ist man so stark in die Tätigkeit vertieft, dass man das Zeitgefühl verliert und äußere Ablenkungen kaum wahrnimmt. Man ist vollkommen fokussiert und in der Aufgabe versunken. Personen im Flow-Zustand verlieren das Bewusstsein für sich selbst und ihre Sorgen. Sie sind so in die Tätigkeit eingebunden, dass das eigene Ego in den Hintergrund tritt. In diesem Zustand verschmelzen Mensch und Aufgabe zu einer Einheit, und das individuelle Selbst tritt hinter die Tätigkeit zurück.

Intrinsische Motivation: Flow wird oft durch die Tätigkeit selbst ausgelöst und nicht durch externe Belohnungen. Die Freude und Zufriedenheit kommen aus der Ausführung der Aufgabe, nicht aus einem externen Anreiz.

Das Flow-Konzept ist besonders wertvoll für die Steigerung von Produktivität und Zufriedenheit am Arbeitsplatz. Es unterstützt Mitarbeitende dabei, ihre Potenziale voll auszuschöpfen und gleichzeitig ein hohes Maß an beruflicher Erfüllung zu erleben.

Tipps zur Anwendung im Arbeitsumfeld

Führungskräfte können das Flow-Erlebnis fördern, indem sie:

- klare und erreichbare Ziele setzen,
- regelmäßiges und konstruktives Feedback geben,
- Aufgaben so gestalten, dass sie die Fähigkeiten der Mitarbeitenden fordern und fördern,
- eine Umgebung schaffen, die Ablenkungen minimiert,
- Mitarbeitende ermutigen, sich Aufgaben zu widmen, die ihnen intrinsische Freude bereiten.

Kreativer Flow durch Loslassen von Kontrolle

Eine Studie des Drexel University's Creativity Research Lab (2024) erforscht, wie das Gehirn den kreativen Flow-Zustand erreicht, der in vielen kreativen Bereichen angestrebt wird. Die Forscher fanden heraus, dass der kreative Flow zwei wesentliche Faktoren erfordert: umfangreiche Erfahrung in einem bestimmten Bereich und die Fähigkeit, die bewusste Kontrolle loszulassen, um dem Gehirn zu erlauben, nahezu automatisch kreative Ideen zu erzeugen. Das klingt spannend. Wir sollten also gerade bei kreativen Prozessen einfach mal das Loslassen üben.

Weitere vertiefte praktische Anregungen und Handlungsanweisungen finden Sie im Praxisteil (Kapitel 8.2 ab Seite Seite 250).

Team-Flow: das Konzept und seine Anwendung

Anhand des folgenden Beispiels erläutern wir praxisnah, wie das Konzept des Team-Flow funktioniert und in der Führung optimal genutzt werden kann. Sie erfahren, wie durch gezielte Führung und Zusammenarbeit das gesamte Team in einen Zustand des Flows versetzt wird. Diese Best Practice zeigt, wie ein harmonisches und motivierendes Arbeitsumfeld geschaffen wird, das zu außergewöhnlichen Ergebnissen führt.

Das Team-Flow-Erlebnis bei der Innovation GmbH

Ein aufstrebendes Technologieunternehmen stand vor der Aufgabe, ein bahnbrechendes Produkt in einem hart umkämpften Markt zu entwickeln. Das Projektteam, bestehend aus Entwicklern, Designern, Marketingexperten und Vertriebsmitarbeitenden, musste eng zusammenarbeiten, um dieses Ziel zu erreichen. Der Anfang verlief jedoch holprig: Kommunikationsschwierigkeiten, unklare Rollenverteilungen und unterschiedliche Arbeitsstile bremsten den Fortschritt.

Die Wende | Julia Weber, die erfahrene Projektleiterin, erkannte, dass ohne ein besseres Zusammenspiel im Team das Projekt scheitern könnte. Sie entschied sich dafür, die Prinzipien des Team-Flow anzuwenden, um die Zusammenarbeit zu verbessern.

Klare gemeinsame Ziele | Julia organisierte ein Kick-off-Meeting, um die Vision und die Ziele des Projekts deutlich zu machen. Jedes Teammitglied verstand seine Rolle besser und konnte den Beitrag zum Gesamtprojekt nachvollziehen. Die neu gefundene Klarheit half, Missverständnisse zu reduzieren und das Team auf ein gemeinsames Ziel auszurichten.

Stärkenorientierte Aufgabenverteilung | Julia analysierte die Stärken jedes Teammitglieds und verteilte die Aufgaben entsprechend. Marco, der talentierte Entwickler, konzentrierte sich auf die anspruchsvollsten Codierungsaufgaben, während Lena, die kreative Designerin, die Benutzeroberfläche gestaltete. Diese maßgeschneiderte Aufgabenverteilung ließ das Team aufblühen, auch wenn es Momente gab, in denen der eine oder andere mit der Verantwortung haderte.

Offene Kommunikation | Durch die Einführung eines täglichen Stand-up-Meetings ermöglichte Julia einen kontinuierlichen Austausch, bei dem jeder den Stand seiner Arbeit kurz präsentierte. Das Team lernte, offen über Hindernisse zu sprechen, und konnte dadurch schneller auf Probleme reagieren, auch wenn die Offenheit nicht immer leichtfiel.

Vertrauen und Respekt aufbauen | Julia schuf durch regelmäßige Teambuilding-Aktivitäten eine Atmosphäre des Vertrauens und Respekts. Zwar war es ein schrittweiser Prozess, aber allmählich fühlte sich jedes Teammitglied wertgeschätzt und wusste, dass seine Meinung zählt.

Fokussierte Arbeitsumgebung | Um Ablenkungen zu minimieren, richtete Julia flexible Arbeitszonen ein, die fokussiertes Arbeiten ermöglichten. Gleichzeitig schuf sie Räume für kreative Brainstorming-Sessions, was die Zusammenarbeit und den Ideenaustausch förderte.

Autonomie und Verantwortung | Julia gab den Teammitgliedern die Freiheit, ihre Aufgaben eigenverantwortlich zu gestalten. Es dauerte jedoch, bis jeder diese Autonomie voll ausschöpfte, doch letztlich stärkte sie die Eigeninitiative und den Teamzusammenhalt.

Der Erfolg | Trotz der anfänglichen Schwierigkeiten fand das Team der Innovation GmbH seinen Rhythmus und erlebte einen echten Flow-Zustand. Die Mitarbeitenden arbeiteten motiviert und konzentriert, tauschten Ideen aus und entwickelten gemeinsam innovative Lösungen. Am Ende gelang es dem Team, das Produkt pünktlich und mit herausragender Qualität auf den Markt zu bringen.

Die Lehren | Die Erfahrung der Innovation GmbH zeigt, dass es nicht immer glatt läuft, wenn man Team-Flow erreichen will. Es braucht Zeit, Anpassung und Überwindung von Hindernissen, doch wenn diese Herausforderungen gemeistert sind, entstehen außergewöhnliche Leistungen. So wie ein Pianist, der durch Übung und Feedback schließlich völlig in seiner Musik aufgeht, erlebte auch dieses Team einen Moment des Flows, der es zum Erfolg führte.

Die Magie des gemeinsamen Flows: Wenn Gehirne im Einklang sind

Es ist wirklich faszinierend, was die neurowissenschaftliche Studie von Shehata et al. (2021) über Team-Flow herausgefunden hat: Team-Flow ist nicht nur ein angenehmes Gefühl, sondern geht viel tiefer. Die Vorstellung, dass sich die Gehirne der Teammitglieder synchronisieren und dadurch Informationen effizienter verarbeitet werden, ist beeindruckend. Das zeigt, wie mächtig Team-Flow ist: Er kann das Teamerlebnis auf eine ganz neue Ebene heben und die Teamleistung erheblich steigern. Es ist ein klarer Beweis dafür, dass ein gut abgestimmtes Team nicht nur harmonischer, sondern auch erfolgreicher arbeitet. Solche Erkenntnisse motivieren dazu, aktiv daran zu arbeiten, den Flow im Team zu fördern und die Arbeitsbedingungen entsprechend zu gestalten.

Um Team-Flow zu erzeugen, bestehen die Kernaufgaben der Führungskraft darin, den richtigen Rahmen zu setzen und anschließend zwar bei Bedarf zu unterstützen, aber vor allem möglichst wenig zu stören und einzugreifen.

Was motiviert mich und meine Mitarbeitenden?

Bestimmt kennen auch Sie diese Momente, in denen Sie sich etwas lustlos fühlen. Und dennoch gibt es immer wieder diesen wunderbaren Augenblick, in dem der Funke überspringt und wir dieses innere Feuer wieder verspüren. Der Übergang von »Ich muss« über »Ich sollte« hin zu »Ich mag« oder sogar »Ich liebe es« kann manchmal langwierig sein. Doch manchmal geht es auch ganz schnell, und plötzlich denken wir: »Wow, ich bin voll motiviert.« Es kommt vor, dass man während des Tuns plötzlich bemerkt, wie viel Freude es bereitet, genau das zu tun, was man gerade macht. Vor einer halben Stunde sah die Welt noch ganz anders aus.

»Je mehr Selbstbestimmtheit – quasi Urheberschaft unseres Handelns – wir verspüren, desto motivierter sind wir; je fremdbestimmter wir uns fühlen, desto mehr schwindet die Antriebskraft.«

Edward L. Deci und Richard M. Ryan,
Psychologen, Entwickler und Forscher der Selbstbestimmungstheorie

Leider sind auch viele Mitarbeitende oft unmotiviert und arbeiten nur auf Sparflamme oder tun nur so, als ob sie engagiert wären. Um Mitarbeitende zu motivieren, ist es wichtig, solche Momente der Begeisterung zu fördern. Sie als Führungskraft können dies unterstützen, indem Sie ein Umfeld schaffen, in dem Kreativität und Eigeninitiative geschätzt werden. Mitarbeitende sollten die Freiheit haben, neue Ideen auszuprobieren und eigene Lösungen zu entwickeln. Im Führungskontext ist es sehr wichtig, dass wir ein paar grundlegende Mechanismen von Motivation verstehen, wenn es um Ihre Mitarbeitenden geht.

Intrinsische und extrinsische Motivation

Um Mitarbeitende zu motivieren, ist es wichtig, die unterschiedlichen Arten der Motivation zu verstehen:

Intrinsische Motivation: Diese Art der Motivation kommt von innen heraus. Eine Person führt eine Tätigkeit aus, weil sie diese interessant, befriedigend oder herausfordernd findet. Beispiele: Ein Programmierer entwickelt eine neue Software aus Freude am Programmieren. Ein Schüler lernt ein neues Instrument, weil er Musik liebt.

Extrinsische Motivation: Diese Motivation wird durch äußere Anreize ausgelöst. Eine Person führt eine Tätigkeit aus, um eine externe Belohnung zu erhalten oder eine Bestrafung zu vermeiden. Beispiele: Ein Mitarbeiter arbeitet an einem Projekt, um eine Gehaltserhöhung zu erhalten. Ein Schüler lernt für eine Prüfung, um eine gute Note zu bekommen.

Bedeutung im Führungskontext

Führungskräfte, die intrinsische Motivation fördern, schaffen ein Umfeld, in dem Mitarbeitende aus eigenem Antrieb engagiert und produktiv sind. Dies kann durch Autonomie, sinnvolle Aufgaben und konstruktives Feedback erreicht werden.

Auch extrinsische Anreize können wirksam sein, wenn sie richtig eingesetzt werden. Dazu gehören materielle Belohnungen wie Gehaltserhöhungen, aber auch nicht materielle Belohnungen wie öffentliche Anerkennung.

Motivationsverdrängungseffekt: Es ist wichtig, den Motivationsverdrängungseffekt zu verstehen, bei dem äußere Belohnungen die intrinsische Motivation untergraben können. Beispiel: Ein Kind, das gerne malt, erhält für jedes Bild eine Belohnung. Mit der Zeit malt das Kind nur noch wegen der Belohnung. Wenn diese ausbleibt, verliert das Kind das Interesse am Malen.

Führungskräfte sollten vorsichtig sein, wenn sie extrinsische Belohnungen für Tätigkeiten einführen, die ursprünglich aus intrinsischer Motivation durchgeführt wurden.

Growth Mindset als Basis für Empowerment in der Führung

In der dynamischen Geschäftswelt sind Veränderung und Wachstum unvermeidlich. Die Geschwindigkeit dieser Veränderungen hat vielfältig zugenommen und sorgt für chronischen Stress. Doch wie können Führungskräfte und Unternehmen sicherstellen, dass sie diese Herausforderungen erfolgreich meistern? Ein Schlüssel liegt im Mindset – genauer gesagt im Unterschied zwischen dem Growth Mindset und dem Fixed Mindset, ein Konzept, das von der Psychologin Carol Dweck (2018) geprägt wurde. Ihr Mindset-Konzept beschreibt dabei keine tief verankerten Persönlichkeitseigenschaften, sondern die jeweiligen Ausprägungen von Denkweisen und den jeweiligen Situationen. Es handelt sich also um Zustände, die veränderbar sind.

Ein Growth Mindset ist die Überzeugung, dass Fähigkeiten und Intelligenz durch Anstrengung, Lernen und Beharrlichkeit entwickelt werden können. Führungskräfte mit dieser Einstellung sehen Herausforderungen als Chancen zur Verbesserung und nicht als Bedrohungen. Fehler und Rückschläge werden als wertvolle Lektionen betrachtet, die den Weg zu zukünftigen Erfolgen ebnen.

Stellen Sie sich vor, Ihr Unternehmen befindet sich in einer Krise. Eine Führungskraft mit Growth Mindset wird diese Situation nutzen, um neue Strategien zu entwickeln, das

Team zu motivieren und innovative Lösungen zu finden. Diese Einstellung fördert eine Kultur des kontinuierlichen Lernens und der Anpassungsfähigkeit – wesentliche Faktoren für langfristigen Erfolg.

Fixed Mindset: die starre Denkweise

Im Gegensatz dazu steht das Fixed Mindset, also die Überzeugung, dass Fähigkeiten und Intelligenz unveränderlich sind. Führungskräfte mit dieser Einstellung neigen dazu, Risiken zu vermeiden, um nicht als unfähig zu erscheinen. Sie sehen Fehler als Zeichen mangelnder Begabung und nicht als Gelegenheiten zum Wachsen. Diese Denkweise kann zu Stillstand und Resignation führen, da neue Herausforderungen als unüberwindbare Hindernisse betrachtet werden.

Angenommen, ein Projekt scheitert. Eine Führungskraft mit Fixed Mindset könnte dies als endgültigen Beweis für die Unfähigkeit des Teams oder ihrer eigenen Fähigkeiten sehen. Dies führt oft zu Schuldzuweisungen und einer Kultur der Angst, in der Mitarbeitende zögern, neue Ideen einzubringen oder Risiken einzugehen.

Vom Scheitern zum Erfolg – eine Reise zum Growth Mindset

Im Jahr 2020 stand die Firma Schmidt am Rande des Abgrunds. Die Umsätze sanken und die Stimmung im Team war an einem Tiefpunkt. Anna Müller, die frisch ernannte Geschäftsführerin, übernahm das Ruder inmitten dieser Krise. Sie war fest entschlossen, das Unternehmen zu retten, wusste jedoch, dass dafür mehr als nur strategische Änderungen notwendig waren. Es bedurfte einer grundlegenden Veränderung in der Denkweise –durch ein Growth Mindset.

Anna erinnerte sich an eine Erfahrung aus ihrer eigenen Karriere. Vor einigen Jahren war sie an einem wichtigen Projekt beteiligt, das spektakulär scheiterte. Anstatt sich jedoch entmutigen zu lassen, entschied sie sich, aus ihren Fehlern zu lernen. Diese Erfahrung hatte ihr gezeigt, dass Wachstum und Erfolg oft aus den schwierigsten Momenten hervorgehen.

Mit dieser Überzeugung im Hinterkopf begann Anna, ihre Vision für die Firma Schmidt zu formen. Zuerst führte sie ein offenes Meeting mit dem gesamten Team durch. Sie sprach ehrlich über die aktuellen Herausforderungen und teilte ihre eigene Geschichte des Scheiterns und Lernens. »Fehler sind keine Niederlagen«, sagte sie, »sie sind Sprungbretter für unsere Weiterentwicklung.«

Anna implementierte regelmäßige Feedbacksitzungen und ermutigte ihre Mitarbeitenden, offen über Fehler und Lernprozesse zu sprechen. Sie schuf ein Belohnungssystem, das nicht nur Erfolge, sondern auch Anstrengungen und innovative Ideen wertschätzte. Schritt für Schritt begann sich die Kultur bei Schmidt zu verändern.

Ein entscheidender Moment kam, als das Team ein neues Produkt entwickelte. Trotz intensiver Arbeit scheiterte der erste Markteintritt kläglich. Doch anstatt aufzugeben, analysierte das Team die Ursachen, suchte nach Kundenfeedback und verbesserte das Produkt kontinuierlich. Schließlich gelang der Durchbruch und das verbesserte Produkt wurde ein großer Erfolg.

Anna und ihr Team hatten den Wandel geschafft – nicht nur im Unternehmen, sondern auch in ihrer eigenen Denkweise. Dieses Beispiel zeigt, dass ein Growth Mindset nicht nur ein abstraktes Konzept ist, sondern eine kraftvolle Einstellung, die Unternehmen durch Krisen führen und zu nachhaltigem Erfolg verhelfen kann.

Transformation durch Growth Mindset

Die gute Nachricht ist, dass das Mindset veränderbar ist. Führungskräfte können durch gezieltes Training und Selbstreflexion ein Growth Mindset entwickeln und fördern. Dies beginnt mit der Bereitschaft, sich selbst und andere kontinuierlich weiterzuentwickeln, und der Anerkennung, dass Lernen und Wachstum lebenslange Prozesse sind.

Fördern Sie in Ihrem Unternehmen eine Umgebung, in der Herausforderungen willkommen geheißen und Fehler als Lernmöglichkeiten gesehen werden. Belohnen Sie Anstrengung und Fortschritt, nicht nur das Endergebnis. Durch die Implementierung eines Growth Mindset schaffen Sie eine dynamische und widerstandsfähige Unternehmenskultur, die bereit ist, sich den Herausforderungen der Zukunft zu stellen. Wachstum und Veränderung erfordern nicht nur strategische Planung und Ressourcen, sondern vor allem die richtige geistige Einstellung. Ein Growth Mindset ermöglicht es Führungskräften, ihre Unternehmen durch stürmische Zeiten zu navigieren und kontinuierlich neue Höhen zu erreichen.

Unternehmen wie Microsoft und Google haben das Growth Mindset in ihre Unternehmenskultur integriert. Satya Nadella, CEO von Microsoft, betont in seinem Buch »Hit Refresh« die Bedeutung eines Growth Mindset für den Erfolg des Unternehmens. Unter seiner Führung hat Microsoft eine Kultur des kontinuierlichen Lernens und der Innovation entwickelt, was zu bemerkenswertem Wachstum und Erfolg geführt hat (Nadella 2017).

3.3 Relationships – positive Beziehungen als Quelle für gemeinsame Entwicklung

Als Führungskraft kennen Sie die Bedeutung zwischenmenschlicher Beziehungen für den Erfolg und das Wohlbefinden im Unternehmen nur zu gut. Doch manchmal gelingt es trotz aller Bemühungen nicht, ein positives Arbeitsklima zu schaffen. Christopher Peterson, einer der Mitbegründer der Positiven Psychologie, brachte es treffend auf den Punkt: »Andere Menschen sind von zentraler Bedeutung.« Dieses Zitat erinnert uns daran, dass bei all den unterschiedlichen Facetten der Positiven Psychologie die Beziehungen zu anderen Menschen entscheidend sind – sowohl für das individuelle Wohlbefinden als auch für die Gesundheit und die Leistungsfähigkeit Ihres Teams.

Die Kolleg:innen sind in vielen Fällen der Hauptgrund, warum Menschen bei einem Arbeitgeber bleiben, und zudem einer der Aspekte, die bei der Arbeit zum Glück beitragen. Wenn ich mich in meinem Team wohlfühle, Vertrauen zu den Menschen habe, so wie ich bin Teil eines Teams sein kann und die gemeinsame Arbeit als positiv erlebe, dann ist das großartig. Soziale Bindungen am Arbeitsplatz erhöhen das Engagement der Mitarbeitenden und die Leistungsfähigkeit. Positive Arbeitsbeziehungen fördern sogar unsere Gesundheit, während Ausgrenzung aus einem Team oder das Gefühl, nicht dazuzugehören, unserer Gesundheit schaden kann (McKinsey & Company 2023).

»When you reduce Positive Psychology to a single sentence: other people matter.«

Chris Peterson, Gründungsvater der Positiven Psychologie

Positive Beziehungen am Arbeitsplatz sind das Rückgrat einer starken Unternehmenskultur. Sie fördern Zusammenarbeit und Unterstützung unter Kollegen und schaffen ein Umfeld, in dem sich alle wertgeschätzt und verstanden fühlen. Wie ein robustes Netzwerk bieten diese Beziehungen Sicherheit und Vertrauen, das für die Bewältigung von Herausforderungen unerlässlich ist. So entstehen empowernde Synergien: 2 + 2 = 5!

Marianne verließ ihren alten Arbeitgeber, weil sie dort gemobbt wurde. Trotz der von der Personalabteilung angebotenen Maßnahmen wie persönliches Coaching und Mediation war die Beziehung zu den Kolleginnen so zerrüttet, dass keine Lösung gefunden wurde. Da die belastende Situation auch ihr privates Wohlbefinden beeinträchtigte, entschied sich Marianne schweren Herzens, den Betrieb nach zwölf Jahren zu verlassen. In ihrem neuen Team erlebt sie nun eine völlig andere Atmosphäre. Sie fährt morgens mit Vorfreude auf ihre Kolleg:innen und die herzliche Atmosphäre zur Arbeit. Sie fühlt sich wertgeschätzt und integriert. Im Team wird konstruktiv sowie wertschätzend diskutiert und auch viel gelacht. Ihre Meinung wird in Entscheidungen mit eingebunden. In den gemeinsamen Frühstückspausen werden auch private Themen besprochen. Marianne schätzt zudem sehr, dass die Kolleg:innen interessiert und aufmerksam zuhören, anstatt sich gegenseitig zu übertrumpfen oder zu unterbrechen, wie es im letzten Team der Fall war. Ihre Teamleiterin nimmt sich Zeit, begegnet den Mitarbeitenden auf Augenhöhe und hat ein offenes Ohr für fachliche Ideen und persönliche Anliegen. Diese positive Arbeitsumgebung hat Mariannes Leben spürbar verändert. Sie schläft wieder gut, ist entspannt und wieder mit Freude, Begeisterung und Leistungsfähigkeit bei der Arbeit. Das neue Team hat ihr geholfen, beruflich und privat wieder aufzublühen.

Die Fähigkeit, positive Beziehungen am Arbeitsplatz zu gestalten, ist bedeutsam. Es geht dabei um alle Beziehungen in Ihrem beruflichen Umfeld: sowohl um die individuelle Beziehung zwischen Ihnen und jedem einzelnen Mitarbeitenden als auch um die Dynamik innerhalb des gesamten Teams. Das bedeutet auch, in unangenehmen Situationen aktiv zu werden. Wenn Sie als Führungskraft bemerken, dass ein Missverständnis zwischen zwei Mitarbeitenden entsteht oder ein Konflikt sich anbahnt, ist es von großer Wichtigkeit, zeitnah, konstruktiv und mutig einzugreifen, um Klarheit zu schaffen (weitere Anregungen dazu im Abschnitt »Wie manage ich Konflikte mit Einzelnen und Teams?« ab Seite 146).

Bei der Gestaltung der Teamphasen nach Tuckman (»Wie steuere ich Gruppenprozesse?«, Seite 145 f.) geht es in den ersten zwei Phasen im Wesentlichen darum, die Beziehung zu gestalten. Hier können Menschen sich kennenlernen, Gemeinsamkeiten sowie Unterschiede ausloten und Vertrauen entwickeln. Das mag deutlich machen, was für einen Stellenwert die Beziehung in der Zusammenarbeit hat und auch, wie die Auswirkungen auf der Sachebene sind. Wenn eine Führungskraft die ersten Phasen mit dem Gedanken »Das sind Profis, die schaffen das schon!« überspringen und direkt in der Arbeitsphase starten will, dauert es länger, bis eine synergetische Zusammenarbeit entsteht – wenn überhaupt.

Positive Beziehungen …

… fördern das emotionale und physische Wohlbefinden: Menschen in einem unterstützenden und positiven Arbeitsumfeld zeigen niedrigere Stresslevel, weniger Burn-out und eine bessere Gesundheit (Dutton et al. 2007);

… führen zu höherer Arbeitszufriedenheit und stärkerem Engagement der Mitarbeitenden: diese sind motivierter, produktiver und zeigen eine höhere Loyalität gegenüber dem Unternehmen (Cameron et al. 2012);

… fördern ein besseres Miteinander: Teams mit starker sozialer Bindung sind kreativer, koordinierter und effektiver in der Problemlösung (Fredrickson 2001);

… reduzieren die Mitarbeiterfluktuation: Mitarbeitende, die sich unterstützt fühlen, bleiben eher langfristig im Unternehmen (Leiter et al. 2010);

… tragen zu einer positiven Unternehmenskultur bei, die auf Vertrauen, Respekt und Zusammenarbeit basiert. Dies führt zu höherer Produktivität und besserer Unternehmensleistung (Losada et al. 2004).

Erinnern Sie sich an eine berufliche Situation, in der Sie sich anderen Menschen sehr vertraut, sehr verbunden gefühlt haben.

- Wie ging es Ihnen in diesem Moment? Welche Gedanken und Emotionen haben Sie in dem Moment erlebt?
- Wodurch wurde dieses Vertrauen, diese Verbundenheit möglich?
- Wenn Sie Ihre Erfahrungen mit den Informationen in diesem Kapitel abgleichen, was fällt Ihnen dabei auf?

Welche Schlüsselkomponenten sind dafür nötig, dass Menschen im Unternehmen positive Beziehungen entwickeln?

Was genau brauchen positive Arbeitsbeziehungen?

Vertrauen ist die Grundlage erfolgreicher Beziehungen. Das bedeutet, dass Kollegen und Vorgesetzte ehrlich, zuverlässig und unterstützend agieren. Eine Kultur der Transparenz und offenen Kommunikation ist hierfür unerlässlich. Seien Sie als Führungskraft ein Vorbild in Bezug auf Vertrauenswürdigkeit, Loyalität und Verlässlichkeit (McKinsey & Company 2023).

Regelmäßige, **qualitativ hochwertige Interaktionen** fördern das Zusammengehörigkeitsgefühl und das gegenseitige Verständnis. Dazu zählen sowohl Teammeetings und Workshops als auch informelle Treffen, die den Austausch und persönliche Beziehungen stärken (Harvard Business Review 2020).

Gemeinsame Ziele und Rollenklarheit vermeiden Missverständnisse und erhöhen die Effizienz der Zusammenarbeit. Alle Teammitglieder sollten ihre Aufgaben und Verantwortlichkeiten kennen. Klare und erreichbare Ziele müssen kommuniziert und vom Team unterstützt werden (Google 2015).

Gemeinsame Normen, Werte und Verhaltensweisen fördern ein einheitliches, unterstützendes Arbeitsumfeld. Klare Team- und Unternehmenswerte sowie Vereinbarungen für die Zusammenarbeit, die im Alltag gelebt werden, sind dabei essenziell (Gallup Inc. 2022).

Die Bereitschaft, Wissen und Infos zu teilen, ist entscheidend für Innovation und kontinuierliches Lernen. Fördern Sie eine Kultur, in der Informationen frei und offen geteilt werden (American Psychological Association 2022).

Sowohl Ähnlichkeiten als auch Unterschiede im Team haben, richtig genutzt, positive Effekte. Ähnlichkeiten fördern Sympathie und beschleunigen Entscheidungen. Unterschiede, mit Respekt und Neugierde integriert, bringen Vielfalt und neue Perspektiven. Ein inklusives Umfeld, das Gemeinsamkeiten stärkt und Unterschiede wertschätzt, ist entscheidend (Guillaume et al. 2017). Diese Aspekte tragen dazu bei, ein gesundes und produktives Arbeitsumfeld zu schaffen. Wie genau können Sie das als Führungskraft ermöglichen?

Psychologische Sicherheit bieten

Stellen Sie sich ein Team vor, in dem jeder Fragen, Fehler oder Unsicherheit aussprechen kann, ohne negative Konsequenzen zu befürchten. Alle können ihre Meinung äußern und diese wird von den anderen gehört und konstruktiv miteinbezogen. Die Teammitglieder vertrauen einander und gehen respektvoll miteinander um. Feedback wird offen und konstruktiv gegeben und auch angenommen. Wenn Sie jetzt denken: »Das ist doch selbstverständlich in meinem Team« – herzlichen Glückwunsch! Es ist Ihnen und Ihrem Team gelungen, eine Arbeitsatmosphäre herzustellen, in der sich alle »sicher« fühlen können. Eine solche Zusammenarbeit, die durch Vertrauen, Offenheit, Unterstützung sowie eine konstruktive Fehlerkultur geprägt ist, ermöglicht »psychologische Sicherheit«.

Wenn Menschen (noch) kein starkes Vertrauen zu anderen haben, sich nicht psychologisch sicher fühlen, stecken sie einen Teil ihrer Energie darein, möglichst gut dar zustehen und nach außen positiv zu wirken. Fehler oder Wissenslücken werden eher vertuscht als zugegeben. Wenn wir die Möglichkeit haben, unsere authentische Persönlichkeit zu leben, mit unseren kleinen »Schrulligkeiten«, und das

Team uns so akzeptiert, wie wir sind. Wenn wir keine Angst vor negativen Konsequenzen haben müssen, sondern voller Vorfreude auf das sind, was kommt, dann können wir uns voll und ganz auf die Arbeit einlassen. Dann sind wir konzentrierter und leistungsfähiger als je zuvor!

Psychologische Sicherheit bezieht sich auf das gemeinsame Verständnis innerhalb eines Teams, dass die Teammitglieder keine negativen Konsequenzen fürchten müssen, wenn sie ihre Meinungen, Fragen oder Fehler äußern. Diese Sicherheit ist entscheidend für die Förderung eines offenen und innovativen Arbeitsumfelds (Edmondson et al. 2014).

Max bekommt von seinem Teamleiter Klaus ein kritisches Feedback und wird auf einen relevanten Fehler hingewiesen, den er übersehen hatte. Klaus formuliert sein Feedback respektvoll, klar und zukunftsorientiert. Da er regelmäßig die gute Leistung von Max anerkennt und im Team eine offene Fehlerkultur herrscht, kann Max das Feedback gut annehmen. Er weiß, dass er keine negativen Konsequenzen zu befürchten hat und stattdessen die Chance erhält, daraus zu lernen und sich weiterzuentwickeln. Auf dieser Basis entwickeln beide einen Plan, wie Max mit dem Fehler in dieser Situation umgehen und in Zukunft Ähnliches vermeiden kann.

Insofern stellt psychologische Sicherheit einen wichtigen Faktor für die Teamleistung dar, den Führungskräfte beachten und realisieren können. Wie Führungskräfte durch bewusste Maßnahmen und ihr eigenes Verhalten das Vertrauen und die Offenheit im Team stärken können, finden Sie in Kapitel 7.3 (ab Seite 195).

High Quality Connections ermöglichen

Ein konkreter Weg, psychologische Sicherheit zu fördern, ist die Gestaltung qualitativ hochwertiger Beziehungen, die Jane Dutton als »High Quality Connections« (2003, 2012) bezeichnet. Diese Verbindungen sind geprägt von Respekt, Vertrauen und positiven Interaktionen. Sie »schaffen und erhalten ein Gefühl von Vitalität und Lebendigkeit, das dazu beiträgt, Energie aufzubauen und es den Individuen ermöglicht, zu wachsen und zu gedeihen« (Dutton 2003).

»Hochwertige Verbindungen bei der Arbeit führen zu größerem Engagement der Mitarbeiter, verbesserter Arbeitszufriedenheit und erhöhter organisatorischer Bindung. Diese Verbindungen aufzubauen ist essenziell für ein florierendes Arbeitsumfeld.«

Jane Dutton, US-amerikanische Forscherin

Respekt bedeutet laut Dutton, jeden im Team als wertvoll anzuerkennen, unabhängig von Position oder Unterschieden. Dies zeigt sich durch aktives Zuhören, das Ernstnehmen von Meinungen und die Anerkennung der individuellen Würde jedes Teammitglieds. Vertrauen entsteht, wenn die anderen Menschen zuverlässig, ehrlich und gutwillig handeln. Es bedeutet, sich sicher zu fühlen, dass die Handlungen des anderen den eigenen Interessen nicht schaden und dass jeder sich an Absprachen hält. Vertrauen ermöglicht es den Beteiligten, sich gegenseitig zu unterstützen, Risiken einzugehen und offen miteinander zu kommunizieren.

Positive Interaktionen sind Austauschprozesse, die positive Gefühle und Energie erzeugen. Sie beinhalten Handlungen, die Freude, Ermutigung, Wertschätzung oder Unterstützung vermitteln. Solche Interaktionen stärken die Bindung zwischen den Beteiligten und tragen dazu bei, eine Atmosphäre des Wohlwollens und der gegenseitigen Förderung zu schaffen. Auch ein spielerischer Umgang bei der Arbeit und das gemeinsame Spielen wie beispielsweise am Kickertisch ist eine positive, spontane, ungezwungene und kreative Interaktion, die Freude und Leichtigkeit in die Beziehung bringt.

Das emotionale Klima stärken durch positive Interaktionen

Wie ein Puzzle setzt sich unsere Kommunikation aus einer Vielzahl kleiner Interaktionen zusammen. Dazu gehören neben der Sprache deutlich erkennbare Signale wie Händeschütteln, ein Geschenk überreichen, Zunicken, Blickkontakt ebenso wie die Fülle an Mikrosignalen wie eine hochgezogene Augenbraue, ein freundliches Blinzeln oder das Zucken eines Mundwinkels. Mit all diesen Signalen senden wir Beziehungsbotschaften, die die Beziehung zum Gegenüber stärken (positive Interaktionen) oder schwächen (negative Interaktionen).

John Gottman (2014), bekannt für seine umfassenden Studien zu den Dynamiken in Paarbeziehungen und anderen zwischenmenschlichen Interaktionen, sagt dazu:

> *»Nachdem ich ein Paar nur fünf Minuten beobachtet und ihm zugehört habe, kann ich sagen, ob es sich scheiden lassen wird oder nicht.«*
>
> John Gottman, renommierter US-amerikanischer Psychologe und Beziehungsforscher

Er fand heraus, dass stabile und glückliche Beziehungen durch ein hohes Verhältnis von positiven zu negativen Interaktionen von fünf zu eins gekennzeichnet sind. Dieses positive Übergewicht ist entscheidend für das emotionale Klima und den Erfolg der Beziehung. Für den betrieblichen Alltag können wir zwar ein Fünf-zu-eins-Verhältnis anstreben, aber da die Beziehungen weniger intensiv sind als bei Paaren, erreichen wir auch mit einem Drei-zu-eins-Verhältnis bereits eine positive Beziehungsgestaltung. Achten Sie also bei all Ihren Interaktionen darauf, wie Sie dieses

Verhältnis realisieren. Bedenken Sie dabei, dass es die vielen kleinen Interaktionen sind, über die man vielleicht gar nicht bewusst nachdenkt. So kann das Handy auf dem Tisch eine schwächende Wirkung haben. Eine einzige mitfühlende Äußerung eines Arztes hingegen kann die Angst eines Patienten innerhalb von Sekunden verringern (Weiss et al. 2017).

Die bloße Anwesenheit eines Handys während eines persönlichen Gesprächs verringert das Vertrauen und das Gefühl der Verbundenheit zwischen den Gesprächspartnern. Das Handy lenkt die Aufmerksamkeit ab und signalisiert, dass der Gesprächspartner möglicherweise nicht voll präsent ist. Allein die Möglichkeit einer Unterbrechung durch das Handy führt zu einer geringeren Tiefe und Qualität der Interaktionen (Przybylski & Weinstein 2013).

Das Beziehungskonto

Stellen Sie sich die Beziehung wie ein Konto vor. Wenn Sie auf das Beziehungskonto nichts eingezahlt haben, aber eine Abbuchung vornehmen, indem Sie kritisches Feedback geben, den anderen unabsichtlich verletzen oder ausgrenzen, sind Sie sofort in den Miesen. Der Minusbetrag wächst durch Dispozinsen immer weiter. Diese Zinsen zeigen sich in Form von Misstrauen, negativen Gedanken Ihnen gegenüber und verringerter Kooperationsbereitschaft. Wenn Sie das Beziehungskonto von Anfang an mit (angemessenem) Vertrauen und positiven Interaktionen füllen, entsteht ein Guthaben. Dieses Guthaben macht es Ihnen und Ihrem Gegenüber leichter, offen und konstruktiv miteinander zu arbeiten. Ähnlich wie bei einer Guthabenverzinsung entwickelt sich die Beziehung immer weiter. Sollten Sie jetzt eine Abbuchung vornehmen, indem Sie den anderen versehentlich verletzen, ein Missverständnis oder ein Konflikt entsteht, bleibt immer noch genügend Guthaben auf dem Konto. Der andere verzeiht Ihnen leichter, ist kooperationswilliger und insgesamt Ihnen gegenüber wohlwollender. Wie dies Beispiel deutlich macht, hilft uns das Drei-zu-eins-Verhältnis grundlegend für eine positive Beziehungsentwicklung. Wir pflanzen die »junge Beziehungspflanze« in einen nährstoffreichen Boden und pflegen sie gut, sodass sie gedeihen kann. Darüber hinaus ist es auch in schwierigen Situationen und bei kritischem Feedback wichtig, sich an dieses Verhältnis zu halten. Wir alle möchten uns (psychologisch) sicher fühlen. Wenn wir ausreichend positive Rückmeldungen (also drei) erhalten, ist das Bedürfnis nach psychologischer Sicherheit erfüllt und wir können das kritische Feedback und die daraus erwachsende Veränderung besser annehmen. Wenn wir gerade genervt von einem unerwünschten Verhalten sind, fällt es uns wahrscheinlich schwerer, das Positive zu sehen. Genau deshalb ist es wichtig, tief durchzuatmen und sich bewusst darauf vorzubereiten.

Tipp: Verwenden Sie das Drei-zu-eins-Verhältnis für positive Interaktionen, um (erstens) Beziehungen grundlegend positiv zu gestalten, (zweitens) in Feedback-Situationen und schwierigen Situationen!

Von der Anbindung zur Verbundenheit

»Der Mensch ist ein Subjekt der Begegnung. Er ist kein Objekt der Veränderung.«

Gerald Hüther, Neurobiologe

Was wird heute nicht alles getan, um die Bindung der Mitarbeitenden ans Unternehmen zu sichern. Das fängt beim Obstkorb an, geht über den berühmten Tischkicker bis hin zum Gym-Gutschein. Die Wirkung dieser Maßnahmen ist nicht besonders groß. Teilweise sogar kontraproduktiv, wenn sich Mitarbeitende wie eine Zitrone fühlen, aus der mit diesen Angeboten noch der letzte Saft herausgepresst werden soll. Mitarbeitende empfinden Wertschätzung und Anerkennung als weitaus wichtiger als materielle Anreize wie Obstkörbe oder Boni (Lipman 2013). 83 Prozent der Befragten dieser Studie gaben an, dass Anerkennung erfüllender ist als materielle Belohnungen. 88 Prozent fanden Lob von Vorgesetzten besonders motivierend und stärkend für die Verbundenheit zum Unternehmen. Das zeigt, dass Anerkennung das wertvollste Instrument der Führung ist – wissenschaftlich belegt und kostenlos!

Verbundenheit statt (An-)Bindung

Geht es also darum, Menschen an das Unternehmen »zu binden«, oder darum, dass die Menschen sich untereinander und mit dem Unternehmen »verbunden« fühlen?

Bitte überlegen Sie kurz

Welche Gedanken und Gefühle entstehen bei Ihnen bei der Formulierung »Ich bin an meinen Arbeitgeber gebunden«? Welche Gedanken und Gefühle entstehen bei der Formulierung »Ich fühle mich meinem Arbeitgeber verbunden«?

Für uns beinhaltet der Begriff der »Verbundenheit« den Respekt, dass wir andere Personen nicht (fest-)binden wollen (und letztlich nicht einmal können), sowie die Freiheit, dass wir gerne und freiwillig zusammenarbeiten. Damit begegnen wir dem »Subjekt Mensch« auf Augenhöhe. Wir wollen keine Bindung erzwingen, sondern echte Verbundenheit fördern. Emotionale Verbundenheit beschreibt das tiefe Gefühl der Zugehörigkeit und des Vertrauens zum Unternehmen, wenn wir Anerkennung, soziale Unterstützung und zwischenmenschliche Wärme erfahren. Diese emotionale Verbundenheit entsteht durch positive Emotionen, die aus der Zufriedenheit mit der Arbeitsumgebung, den Aufgaben, den Beziehungen zu Kollegen und Vorgesetzten sowie der Wertschätzung durch das Unternehmen resultieren.

Eine starke emotionale Verbundenheit steigert Motivation, Loyalität und Einsatzbereitschaft. Doch laut Gallup (2024) haben nur 17 Prozent der Mitarbeitenden in Deutschland eine hohe emotionale Verbundenheit und liegen damit weit unter dem globalen Durchschnitt. Dies ist besonders relevant angesichts des Fachkräftemangels und der Notwendigkeit, attraktive Arbeitsbedingungen zu schaffen. Ohne eine emotionale Verbundenheit schöpfen Mitarbeitende ihr Potenzial nicht aus. Dabei fällt es uns umso leichter, Verbundenheit von allein entstehen zu lassen, je ähnlicher wir uns sind. Je unähnlicher wir uns sind – beispielsweise in diversen Teams –, umso wichtiger ist es, dass Führungskräfte diese Verbundenheit aktiv fördern. Das kostet keinen Cent – nur Zeit, Verbundenheit mit und Aufmerksamkeit für die Mitarbeitenden.

Positiv verbunden – Positivitätsresonanz

Haben Sie schon einmal bei einem emotionalen Film intensiv mitgefühlt – Freude, Erleichterung, Hoffnung? Wahrscheinlich antworten Sie innerlich mit »Ja«. Das liegt an unseren Spiegelneuronen. Diese Gehirnzellen lassen uns die Gefühle und Handlungen anderer nachempfinden. Wenn wir sehen, wie jemand lächelt, fühlen wir uns selbst glücklicher, als würden wir lächeln. Durch diese neuronale Spiegelung entsteht eine Synchronizität – Emotionen, Herzfrequenz, Atmung und sogar Bewegungen passen sich an (Konvalinka et al. 2012, Wiltermuth et al. 2009).

> *»Wenn positive Emotionen zwischen Menschen geteilt werden, erzeugt die entstehende Resonanz gegenseitige Fürsorge und Verbundenheit, stärkt die Beziehung und fördert das kollektive Wohlbefinden.«*
>
> Barbara Fredrickson, renommierte US-amerikanische Psychologin

Bedenken Sie bitte, dass Spiegelneuronen auch negative Emotionen synchronisieren. Beispielsweise kann eine negativ gestimmte Person auch die Stimmung in einer Besprechung in eine nicht gewünschte Richtung beeinflussen.

Die Positivitätsresonanz entsteht jedoch nur bei positiven Emotionen. Spiegelneuronen verstärken durch geteilte Freude und positive Interaktionen unsere Verbundenheit. Körperlich spüren wir das in Form von Ruhe, Wärme und einem verlangsamten Zeitempfinden (Fredrickson 2023). Fredrickson prägte den Begriff »Positivitätsresonanz«, um die biologische Verankerung tiefer Verbundenheit zu verdeutlichen. Dieser dynamische Prozess fördert tiefe soziale Verbundenheit und ein starkes Zugehörigkeitsgefühl. Sie können durch bewusste positive Interaktionen Positivitätsresonanz erzeugen und damit das Teamklima verbessern – schon ein echter Blickkontakt wirkt.

3.4 Meaning – der Kompass, der den Weg weist

»Wer Menschen motivieren will und Leistung fordert, muss Sinnmöglichkeiten bieten.«

Viktor Frankl, österreichischer Neurologe, Psychiater und Holocaust-Überlebender

Arbeit, die als sinnvoll empfunden wird, motiviert Mitarbeitende, über ihre manchmal engen Grenzen hinauszuschauen. Sie können im Idealfall den individuellen Sinn mit dem Sinn des Unternehmens verbinden. Das schafft ein Gefühl der Zugehörigkeit und des Nutzens. Sinn ist wie ein Kompass, der eine Richtung gibt und sicherstellt, dass die Energie und Anstrengungen auf gemeinsame Ziele ausgerichtet sind.

Ohne Sinn ist alles sinnlos!

»Das ist doch sinnlos!« Wenn ein Mitarbeitender diesen Satz äußert, ist das ein Alarmzeichen. Ohne Sinn in der Arbeit fehlen Motivation und Engagement. Sicher kennen Sie das auch selbst aus eigener Erfahrung. Wenn Sie den Sinn, etwa einer Aufgabe, nicht sehen können, wollen Sie nicht einsteigen und fühlen sich wahrscheinlich ziemlich unmotiviert.

Doch wie lässt sich Sinn finden?

Martin Seligman (2014) beschreibt den Lebenssinn als das Gefühl, etwas zu tun, das größer ist als man selbst, und damit einen Beitrag zur Welt zu leisten. Diese Definition verdeutlicht, dass der Lebenssinn oft daraus entsteht, wenn wir unsere Tätigkeiten in einen größeren Zusammenhang stellen und erkennen, wie unser Handeln über uns selbst hinaus Wirkung entfaltet. Um die Idee zu verdeutlichen, stellen wir uns einen Mann vor, der Steine klopft. Auf die Frage, was er tut, antwortet er: »Ich klopfe Steine.« Er sieht seine Arbeit als rein mechanische Tätigkeit. Wird er erneut gefragt, sagt er: »Ich ernähre eine Familie.« Er erkennt einen Zweck in seiner Arbeit, der über das Steineklopfen hinausgeht. Beim dritten Mal antwortet er: »Ich baue eine Kathedrale.« Hier sieht er seine Arbeit als Teil eines bedeutungsvollen Projekts.

Diese drei Perspektiven zeigen, wie der Sinn unserer Arbeit davon abhängt, wie wir sie in einen größeren Zusammenhang einordnen. Wenn wir erkennen, dass unsere Arbeit über unser eigenes Leben hinaus einen Beitrag leistet, erleben wir ein stärkeres Gefühl von Sinn und Erfüllung. Für Führungskräfte bedeutet das, ihren Mitarbeitenden zu helfen, den größeren Zweck hinter ihrer Arbeit zu sehen.

Tipp: Wenn Sie als Führungskraft die Sinnfrage ins Unternehmen übertragen, sollten Sie sie konkret herunterbrechen: Was ist der Sinn hinter einer Funktion? Was ist der Sinn einer konkreten Aufgabe? Dazu ist es hilfreich, wenn Sie als Führungskraft regelmäßig einen Perspektivwechsel vornehmen und die Aufgabe und Funktion durch die Brille des Mitarbeitenden betrachten: Welchen Sinn und welche Bedeutung hat die Tätigkeit für Kollegen, für Schnittstellenbereiche, den Gesamtzusammenhang im Unternehmen und für den Kunden?

Sinn als psychologisches Empowerment

Ein Führungsjob bringt viele Herausforderungen mit sich. Neben der strategischen Planung und operativen Leitung ist es wichtig, das Sinnerleben der Mitarbeitenden im Blick zu behalten. Sinn in der Arbeit zu vermitteln, ist ein starker Motivator und trägt wesentlich zu einem positiven Arbeitsklima bei.

Stellen Sie sich vor, Sie müssten auf einen Teil Ihres sicher mehr als verdienten Gehaltes verzichten. Wie würden Sie sich dabei fühlen? Untersuchungen zeigen, dass viele Mitarbeitende bereit wären, genau das zu tun, wenn sie dafür mehr Sinn in ihrer Arbeit erleben könnten. Eine Studie von BetterUp Labs (2018) fand heraus, dass neun von zehn Arbeitnehmenden bereit sind, im Durchschnitt 23 Prozent ihres zukünftigen Einkommens zu opfern, wenn sie dafür eine immer sinnvolle Tätigkeit ausüben können. Mitarbeitende, die ihre Arbeit als bedeutungsvoll empfinden, bleiben zudem durchschnittlich 7,4 Monate länger bei ihren Arbeitgebern und sind motivierter und produktiver. Dieses Streben nach Sinn kann als »psychologisches Empowerment« betrachtet werden – es ist genauso wichtig wie das Gehalt, um langfristig motiviert und zufrieden zu arbeiten.

Denken Sie daran, wie Sie selbst in Situationen reagiert haben, in denen Ihre Arbeit Ihnen tiefere Erfüllung und Bedeutung gebracht hat. Genau dieses Gefühl können Sie auch Ihren Mitarbeitenden vermitteln. Indem Sie einen Sinn in der Arbeit aufzeigen, schaffen Sie nicht nur ein angenehmes Arbeitsumfeld, sondern fördern auch die Motivation und Zufriedenheit Ihres Teams. Ein Umfeld, in dem jeder die Bedeutung seiner Arbeit erkennt, wird zu einem Ort, an dem alle gerne zusammenarbeiten und gemeinsam wachsen.

Gelebte Werte machen Sinn

Für Sie als Führungskraft ist es von großer Bedeutung zu verstehen, was Ihre Mitarbeitenden antreibt – was ihnen wertvoll ist. Unsere Werte spiegeln wider, was uns im Leben richtig erscheint und wichtig ist. Sie geben uns Orientierung bei unseren Entscheidungen und Handlungen. Wenn wir unsere Werte leben, erfahren wir mehr Sinn und Erfüllung. Werte sind wie ein innerer Kompass, der uns durch das Leben navigiert.

Stellen Sie sich vor, wie es ist, wenn Sie Ihre eigenen Werte im Arbeitsalltag leben können. Eine aktuelle Studie von Russo-Netzer (2024) zeigt, dass das Ausleben persönlicher Werte zu einem höheren Wohlbefinden, gesteigerter Zufriedenheit und größerem beruflichen Engagement führt. Wird man jedoch daran gehindert, seine Werte auszuleben, kann dies zu Frustration, Unzufriedenheit und einem höheren Risiko für Burn-out führen.

Und wenn unsere Werte verletzt werden?

Denken Sie an die Momente, in denen Ihre Werte im Beruf verletzt wurden. Wie haben Sie sich gefühlt? Wenn wir unsere Werte verletzt sehen, führt das oft zu starkem Unbehagen, Frustration und einem Gefühl der Entfremdung. Es kann die Motivation und das Engagement erheblich mindern und langfristig sogar zu Stress, Angstzuständen oder Depressionen führen. Dies zeigt, wie wichtig es ist, ein Arbeitsumfeld zu schaffen, das die persönlichen Werte respektiert und fördert. Wenn Sie daran gehindert werden, Ihre Werte zu leben, dann führt das zu Depression und Stress. Wenn Menschen dagegen in einer Organisation arbeiten, in der sie ihre eigenen Werte leben und mit anderen teilen können, erleben sie ihre Arbeit als sinnhaft. Besonders erfüllend ist es, wenn die Werte des Unternehmens mit ihren eigenen übereinstimmen – das schafft eine tiefe Verbindung und gibt ihrer Arbeit einen echten Sinn.

Das individuelle Erleben von Sinn

Das Gefühl von Sinn in der Arbeit ist subjektiv und kann stark variieren – abhängig von den Aufgaben, dem Arbeitsumfeld und der persönlichen Einstellung. Als Führungskraft sollten Sie die Faktoren, die das Sinnerleben Ihrer Mitarbeitenden beeinflussen, erkennen und gezielt fördern. Um Sinn und Bedeutung im Unternehmenszusammenhang besser zu verstehen, kann uns die Sinnpyramide helfen. Diese basiert auf den allgemeinen Prinzipien der Arbeits- und Organisationspsychologie sowie den Konzepten der sinnstiftenden Arbeit (Steger 2012).

Wie können Sie als Führungskraft diese Werte, den Sinn und die Bedeutung Ihrer Mitarbeitenden mehr fördern? In den nächsten Abschnitten wird dies anhand der Sinnpyramide konkretisiert.

Aus der Wissenschaft: sinnvoll(er) arbeiten

Eine sehr bedeutende Studie von Steger et al. (2012) zeigt, dass Arbeit als sinnvoll erlebt wird, wenn sie positive Bedeutung hat, zur Lebenssinnstiftung beiträgt und das Streben nach einem größeren Wohl fördert – das heißt das Bedürfnis, durch die eigene Arbeit etwas Größeres zu schaffen und das Wohl der Gesellschaft zu fördern.

Menschen, die diesen tieferen Sinn in ihrer Arbeit finden, sind zufriedener, motivierter und gesünder. Sie fehlen seltener, sind weniger gestresst und erleben weniger Angst und Depressionen.

Für Unternehmen und Führungskräfte ist es daher wesentlich, Arbeitsplätze so zu gestalten und Aufgaben so zu kommunizieren, dass Mitarbeitende den tieferen Sinn und den größeren Beitrag ihrer Arbeit erkennen. Dies fördert nicht nur ihr persönliches Wohlbefinden, sondern trägt auch zum nachhaltigen Erfolg des Unternehmens bei.

Die Sinnpyramide – Empowerment auf allen Ebenen

Wir nutzen die Sinnpyramide als ein Konzept, die verschiedenen Ebenen der Sinnstiftung in der Arbeit zu verstehen und zu fördern. Dieses Modell veranschaulicht, wie Sinn auf unterschiedlichen Unternehmensebenen vermittelt werden kann, um die Motivation und das Engagement der Mitarbeitenden zu steigern.

1. Individuelle Ebene

Auf der untersten Ebene geht es um die persönliche Bedeutung und den subjektiven Sinn, den ein Mitarbeitender in seiner täglichen Arbeit findet. Diese Ebene ist entscheidend, da sie die unmittelbaren Erfahrungen und Motivationen der einzelnen Mitarbeitenden betrifft.

Aufgaben und Tätigkeiten: Die konkreten Aufgaben, die ein Mitarbeitender täglich ausführt, sollten als sinnvoll und wertvoll wahrgenommen werden. Führungskräfte sollten sicherstellen, dass die Mitarbeitenden verstehen, warum ihre Aufgaben wichtig sind und wie sie zum Gesamterfolg beitragen.

Stärken und Interessen: Mitarbeitende sollten die Möglichkeit haben, ihre individuellen Stärken, persönlichen Werte und Interessen in ihre Arbeit einzubringen. Dies fördert das Gefühl der Selbstwirksamkeit und Zufriedenheit.

Entwicklung und Wachstum: Möglichkeiten zur persönlichen und beruflichen Weiterentwicklung tragen ebenfalls zur Sinnstiftung bei. Mitarbeitende sollten das Gefühl haben, dass ihre Arbeit zu ihrem Wachstum und ihrer Entwicklung beiträgt.

2. Team- und Abteilungsebene

Diese mittlere Ebene befasst sich mit der Bedeutung der Arbeit im Kontext von Teams und Abteilungen. Die Zusammenarbeit und die Beziehungen innerhalb eines Teams können maßgeblich zur Sinnstiftung beitragen, wie beispielsweise auch Zugehörigkeit und Gemeinschaft.

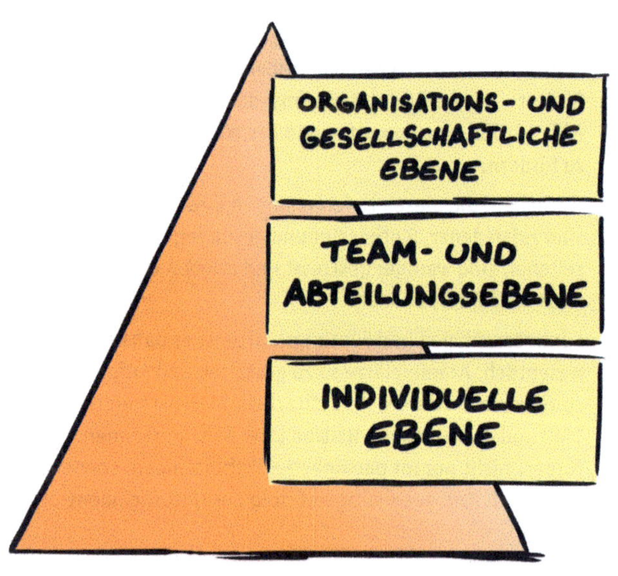

Gemeinsame Ziele und Werte: Teams sollten gemeinsame Ziele und Werte verfolgen, die den Mitarbeitenden klar kommuniziert werden. Wenn Mitarbeitende das Gefühl haben, gemeinsam an etwas Bedeutungsvollem zu arbeiten, stärkt dies das Gefühl der Zusammengehörigkeit und des Sinns.

Kooperation und Unterstützung: Eine Kultur der Zusammenarbeit und gegenseitigen Unterstützung innerhalb des Teams fördert das Sinnerleben. Führungskräfte sollten sicherstellen, dass die Mitarbeitenden ihre Kollegen unterstützen und zusammenarbeiten, um gemeinsame Ziele zu erreichen.

Der Beitrag zum Großen und Ganzen: Es ist wichtig, dass alle Mitarbeitenden verstehen, wie ihre Arbeit zum Gesamtziel des Unternehmens beiträgt. Indem Teams den Sinn und Nutzen ihrer Arbeit für das Unternehmen und die Kunden erkennen, stärkt dies das gemeinsame Sinnerleben und die Motivation.

3. Organisations- und gesellschaftliche Ebene

Auf der höchsten Ebene der Sinnpyramide geht es um die Bedeutung der Arbeit im Kontext der gesamten Organisation und deren Einfluss auf die Gesellschaft.

Unternehmensmission und -vision: Die Mission und die Vision des Unternehmens sollten den Mitarbeitenden klar und inspirierend vermittelt werden. Sie sollten verstehen, wie ihre Arbeit zur Erreichung dieser übergeordneten Ziele beiträgt.

Gesellschaftlicher Beitrag: Mitarbeitende sollten wissen, welchen positiven Einfluss ihre Arbeit auf den Kunden, die Gesellschaft und die Zukunft hat. Dies kann durch Projekte und Initiativen verdeutlicht werden, die einen gesellschaftlichen Nutzen haben.

Nachhaltigkeit und Verantwortung: Das Engagement des Unternehmens für Nachhaltigkeit und soziale Verantwortung kann ebenfalls zur Sinnstiftung beitragen. Wenn Mitarbeitende das Gefühl haben, dass ihr Unternehmen ethisch handelt und positive Werte fördert, erhöht dies das Gefühl der Bedeutung ihrer eigenen Arbeit.

Vom Mülleimer zum Auffangnetz: die Verwandlung eines Teams durch Sinnstiftung

Stellen Sie sich ein Team in einem Bildungsträger vor, das sich jahrelang als »Mülleimer« fühlte, da es immer die Kunden übernahm, die in anderen Programmen gescheitert waren. Die Mitarbeitenden hatten das Gefühl, wenig wertgeschätzt zu werden und keinen echten Beitrag zum Erfolg des Bildungsträgers zu leisten.

Doch dann entschied die Führungskraft, das Team daran zu erinnern, welchen wichtigen Beitrag es tatsächlich leistet. In Reflexionsrunden wurde klar: Sie sind nicht der »Mülleimer« – sie sind das Auffangnetz. Sie geben Menschen, die sonst durch alle Raster fallen würden, eine zweite Chance und entlasten andere Abteilungen. Das Team erkannte, dass es eine zentrale Rolle spielt, indem es Menschen neue Perspektiven bietet. Dieses neue Selbstverständnis stärkte den Zusammenhalt, die Motivation und den Stolz des Teams. Aus einer ungeliebten Aufgabe wurde eine bedeutungsvolle Mission, die das Team mit neuem Elan erfüllt.

3.5 Accomplishment – wenn Erfolg sichtbar wird

Das Erreichen von Zielen und der Erfolg bei der Arbeit bestätigen den Wert der Anstrengungen. Sie sind Meilensteine auf dem Weg zur Verwirklichung von Visionen und stärken die Selbstwirksamkeit, das Engagement und die Loyalität der Mitarbeitenden.

Martin Seligman betont, dass Zielerreichung ein wesentlicher Bestandteil eines erfüllten Lebens ist, auch wenn diese Erfolge nicht immer mit positiven Gefühlen verbunden sind (Seligman 2014). Die Bedeutung des Moments der Zielerreichung sollte von Führungskräften neu bewertet werden. Es geht dabei nicht nur um Anerkennung, sondern um die Förderung von Selbstwirksamkeit und Engagement.

Selbstwirksamkeit erlebbar machen

Der Begriff »Selbstwirksamkeit«, geprägt von Albert Bandura (1997), beschreibt das Vertrauen in die eigenen Fähigkeiten, Aufgaben erfolgreich zu bewältigen. Selbstwirksamkeit bedeutet, sich als kompetent und einflussreich zu erleben und sich als Gestalter der eigenen Realität zu sehen. Im Zusammenhang mit »Erfolge sichtbar machen und feiern« ist Selbstwirksamkeit entscheidend. Wenn Mitarbeitende ihre Erfolge wahrnehmen und feiern, stärkt das ihr Selbstbewusstsein und ihre Motivation, was ihr Engagement und ihre Loyalität gegenüber dem Unternehmen fördert.

Anerkennung von Leistungen

In westlichen Gesellschaften werden herausragende Leistungen oft anerkannt und gefeiert, wie etwa durch die Forbes-Liste der besten Unternehmen oder Sportwettbewerbe (Forbes 2022). Auch alltägliche Erfolge, wie eine harmonische Familienumgebung, verdienen Würdigung, da sie für das subjektive Gefühl von Leistung und Erfolg wichtig sind (Butler et al. 2016).

Attribution und Motivation

Nach Rotter (1966) beeinflusst die Art der Attribution, ob Menschen ihre Erfolge auf eigene Fähigkeiten oder äußere Umstände zurückführen. Eine interne Attribution stärkt die Motivation, das Gefühl der Kontrolle und die positive

Studien zur Wirkung von Accomplishment

Optimismus erlernen | Seligman argumentiert, dass Optimismus durch positive Zielerreichungen erlernbar ist. Optimismus und die Fähigkeit, Ziele zu erreichen, sind eng verbunden (Seligman 2006).

Lernen und Motivation | Hatties Metastudie »Visible Learning« zeigt, dass das Sichtbarmachen von Erfolgen das Lernen und die Motivation signifikant fördert. Dies betont die Bedeutung klarer Ziele im Bildungsbereich (Hattie 2009).

Optimismus und Selbstwirksamkeit | Seligman und Schulman (1986) zeigten, dass positive Zuschreibungen und das Feiern von Erfolgen Optimismus und Selbstwirksamkeit fördern und somit Motivation und Leistung steigern.

Arbeitszufriedenheit | Ebners Forschung unterstreicht, dass Anerkennung und Feedback die Selbstwirksamkeit und das Engagement der Mitarbeitenden stärken und so die Arbeitszufriedenheit erhöhen (Ebner 2019).

Mitarbeiterbindung, Loyalität, Engagement | Eine Untersuchung von HR Cloud zeigt, dass regelmäßige Anerkennung die Mitarbeiterbindung und Motivation erheblich steigern. Mitarbeitende, die gelobt werden, sind loyaler und engagierter (HR Cloud 2023).

Zugehörigkeitsgefühl und Leistungsbereitschaft | »Business Leadership Today« betont, dass Anerkennung und das Feiern von Erfolgen das Zugehörigkeitsgefühl und die Leistungsbereitschaft der Mitarbeitenden signifikant fördern (Business Leadership Today 2023).

Selbstwahrnehmung. Führungskräfte sollten ihre Mitarbeitenden ermutigen, ihre eigenen Beiträge zu erkennen, um das Vertrauen in die eigene Leistungsfähigkeit zu fördern. Klare Erwartungen und eine Kultur der Autonomie steigern das Engagement. Hingegen führt es oft zu Hilflosigkeit, wenn Misserfolge äußeren Faktoren zugeschrieben werden (Abramson et al. 1978).

Optimismus und Selbstwirksamkeit

Das Anerkennen von Leistungen und positive Rückmeldungen fördern neben Selbstwirksamkeit auch Optimismus und Hoffnung. Seligman (2006) und Goleman (1995) betonen, dass Optimismus und Selbstwirksamkeit erlernbar sind. Erfolg kann objektiv als äußere Anerkennung oder subjektiv als persönliche Zufriedenheit verstanden werden. Beide Formen sind wichtig für das Erreichen von Zielen und das Wohlbefinden (Butler et al. 2016).

In der schnelllebigen Geschäftswelt nehmen viele Menschen erreichte Ziele kaum bewusst wahr und richten den Fokus sofort auf die nächsten Herausforderungen. Das bewusste Feiern von Zielen erzeugt jedoch positive Emotionen wie Dankbarkeit und Stolz, die uns stärken und motivieren, die nächsten Aufgaben anzugehen. Das Zelebrieren von Erfolgen fördert Engagement und Selbstvertrauen, steigert die Freude an Höchstleistung und erhöht die Bereitschaft, auch unangenehme Aufgaben zu meistern.

Ein Team hat soeben erfolgreich ein herausforderndes Projekt abgeschlossen. Nach der Erreichung eines Ziels organisiert die Führungskraft eine kleine Feier, bei der die Erfolge gewürdigt und die Anstrengungen jedes Einzelnen anerkannt werden. Die Teammitglieder fühlen sich wertgeschätzt und sind stolz auf ihre Leistung. Fotos von der Feier werden im Pausenraum aufgehängt, um an die gute Stimmung zu erinnern. Diese positive Erfahrung stärkt das Vertrauen in die eigenen Fähigkeiten und motiviert das Team, sich neuen Herausforderungen zu stellen. Wenn ein weiteres anspruchsvolles Projekt ansteht, sind die Mitarbeitenden eher bereit, auch unangenehme Aufgaben wie Fördermittelanträge, Abrechnungen und Excel-Dokumentationen zu übernehmen, da sie wissen, dass ihre Anstrengungen anerkannt werden und sie gemeinsam erfolgreich sein können.

Ein eigener Erfolg

Erinnern Sie sich an einen Moment, in dem Sie etwas Großartiges erreicht haben – vielleicht das Erklimmen eines Gipfels oder das Bestehen einer wichtigen Prüfung. Spüren Sie, wie Stolz und Freude Sie durchströmten? Lassen Sie dieses Gefühl erneut lebendig werden. Schließen Sie die Augen, atmen Sie tief ein und tauchen Sie vollständig in diesen Moment ein. Spüren Sie den Wind, sehen Sie die Aussicht, hören Sie die Stille oder den Applaus – erleben Sie diesen Erfolg mit allen Sinnen. Nehmen Sie sich Zeit, diesen Augenblick zu genießen. Was hilft Ihnen, dieses Gefühl jederzeit wieder wachzurufen? Notieren Sie es. Diese Erinnerung kann Ihnen bei zukünftigen Herausforderungen Kraft und Selbstvertrauen schenken.

Die positive Abweichung betrachten

Im Unternehmen sehen sich viele nicht als Gestalter, sondern als Opfer der Umstände – sei es durch eine endlose To-do-Liste, schwierige Kunden, faule Kollegen oder inkompetente Vorgesetzte. Dieser Fokus auf Unveränderbares führt in eine Abwärtsspirale, in der das Erleben von Accomplishment verloren geht. Schon in der Schule wurde uns beigebracht, Fehler zu beachten, während Erfolge oft ignoriert wurden. In einem Diktat mit hundert Worten bekamen nur die sieben rot angestrichenen Fehler alle Aufmerksamkeit, die dreiundneunzig richtigen Wörter wurden ignoriert. Dieses Streben nach Perfektion zieht sich bis in die Industrie, wo kleinste Abweichungen, wie die Spaltmaße im Automobilbau, übermäßig viel Aufmerksamkeit erhalten. Das unnachgiebige Streben nach Perfektion lenkt den Blick auf Mängel statt auf Erfolge.

Das Pareto-Prinzip besagt, dass 80 Prozent der Ergebnisse mit 20 Prozent der Ressourcen erreicht werden. Doch oft wird den letzten 20 Prozent an Perfektion alle Aufmerksamkeit geschenkt, während die bereits erreichten 80 Prozent ignoriert werden. Für das Erleben von Accomplishment ist ein Fokuswechsel nötig: Was ist gelungen? Wo sind die Erfolge? Was sind unsere 80 Prozent?

Positive Führung bedeutet, den Blick auf das zu lenken, was bereits funktioniert hat und gelungen ist – ohne Fehler oder Mängel auszublenden, aber mit einem klaren Unterschied zu klassischen Command-and-Control-Ansätzen.

Erstrebenswerte Ziele gestalten

Ziele sind Ergebnisse oder Zustände, die eine Person, ein Team oder eine Organisation erreichen möchte. Sie lenken Handlungen und machen Fortschritte messbar. Ziele können kurzfristig oder langfristig, persönlich oder beruflich, spezifisch oder allgemein sein. Erstrebenswerte Ziele machen Erfolge sichtbar und ermöglichen das Feiern von Erreichtem.

Die folgende Auflistung ausgewählter Zielformen und -prozesse soll Ihren Blick auf Ziele erweitern, um die passenden Ansätze für sich und Ihre Mitarbeitenden zu erkennen und anzuwenden.

Smarte Ziele: konkret und messbar

In Unternehmen sind SMART formulierte Ziele weitverbreitet, nach dem Konzept von George T. Doran (1981). SMART steht für spezifisch (Specific), messbar (Measurable), erreichbar (Achievable), relevant (Relevant) und zeitgebunden (Time-bound). Viele Unternehmen nutzen Key Performance Indicators (KPIs) wie Umsatzwachstum, Kundenzufriedenheit oder Lieferzeiten, um Ziele klar und messbar zu formulieren. Die Annahme dahinter: Wenn ein Zielwert – etwa eine Umsatzzahl – erreicht wird, ist das Ziel nachweisbar erreicht. Der Charme SMARTer Ziele liegt in ihrer Konkretheit. Sie sind greifbar und operationalisierbar, was Accomplishment fördert. Um ihre positive Wirkung zu maximieren, sollten sie jedoch erweitert werden:

Herausfordernd, aber realistisch: Ziele sollten genug herausfordern, um Engagement zu fördern, aber erreichbar sein.

Teilziele und Meilensteine: Große Ziele sollten in kleinere Schritte unterteilt werden, um regelmäßig Erfolge feiern zu können.

Feedback und Reflexion: Regelmäßiges Feedback und Reflexion über den Fortschritt sind wichtig, um Anpassungen vorzunehmen (Seligman 2011).

Die Schwäche SMARTer Ziele liegt im Fokus auf Quantität statt Qualität. Kundenzufriedenheit etwa wird oft kurzfristig gemessen und ist manipulationsanfällig, was langfristiges Denken erschwert. Zudem werden SMARTe Ziele häufig von oben vorgegeben, ohne Einbindung der Mitarbeitenden. Wie Führungskräfte Accomplishment in Organisationen fördern können, in denen SMARTe Ziele nicht passen, finden Sie in Kapitel 7.5 ab Seite 214.

Weitere Zielformen zur Potenzialentfaltung

Als Führungskraft haben Sie die einzigartige Chance, das Potenzial Ihrer Mitarbeitenden zu entfalten, indem Sie die richtigen Zielformen wählen – denn die Art der Zielsetzung bestimmt, wie motiviert und leistungsfähig Ihr Team sein wird.

Vermeidungsziele versus Annäherungsziele

Vermeidungsziele zielen darauf ab, negative Ergebnisse zu vermeiden, wie Fehler in Projekten oder das Durcheinanderreden im Meeting. Sie können kurzfristig motivieren, führen aber langfristig zu Stress, da der Fokus auf Misserfolgen liegt. Und es bleibt offen, was genau erreicht werden soll.

Annäherungsziele hingegen streben positive Ergebnisse an. Sie beschreiben genau, was angestrebt wird, wie ein bestimmtes Qualitätsniveau oder die Regel, im Meeting nur nach Aufruf durch den Moderator zu sprechen. Sie fördern Motivation, Engagement und eine positive Arbeitsatmosphäre.

Zeithorizont: einmalige, dauerhafte und Zwischenziele
Einmalige Ziele haben klar definierte Endpunkte, wie der Abschluss eines Projekts. Sie ermöglichen ein sehr klares Erfolgserleben.
Dauerhafte Ziele fördern kontinuierliches Wachstum, zum Beispiel die Verbesserung der Kundenbindung. Sie unterstützen Ausdauer und langfristiges Engagement und geben eine Richtung vor.
Zwischenziele dienen als Meilensteine und halten die Motivation aufrecht, indem sie größere Aufgaben in überschaubare Teile und kürzere Zeiträume zerlegen, wie etwa durch Wochenziele, die sich aus Jahreszielen ableiten. Das macht Ziele besser verständlich und verknüpft sie mit den täglichen Aktivitäten.

Etwas erlernen oder sich entwickeln
Lernziele fokussieren sich auf den Erwerb neuer Fähigkeiten, wie das Beherrschen einer neuen Software.
Entwicklungsziele zielen auf die persönliche und berufliche Weiterentwicklung ab, wie die Verbesserung von Führungskompetenzen die Steigerung der sozialer Kompetenzen. Das unterstützt langfristiges Wachstum und Anpassungsfähigkeit.

Ergebnisse erzielen oder Zustand erreichen
Ergebnisziele konzentrieren sich auf konkrete Endergebnisse wie die Steigerung des Umsatzes. SMARTe Ziele sind meist Ergebnisziele.
Zustandsziele beschreiben gewünschte Zustände, zum Beispiel einen besseren Teamzusammenhalt oder einen gelassenerer Umgang mit Stressauslösern. Sie sind flexibler und besonders geeignet für dynamische Arbeitsumgebungen. Sie richten den Fokus auf die Qualität, fördern langfristige Motivation und steigern die Arbeitszufriedenheit.

Fuzzy Goals: unspezifische Ziele
Fuzzy Goals lassen Raum für Flexibilität und Kreativität, zum Beispiel: »Entwickle neue Ideen für das Kundenerlebnis«. Sie sind besonders in agilen Entwicklungsprozessen nützlich.

Everest-Ziele: groß und begeisternd, wachstumfördernd
Everest-Ziele sind ambitionierte, hochgesteckte Ziele, die inspirieren und motivieren – auch wenn sie nicht vollständig erreicht werden müssen. Sie zielen darauf ab, aus einer positiven Abweichung etwas Größeres entstehen zu lassen und maximieren das Potenzial der Zielsetzer. Ein Beispiel:

Angeregt durch Probleme mit dem Chef kann das Everest-Ziel entstehen, eine globale Organisation zur Unterstützung von Frauenrechten zu gründen (Mangelsdorf 2020).

Cameron und Plews (2012) beschreiben Everest-Ziele als ehrgeizige und visionäre Ziele, die weit über herkömmliche Zielformen hinausgehen. Sie dienen als Inspirationsquelle, die Motivation und Engagement fördert und das Beste aus den Mitarbeitenden und dem Unternehmen herausholt. Everest-Ziele stoßen Innovationen an, unterstützen eine Kultur des kontinuierlichen Wachstums und bieten Orientierung für langfristige Visionen. Sie vermitteln das Gefühl, Teil von etwas Größerem und Sinnvollerem zu sein, was sowohl Leistung als auch Zufriedenheit steigert.

Mikroziele: schnell ins Handeln kommen

Mikroziele sind kleine, leicht und sicher erreichbare Ziele, die schnelle Erfolge ermöglichen, zum Beispiel: »Beantworte die erste E-Mail des Tages«. Sie steigern das Selbstvertrauen und sind besonders in schwierigen Situationen hilfreich.

OKR als agiles Zielfindungsmodell

OKR (Objectives and Key Results) beschreiben ein agiles Zielfindungsmodell, das Flexibilität und Anpassungsfähigkeit in der Zielsetzung fördert – ideal für dynamische Umgebungen. Der Prozess beginnt damit, dass die obere Führungsebene strategische Unternehmensziele (Objectives) definiert. Diese Objectives sind qualitative, richtungsweisende Aussagen, die die langfristige Vision des Unternehmens beschreiben. Anschließend werden Key Results festgelegt, die messbare, konkrete Ergebnisse darstellen, die erreicht werden müssen, um die Objectives zu erfüllen. Diese Objectives und Key Results werden klar an alle Ebenen des Unternehmens kommuniziert. Die Teams vor Ort entwickeln daraufhin ihre eigenen OKRs, die auf die übergeordneten Unternehmensziele abgestimmt sind. Dabei sind die Key Results spezifisch und messbar, sodass der Fortschritt klar nachvollziehbar ist.

Der OKR-Prozess ist iterativ: Regelmäßige Meetings und Reviews überwachen den Fortschritt, ermöglichen Anpassungen und sorgen dafür, dass alle Beteiligten auf Kurs bleiben. Der besondere Nutzen von OKR liegt in der erforderlichen Transparenz, dem regelmäßigen Feedback und der kontinuierlichen Verbesserung. Das OKR-Modell fördert eine klare Ausrichtung auf gemeinsame Ziele und stärkt das Engagement im gesamten Unternehmen.

WOOP – vom Wunsch zur Wirklichkeit

Die WOOP-Methode wurde von der Psychologin Gabriele Oettingen (2014) entwickelt und basiert auf über zwanzig Jahren Forschung. Sie bietet ein strukturiertes Vorgehen zur Zielerreichung, indem sie hilft, klare Ziele zu setzen,

Hindernisse zu identifizieren und konkrete Pläne zur Überwindung zu entwickeln.

Die vier Schritte von WOOP sind:

- **W**ish (Wunsch): ein klar formuliertes Ziel,
- **O**utcome (Ergebnis): Vorstellung des bestmöglichen Ergebnisses,
- **O**bstacle (Hindernis): Erkennen von Hindernissen,
- **P**lan: Entwicklung von Handlungsplänen.

WOOP stärkt Zielklarheit, Resilienz und Problemlösungsfähigkeit und fördert eine Kultur der Selbstreflexion, wodurch die Leistung und Zufriedenheit im Team nachhaltig gesteigert werden können.

In Kapitel 7.5 (ab Seite 214) finden Sie eine Reihe von Fragen zur Auswahl der passenden Zielform sowie Hinweise zur praktischen Nutzung.

3.6 Achtsamkeit – innere Ruhe für mentale Klarheit

»Die beste Weise, sich um die Zukunft zu kümmern, besteht darin, sich sorgsam der Gegenwart zuzuwenden.«

Thich Nhat Hanh, vietnamesischer buddhistischer Mönch, Friedensaktivist, Schriftsteller

Wir erleben immer wieder, dass einige Führungskräfte Achtsamkeit skeptisch gegenüberstehen. Wenn sie Achtsamkeitsübungen jedoch im Seminar ausprobiert haben, empfinden sie diese dann oft als bereichernd und wertvoll. Achtsamkeit ist als wirksame Praxis für Stressbewältigung, innere Klarheit und Emotionsregulierung inzwischen sehr gut erforscht. Sie stellt ein essenzielles Werkzeug für moderne Führungskräfte dar.

Führungskräfte, die Achtsamkeit in ihr Selbstmanagement und ihre Führungspraxis integrieren, schaffen ein produktiveres und erfüllteres Arbeitsumfeld. Achtsamkeit verstärkt alle PERMA-Elemente und unterstützt deren intensives Erleben. Wenn Sie also nicht genügend achtsam sind, beginnen Sie noch heute damit. Sie werden die positiven Veränderungen erleben, die Achtsamkeit mit sich bringt. Neben den Vorteilen der achtsamen Selbstführung ist es in der heutigen schnelllebigen Zeit ebenso wichtig, dass Führungskräfte auch ihre Mitarbeitenden achtsam führen.

Lassen Sie uns tiefer in die Welt der Achtsamkeit eintauchen und verstehen, warum sie für Führungskräfte von unschätzbarem Wert ist.

Warum brauchen wir Achtsamkeit?

In unserer Welt mit ihren vielen Anforderungen aus verschiedenen Richtungen sind wir oft gestresst. In Gedanken springen wir zwischen der kaum bewältigbar erscheinenden To-do-Liste, dem Zweifel, ob unsere Präsentation heute morgen gut genug war, der Reflexion des Telefonats mit Frau Schulz sowie vielen anderen Fragen, Sorgen und Themen hin und her. Begleitet sind all diese Gedanken von vermutlich eher negativen und unbewussten Emotionen – heißt: wir fühlen uns gestresst, sind aber im Hamsterrad und können Emotionen gerade nicht bewusst benennen. In dieser Art von »Mind Wandering« schweifen unsere Gedanken nicht nur immer wieder von der aktuellen Aufgabe in unterschiedliche Richtungen ab, dieses Abschweifen reduziert sogar unser Wohlbefinden. Immerhin sind unsere Gedanken während etwa 47 Prozent der wachen Zeit nicht auf die aktuelle Tätigkeit gerichtet (Killingsworth und Gilbert 2010).

Sie lesen jetzt gerade diese Zeilen – wo ist Ihre Aufmerksamkeit gerade jetzt in diesem Moment? Wo wandern Ihre Gedanken immer wieder hin? Oder sind Sie gedanklich voll dabei?

Wenn wir in Gedanken abschweifen, sind wir nicht im Hier und Jetzt. Wir nehmen uns, die Situation und unser Gegenüber nicht vollständig wahr. Auch Stresssignale oder negative Emotionen nehmen wir in diesem Zustand nicht bewusst wahr. Stattdessen reagieren wir aus einem Autopiloten heraus, aus einem reflexartig automatisierten Verhalten, das wir in der Vergangenheit gelernt haben. Im Autopiloten fehlt uns allerdings die achtsame Reflexion, ob diese Verhaltensweise auch im Hier und Jetzt angemessen ist. Dieses im Alltag häufig auftretende Verhalten kann auch für den betrieblichen Alltag unerwünschte Auswirkungen mit sich bringen. Fehlende Achtsamkeit kann zu erhöhtem oder sogar chronischem Stress und in der Folge zu Krankheit führen. Die Qualität der Entscheidungsfindung wird schlechter. Im Autopilotmodus nehmen wir die Freude an alltäglichen Aktivitäten vermindert wahr, wodurch sich die Lebensqualität verringert. Auch zwischenmenschliche Beziehungen können leiden, da es leichter zu Missverständnissen und Konflikten kommt (Kabat-Zinn 2013).

Diese Phänomene nehmen in den letzten Jahren besonders schnell zu, weil gesellschaftliche Prozesse sich beschleunigen. Rosa (2013) beschreibt drei Dimensionen der Beschleunigung, die tiefgreifende Auswirkungen auf uns Menschen haben, die wir alle im Alltag erleben.

Technologische Fortschritte und Innovationen machen die Produktion effizienter, die Kommunikation schneller und die Transportmöglichkeiten vielseitiger. Dies erhöht den Druck auf Führungskräfte und Mitarbeitende, ständig auf dem neuesten Stand zu sein und schnell zu reagieren.

Die technische Entwicklung führt zu einem ständigen **sozialen Wandel**. Traditionelle Strukturen und Institutionen müssen sich kontinuierlich anpassen. Diese Dynamik erfordert von Führungskräften und Mitarbeitenden ständige Weiterentwicklung und Weiterbildung.

Viele Menschen empfinden **Zeitdruck** und fühlen sich gehetzt sowie überfordert, da sie versuchen, mit den Veränderungen Schritt zu halten. Diese Beschleunigung kann zu negativen psychologischen Auswirkungen wie Depressionen führen. Der ständige Druck, schneller und effizienter zu sein, verursacht Überforderung und Erschöpfung.

Achtsamkeit bietet hier ein wirksames Gegenmittel. Sie hilft, dem Druck entgegenzuwirken und innere Klarheit sowie emotionale Ruhe zu bewahren. Für Führungskräfte bedeutet dies, bewusste Pausen einzulegen, im Moment präsent zu sein und die Herausforderungen der beschleunigten Welt besser zu meistern. Achtsamkeit hilft, nicht nur den eigenen Stress zu reduzieren, sondern auch ein unterstützendes und produktives Arbeitsumfeld zu schaffen.

Was ist Achtsamkeit?

Jon Kabat-Zinn, der die Praxis der Achtsamkeit im Buddhismus gelernt und in die westliche Medizin und Psychologie integriert hat, beschreibt Achtsamkeit als:

»Nicht-wertendes Gewahrsein des gegenwärtigen Momentes.«

Es geht darum, den gegenwärtigen Moment – das »Hier und Jetzt« – bewusst und ohne Wertung zu erleben. Mit allen Sinnen wahrzunehmen, was ist: sehen, hören, spüren, riechen, schmecken. Voll und ganz bei dem zu sein, was gerade geschieht – sei es ein Gedanke, ein Gefühl, eine Empfindung oder eine Handlung. Ebenso bewusst die äußere Welt wahrzunehmen – unser Gegenüber, unser Umfeld, eine Situation – und den Moment zu erfahren, ohne ihn sofort zu bewerten oder gedanklich abzuschweifen. (Das ist zumindest die Theorie, unser Geist wird immer wieder abschweifen, dann holen wir unseren Fokus zurück – wie das genau geht: siehe Kapitel 7.6 ab Seite 228).

Halten Sie einen Moment inne, vielleicht zwei Minuten. Setzen Sie sich aufrecht, aber bequem hin und schließen Sie gerne für einen Moment die Augen. Richten Sie Ihren Fokus nach innen. Nehmen Sie sich einen Moment wahr: Wie fühlt sich Ihr Körper gerade an? Wo ist er vielleicht

warm, wo vielleicht kalt? Wo spüren Sie vielleicht Anspannungen? Wo vielleicht Entspannung? Wo etwas anderes? Nehmen Sie nur wahr, ohne zu bewerten, ohne etwas anders haben zu wollen.
Öffnen Sie die Augen und kehren Sie in die Außenwelt zurück. Wie geht es Ihnen? Was hat sich verändert?

Viele empfinden schon nach diesem kurzen Moment des Innehaltens mehr innere Ruhe, Entspannung und Klarheit. Und Sie?

Achtsamkeit ermöglicht uns, anstatt in automatischen Reaktionen zu verharren und sich von vergangenen Ereignissen oder zukünftigen Sorgen ablenken zu lassen, ein tieferes und klareres Erleben des Hier und Jetzt. Insofern befähigt uns Achtsamkeit, den Autopiloten zu stoppen, reflektierend innezuhalten und situationsangemessen reif zu handeln. Viktor Frankl, der Begründer der Logotherapie, beschreibt anschaulich, wie eigenverantwortlich wir durch Achtsamkeit werden können:

»Zwischen Reiz und Reaktion liegt ein Raum. In diesem Raum liegt unsere Macht zur Wahl unserer Reaktion. In unserer Reaktion liegen unser Wachstum und unsere Freiheit.«

Für Führungskräfte bedeutet dies, die Fähigkeit zu entwickeln, die eigenen Gedanken, Emotionen und körperlichen Empfindungen bewusst zu erkennen und zu regulieren. Dieses bewusste Erleben stärkt die Selbstwahrnehmung und führt zu klareren, fundierteren Entscheidungen. Im Kern ist Achtsamkeit eine Grundhaltung, die durch regelmäßige Praxis und Übung entwickelt und gestärkt werden kann.

Maria hat heute Morgen von ihrer eigenen Führungskraft die kritische Frage gestellt bekommen, warum denn die Quartalszahlen noch nicht erreicht wurden und was sie diesbezüglich zu tun gedenke. Sie selbst war sich bewusst, dass ihr Team hinterherhinkt. Die zusätzliche, als »Ansprache« erlebte Rückfrage durch ihre Führungskraft erhöht den Druck. Maria ist gestresst, nimmt es aber nicht bewusst wahr. Als in der sich anschließenden Teamsitzung ihre Mitarbeitenden rumalbern und ein paar Scherze machen, schnauzt Maria sie an, dass das ja wohl keine ernsthafte Arbeitshaltung sei und dass das Team auf diese Weise erfolglos bleiben werde, dass es so nicht weitergehen könne. Alle sind plötzlich still, schauen betreten vor sich auf den Tisch und keiner sagt mehr etwas. Im weiteren Verlauf der Besprechung beteiligen sich die Mitarbeitenden kaum und es werden keine kreativen Ideen mehr entwickelt. Maria fühlt sich alleingelassen und das stresst sie noch mehr.

Was genau ist geschehen? Maria war nicht achtsam mit sich und ihrem Team. Sie hat aus ihrem nicht bewussten Stressgefühl heraus das Thema so lange aufgeschoben, bis der eigene Chef das Thema ansprechen musste. Dadurch hat sich ihr Stressniveau noch erhöht, auch das hat sie nicht bewusst wahrgenommen. Danach hat sie destruktiv auf ihre Mitarbeitenden eingewirkt und deren positiven Emotionen unterbrochen. Wie hätte die Situation verlaufen können, wenn Maria achtsam mit ihren eigenen Körperreaktionen und Gedankengängen sowie ihrem Team gewesen wäre? Sie hätte führzeitig gespürt, dass die Quartalszahlen ihr Stress verursachen. Dadurch wäre es ihr möglich gewesen, tief durchzuatmen, die Situation bewusst aus verschiedenen Perspektiven zu reflektieren und logisch ein sinnvolles Vorgehen zu wählen. Sie hätte ihre Situation ihrem Team offen mitteilen und deren gute Laune und gutes Miteinander nutzen können, um gemeinsam nach Lösungen zu suchen. Daraufhin hätte sie, falls überhaupt nötig, proaktiv auf ihre Führungskraft zugehen können, um die Situation und die geplanten Maßnahmen vorzustellen. So wäre sie zu jedem Zeitpunkt handlungsfähig gewesen und hätte wach und entspannt Lösungen entwickelt.

Fünf Aspekte der Achtsamkeit

Es gibt fünf zentrale Aspekte von Achtsamkeit, die deutlich machen, worum es im Detail geht, und die bei der Umsetzung helfen:

Bewusste Aufmerksamkeitslenkung bedeutet, anstatt die Gedanken im »Mind Wandering« ihrer Wege ziehen zu lassen, den Fokus unserer Aufmerksamkeit bewusst dahin zu lenken, wo wir wollen: auf den gegenwärtigen Moment, das Atmen, den Körper (Kabat-Zinn 2013).

Gegenwärtigkeit beschreibt das bewusste Wahrnehmen des aktuellen Moments, anstatt in Gedanken woanders zu sein (Langer 1989).

Akzeptanz bedeutet, Gedanken und Gefühle mit allen Sinnen ohne Urteil zu beobachten und zu akzeptieren, anstatt sie zu verdrängen oder zu bekämpfen (Hayes et al. 1999).

Inneres Beobachten beinhaltet, alle Gedanken, Gefühle und Körperempfindungen zu beobachten, ohne sie zu bewerten. Wenn wir beispielsweise in Gedanken abschweifen, kritisieren wir uns nicht innerlich mit »Ich wusste ja, dass ich das nicht kann!«, sondern sagen uns: »Ach, ich schweife ab. Interessant.« (Davidson und Begley 2013)

(Selbst-)Mitgefühl für mich und andere heißt, Gefühle und Bedürfnisse von mir und anderen zu erkennen und ihnen mit Verständnis, Unterstützung und Freundlichkeit zu begegnen (Neff und Germer 2013).

Nutzen der Achtsamkeitspraxis

Erhöhung der Selbstwahrnehmung und -akzeptanz: Wir lernen, Körper, Gefühle, Gedanken und Handlungen bewusst und wertfrei wahrzunehmen, wodurch wir schneller erkennen, was in uns geschieht, und zügiger vom Autopiloten zu reflektiertem Handeln wechseln (Tomlinson et al. 2018).

Reduktion von Stress und Stärkung der Resilienz: Achtsamkeit aktiviert das parasympathische Nervensystem, das für Ruhe und Erholung sorgt. Stresshormone wie Cortisol sinken, der Körper entspannt sich. Wir denken flexibler und lösungsorientierter (Bartlett et al. 2019).

Verbesserte Aufmerksamkeit und Konzentration: Bereits kurze Trainingseinheiten verbessern Aufmerksamkeit und Verarbeitungsgeschwindigkeit (Zeidan et al. 2010).

Emotionale Regulation: Wir erkennen und akzeptieren unsere Emotionen wertungsfrei. Das fördert gesündere emotionale Verarbeitung, reduziert Stress und negative Emotionen (Hofmann et al. 2010).

Verbesserte Teamarbeit: Achtsamkeit kann zu verbesserten Beziehungen, höherer Zufriedenheit und geringerer emotionaler Erschöpfung führen (Good et al. 2016).

Verbesserung der körperlichen Gesundheit: Achtsamkeit reduziert körperlichen Stress, verbessert die Herz-Kreislauf-Gesundheit und das Wohlbefinden (Vonderlin et al. 2020).

Stärkere Beziehungen durch emotionale Intelligenz: Achtsamkeit befähigt Führungskräfte, empathisch auf die Bedürfnisse ihrer Mitarbeitenden einzugehen, stärkt Vertrauen und Zusammenarbeit und verbessert die Arbeitsatmosphäre, Zufriedenheit und Produktivität (Sauer et al. 2011).

Bessere Entscheidungsfindung: Bessere Selbstwahrnehmung und emotionale Regulation fördern fundierte, unvoreingenommene Entscheidungen (Sauer et al. 2011).

Interview Dominik Spenst, 6-Minuten-Verlag

Ihr praktiziert Achtsamkeit und Meditation im alltäglichen Betrieb. Was macht ihr da genau?

»Wir haben verschiedene Elemente der Positiven Psychologie fest verankert. Das greifbarste Beispiel: eine fünfzehnminütige Meditation am Nachmittag. Ein weiteres Highlight sind unsere ›Zettelchen der Wertschätzung‹: Seit der Gründung des 6-Minuten Verlags hat jeder im Team einen Umschlag. Jeder darf anonym wertschätzende Botschaften in die Umschläge der anderen werfen. Das Öffnen ist jedes Mal ganz besonders und mit unfassbar vielen guten Gefühlen erfüllt. Um die Stärken im Team sichtbar zu machen, besuchen wir einmal im Jahr einen ganztägigen Workshop dazu. Auch für die normale Arbeitszeit haben wir achtsame Ansätze. Unsere Woche beginnt mit einer gemeinsamen Runde, in der wir über Werte, Herausforderungen und Ziele sprechen. Wir teilen die Erfolge, die wir feiern wollen, oder den schönsten Moment des Wochenendes. Jeder Arbeitstag startet mit einer dreistündigen Fokus-Session: keine Termine, keine Gespräche – nur konzentriertes, gemeinsames Arbeiten.«

Wie wirkt sich das auf eure Produktivität und Leistungsfähigkeit aus?

»Ohne die Fokus-Zeit wären wir heute nicht da, wo wir sind. Und ohne Meditation wären wir vielen Mittagstiefs zum Opfer gefallen. Viele Elemente sorgen einfach für gute Stimmung und höhere Zufriedenheit. Und das wiederum begünstigt bessere Ergebnisse.«

Welche Empfehlungen würdest du diesbezüglich anderen Unternehmen geben?

»Das Wichtigste vorneweg: Achtsame Maßnahmen sind immer nur Ergänzungen. Der Kern ist ein Team, das einen ganz eigenen inneren Antrieb für dein Produkt und deine Vision mitbringt. Das Fundament dafür beginnt schon im Einstellungsprozess. Legt hier den Fokus auf Werte und Stärken statt auf Arbeitszeugnisse und Noten. Stellt Menschen ein, keine Profile. Wenn das gelingt, dann sind Achtsamkeitsübungen ein tolles Add-on für mehr Fokus und Gelassenheit im Arbeitsalltag.«

Dominik Spenst, Autor der 6-Minuten-Tagebücher. Er und sein Team entwickeln wissenschaftlich fundierte Journals, die Achtsamkeit und persönliches Wachstum fördern.

3.7 Hoffnung als Leuchtturm – Zukunft aktiv gestalten

»Wir müssen uns eine bessere Zukunft vorstellen«,

sagt der Schweizer Psychologe und Wissenschaftler Dr. Andreas Krafft (2024). »Sich eine bessere Zukunft vorstellen ... macht er es sich nicht etwas leicht? So einfach ist das schließlich nicht!«, denken Sie sich vielleicht. »Die Zukunft kommt schließlich auf uns zu, oder? Und was hat das mit mir als Führungskraft zu tun?«

Krafft ist Zukunftsforscher und Leiter des Hoffnungsbarometers, einer seit 2009 jährlich stattfindenden wissenschaftlichen Umfrage über die Hoffnungen der Menschen. Er erforscht die Voraussetzungen, die Dynamik und die Möglichkeiten von Hoffnung. Aus seinen Erkenntnissen können Führungskräfte wertvolle Impulse für ihre Zukunftsfähigkeit ableiten. Schauen wir, was das konkret bedeutet.

Im Zuversichtsindex (siehe detailliert Kapitel 2 ab Seite 33) wird deutlich, dass lediglich etwa die Hälfte aller Mitarbeitenden und Führungskräfte ein positives Bild von der Zukunft ihres Unternehmens hat.

Das sind besorgniserregende Zahlen, wenn wir uns bewusst machen, welche Auswirkungen unser inneres Bild von der Zukunft darauf hat, wie wir denken, fühlen und handeln. Wenn nur die Hälfte der Mitarbeitenden und Führungskräfte eine positive Zukunftsperspektive hat, kann dies zu einem Kreislauf aus negativen Erwartungen und daraus resultierenden Handlungen führen, die das Unternehmen tatsächlich in eine schwierige Lage bringen. Um gerade in Zeiten voller Unsicherheiten und Krisen kraftvoll und gestalterisch zu agieren, lohnt es sich, sich hoffnungsvoll und positiv auf die Zukunft auszurichten.

Wie wir Zukunft denken

Krafft beschreibt zwei grundlegend unterschiedliche Wege, wie wir die Zukunft denken, also welche inneren Bilder wir von ihr haben.

Wenn Sie an die Zukunft denken, welches innere Bild haben Sie? Kommt die Zukunft eher auf Sie zu und Sie wappnen sich dafür, ihr zu begegnen? Oder stellen Sie sich vor, wie Sie aktiv in die Zukunft gehen und diese selbst gestalten?

Die Zukunft kommt auf uns zu

Eine Sichtweise kann sein, dass die Zukunft unaufhaltsam auf uns zukommt. Wir blicken ihr entgegen und fragen uns, wie wir uns darauf vorbereiten können. Doch das Hoffnungsbarometer zeigt, dass viele Menschen in Europa eher pessimistisch in die Zukunft blicken (Krafft 2024). Krafft beschreibt dieses Szenario mit dem Bild eines Tsunamis: Wir stehen am Ufer und sehen, wie sich eine riesige Welle vor uns auftürmt. Wenn wir uns klarmachen, was in uns vorgeht, erkennen wir, dass der Gedanke »Die Zukunft kommt wie ein Tsunami auf uns zu« sich bedrohlich anfühlt. Negative Emotionen wie Angst, Unsicherheit und Hilflosigkeit entstehen. Statt selbstbewusst zu handeln, reagieren wir auf ein vermeintlich schreckliches Zukunftsszenario, das zunächst nur in unserem Kopf existiert. Wenn die negativen Emotionen überhandnehmen, beginnt eine Abwärtsspirale.

Wir gehen in die Zukunft

Eine andere Sichtweise kann sein, dass wir in die Zukunft gehen. Wie eine Landschaft, die vor uns liegt und deren Erkundung und Gestaltung wir selbst bestimmen. Wenn wir auf die Zukunft zugehen und sie gestalten, aktiviert das unsere Selbstwirksamkeit. Positive Emotionen entstehen, wie (Vor-)Freude, Neugierde, Interesse, Stolz, Inspiration und Hoffnung. Dadurch ermöglichen wir unsere Aufwärtsspirale positiver Emotionen. In der Folge haben wir die Kraft und kognitive Beweglichkeit, um die Zukunft aktiv zu gestalten.

Wunsch versus Befürchtung

In unserer inneren Vorstellung gibt es oft einen deutlichen Unterschied zwischen dem, was wir uns für die Zukunft wünschen, und dem, was wir tatsächlich erwarten. Einerseits sehnen wir uns nach einer Zukunft voller Nachhaltigkeit, Frieden und Wohlstand. Umfragen zeigen jedoch, dass 77 Prozent der Befragten dies für wenig wahrscheinlich halten. Auf der anderen Seite möchten wir eine Zukunft vermeiden, die von Krisen, Umweltzerstörung, neuen Krankheiten und Konflikten geprägt ist, doch 85 Prozent der Befragten halten genau dieses Szenario für wahrscheinlich (Krafft 2022).

Diese Diskrepanz zeigt, dass unsere Ängste oft größer sind als unsere Hoffnungen. Die Sorge vor einer negativen Zukunft beeinflusst jedoch unser Verhalten im Hier und Jetzt. Erinnern Sie sich daran, wie negative Emotionen eine Abwärtsspirale auslösen können. Wenn wir mit Angst an die Zukunft denken, entstehen im Jetzt negative Emotionen, die uns daran hindern, die bestmögliche Version unserer selbst zu sein – eine Version, die die Zukunft aktiv und positiv mitgestalten könnte. Indem wir durch unsere Zukunftsängste auf die bestmöglich Version unseres Selbst verzichten, tragen wir unbewusst dazu bei, dass unsere befürchteten Szenarien Wirklichkeit werden, und die sich selbst erfüllende Prophezeiung nimmt ihren Lauf.

Hoffnung lässt uns in die Zukunft blicken und aktiv an der Verwirklichung unserer positiven Zukunftswünsche arbeiten.

Zukunft ist die Zeit, die noch vor uns liegt und die erst noch kommen wird. Sie umfasst alle Ereignisse und Entwicklungen, die noch nicht eingetreten sind, und bietet Raum für unsere Vorstellungen, Hoffnungen und Planungen. Die Zukunft ist ungewiss, aber sie eröffnet Möglichkeiten für Veränderungen und Fortschritt.

Hoffnung: der Motor für Veränderung

Hoffnung ist eine positive, vorwärts gerichtete Kraft, die unser Handeln leitet und auch in schwierigen Situationen dazu befähigt, Möglichkeiten zu erkennen und trotz Grenzen mutig und entschlossen zu bleiben.

Sie ist eine zuversichtliche innere Haltung, die mit der Überzeugung verbunden ist, dass etwas Gutes passieren wird, auch wenn es dafür keine sichere Garantie gibt.

Hoffnung verknüpft unser Handeln mit der Überzeugung, dass unsere Ziele erreichbar sind. Jedes Handeln – bewusst oder unbewusst – ist mit der Hoffnung auf Erfolg verbunden. Hätten wir keine Hoffnung, würden wir nicht handeln (Dalferth 2016). Besonders wichtig wird Hoffnung, wenn wir an die Grenzen unserer Handlungsfähigkeit stoßen: Weiterzumachen mit der Überzeugung, dass unser Wunsch möglich ist, über unsere persönlichen Fähigkeiten hinaus. Zudem hilft sie uns, Misserfolge als wertvolle Lernchancen zu sehen, und stärkt unsere »mentale Entschlossenheit« (Pettit 2004). Sie fördert unser Growth Mindset auch in herausfordernden Situationen.

Hoffnung ist damit eine wesentliche Voraussetzung, um zukünftige Herausforderungen zu bewältigen und die Zukunft so zu gestalten, wie wir es gerne möchten.

Mit Hoffnung führen: Der Einsatz zahlt sich aus

Hoffnung hilft Führungskräften, sich in Momenten des Misserfolgs und der Machtlosigkeit aufzurichten und den Blick auf zukünftige Möglichkeiten zu lenken. Sie stärkt die »mentale Entschlossenheit«, trotz Hindernissen voranzukommen und an die Chancen der Zukunft zu glauben.

Indem wir hoffen, richten wir unsere Aufmerksamkeit, Energie und Handlungsbereitschaft auf das definierte Ziel. Dabei nehmen wir die Realität an, einschließlich unserer eigenen Grenzen, ohne dabei in Ohnmacht oder Mutlosigkeit zu verfallen. Gleichzeitig sehen wir auch auf das, was möglich ist, und behalten den Glauben an die Möglichkeiten der Zukunft. Hoffnung fördert dadurch eine positive, handlungsorientierte Perspektive, die es Führungskräften ermöglicht, ihr Team sicher durch Unsicherheiten und Veränderungen zu führen.

Ergebnisse der Hoffnungsforschung

Hoffnung am Arbeitsplatz ist direkt mit höherem Engagement und verbesserter Job-Performance verbunden (Wandeler et al. 2016).

Führungskräfte, die attraktive Visionen kommunizieren und ihren Mitarbeitenden ein Gefühl der Zielerreichung vermitteln, fördern bei den Geführten Hoffnung und Zuversicht (Felfe 2006).

Hoffnungsvollere Mitarbeitende entwickelten mehr und qualitativ hochwertigere Lösungen für arbeitsbezogene Problemsituationen (Peterson et al. 2008).

Wenn Führungskräfte Hoffnung vermitteln, fühlen sich Mitarbeitende wertgeschätzt und sind zufriedener mit ihrer Arbeit. Das führt zu einer besseren Arbeitsumgebung und geringeren Fluktuationsraten (Reinhardt 2013).

Bitte halten Sie kurz inne, bevor Sie weiterlesen: Erinnern Sie sich an eine Situation, in der Sie sehr hoffnungsvoll waren. Schauen Sie hin und spüren Sie nach: Welche Aspekte haben Sie in dieser hoffnungsvollen Situation erlebt? Danach gleichen Sie Ihre Erfahrungen gerne mit den Bausteinen der Hoffnung ab.

Bausteine der Hoffnung: ein Modell für zielgerichtete Zuversicht und Willenskraft

Krafft macht deutlich, dass Hoffnung aus sechs Bausteinen besteht. All diese Elemente können wir beeinflussen und erschaffen. Durch dieses Modell wird der diffuse Begriff Hoffnung konkret nachvollziehbar:

Wunsch: Am Anfang jeder Hoffnung steht ein starker Wunsch oder eine Sehnsucht. Etwas, das wir wirklich haben möchten, das uns wichtig ist, laut Krafft ein »Herzenswunsch«. Dieser Wunsch gibt der Hoffnung Richtung und Sinn. Krafft (2022) empfiehlt deshalb, nicht zu fragen: »Was dürfen wir hoffen?«, sondern: »Was wollen wir hoffen?«.

Ziel: Ein konkretes Ziel gibt dem Wunsch Form und Realität. Ohne ein realistisches Ziel bleibt der Wunsch oft ein Traum. Für ein Ziel hingegen können wir eine Zielplanung mit konkreten Handlungen erstellen.

Glaube: Der Glaube an die Möglichkeit, das Ziel zu erreichen, ist essenziell, auch wenn es unwahrscheinlich erscheint. Im Glauben steckt die Zuversicht, dass wir aktuelle Grenzen überwinden und sich zukünftig neue Möglichkeiten auftun. Der Glaube hilft uns, den Blick auf das Ziel gerichtet zu halten, anstatt zweifelnd zu verzagen.

Das Hoffnungsmodell
(nach: Krafft 2022)

Hindernisse: Zum Hoffen gehört, Schwierigkeiten und Stolpersteine einzukalkulieren. Auch wenn wir erkennen, dass es Gegenwind und hohe Wellen geben wird, bleiben wir trotzdem entschlossen. Wir bleiben dadurch in der Realität verankert und sind bereit, uns anzustrengen.

Vertrauen: Hier geht es darum, Vertrauen in uns, unsere Selbstwirksamkeit sowie andere Menschen zu haben. Darauf zu vertrauen, dass wir Hindernisse und Anstrengungen mit unseren Fähigkeiten und der Unterstützung durch andere bewältigen werden, stärkt unsere Entschlossenheit.

Willenskraft: Durch die Kombination der anderen fünf Elemente entsteht die Kraft, unsere Ziele zu verwirklichen. Willenskraft ist ein zentraler Aspekt der Selbstkontrolle und Zielverfolgung und setzt sich zusammen aus Selbstdisziplin, Ausdauer, Mut und Engagement. Willenskraft scheint sogar unendlich zu sein, wenn wir daran glauben, dass sie unendlich ist (Job et al. 2010).

Um am Markt weiterhin bestehen zu können, steht das mittelständische Unternehmen Therm-Flix vor einem großen Wandel. Es muss wettbewerbsfähig gegenüber Produzenten aus China bleiben, seine Prozesse digitalisieren und seine große Stärke der Kundenbetreuung vor Ort aufrechterhalten. Geschäftsführer Loma bringt die Führungskräfte und Vertreter der Belegschaft in einem Transformationsteam zusammen. Sie identifizieren drei »Herzenswünsche«, die alle Beteiligten verbinden: eine sichere, zukunftsfähige Arbeitsstelle, dass ihre Arbeit weiterhin wertvoll für die Kunden bleibt sowie den Wunsch nach guter Zusammenarbeit. Diese Wünsche werden in ein konkretes Ziel umgewandelt und ein Zielplan wird erstellt.
Das Transformationsteam bezieht die gesamte Belegschaft aktiv mit ein und kommuniziert die Hintergründe, Wünsche, Ziele und geplanten Maßnahmen transparent. Durch Dialoge und Workshops stärkt das Team den Glauben der Belegschaft daran, dass das Ziel erreichbar ist, auch wenn Unsicherheiten bestehen. Hindernisse werden offen besprochen. Um diesen zu begegnen, fördert das Team das Vertrauen in die individuellen und kollektiven Fähigkeiten der Mitarbeitenden. Es organisiert Schulungen, um technisches Know-how zu stärken, und ermutigt die Mitarbeitenden, sich gegenseitig zu unterstützen.
Durch das Zusammenspiel dieser Elemente wird die Willenskraft des gesamten Teams gestärkt und fast alle bringen sich aktiv mit ein. Loma betont immer wieder die Bedeutung jedes Einzelnen für den Erfolg des Projekts, macht erreichte Teilziele sichtbar und zeigt, wie diese den Arbeitsplatz sicherer und digital machen. Durch die gemeinsamen Erfolgserlebnisse ist die Zusammenarbeit besser als vorher, was auch auf die Kunden überstrahlt. Es gelingt Loma und seinem Team, den Transformationsprozess aktiv, positiv

und hoffnungsvoll zu gestalten und die Belegschaft in die Zukunftsgestaltung einzubinden.

Hoffnung ist also etwas, auf das wir Einfluss nehmen können. Wir können Hoffnung kreieren, indem wir diese sechs Bausteine zum Leben bringen. Das ist für Führungskräfte besonders wichtig, denn sie gestalten die Zukunft mehr als die meisten anderen Menschen. Sie verfügen über die Macht, die Fähigkeit, ja sogar die Verpflichtung, die Zukunft zu gestalten. Die Bausteine der Hoffnung können uns dabei helfen.

Kollektive Hoffnung – Kraft für die Zukunft

Krafft (2024) ermutigt uns, über die individuelle Hoffnung hinaus den Blick zu weiten und gemeinschaftliche Hoffnung zu entwickeln. In Anbetracht der großen Herausforderungen der Zukunft können wir uns als einzelnes Individuum schnell klein und schwach fühlen. Kollektive Hoffnung entsteht, wenn eine Gruppe von Menschen eine gemeinsame positive Erwartungshaltung gegenüber der Zukunft entwickelt. Sie bezieht sich auf gemeinsame Ziele, Visionen und Werte, die die Gruppe zusammenhalten und motivieren.

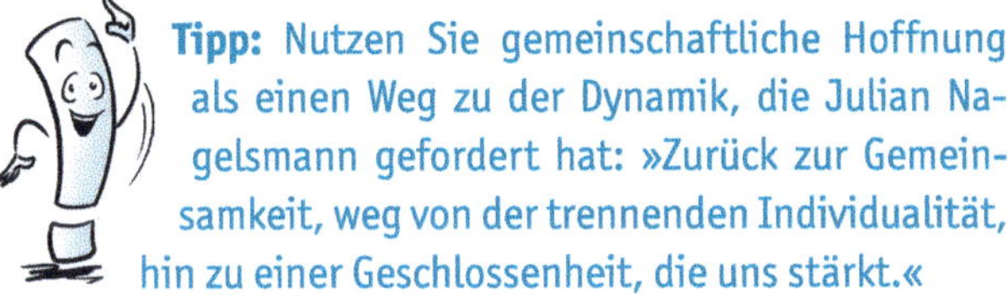

Tipp: Nutzen Sie gemeinschaftliche Hoffnung als einen Weg zu der Dynamik, die Julian Nagelsmann gefordert hat: »Zurück zur Gemeinsamkeit, weg von der trennenden Individualität, hin zu einer Geschlossenheit, die uns stärkt.«

Kollektive Hoffnung stärkt das soziale Gefüge innerhalb einer Gruppe, da sie das Vertrauen und die Solidarität unter den Mitgliedern fördert. Sie motiviert die Gruppe, auch in schwierigen Zeiten zusammenzuhalten und gemeinsam auf positive Veränderungen hinzuarbeiten. Eine klare geteilte Vision schafft dabei ein gemeinsames Ziel, motiviert und stiftet Sinn. Kollektive Hoffnung stärkt die Widerstandsfähigkeit einer Gesellschaft in Krisen. Der Glaube an eine gemeinsame positive Zukunft fördert Unterstützung und kollektive Anstrengungen, um Herausforderungen zu meistern. Ein zentrales Ergebnis von Kraffts Forschung ist, dass kollektive Hoffnung ein wesentlicher Motor für sozialen Wandel ist. Sie führt dazu, dass Gruppen nicht nur auf bestehende Probleme reagieren, sondern aktiv an der Gestaltung einer besseren Zukunft arbeiten. Gemeinsame Wünsche für die Zukunft zu entwickeln und dafür aktiv zu werden, uns gegenseitig zu vertrauen, gemeinsam zu hoffen, als Team, als Unternehmen, als Gesellschaft – das ist kraftvoll. Gerade die deutschsprachigen Länder tun sich schwer mit diesem weiten Blickwinkel der Hoffnung und sind eher individualistisch ausgerichtet. Vielleicht realisieren Sie diese gemeinsame Hoffnung in Ihrem Team!

Wir beenden dieses Kapitel mit einem Zitat von Dr. Andreas Krafft (2024), das uns sehr berührt hat: *»Unsere Zukunft ist ein Geschenk und sie ist der einzige Ort, an dem wir weiterhin leben werden.«*

3.8 Die Wirkung von Fragen nutzen

Die Forschung zeigt, dass Fragen das Gehirn auf eine Weise aktivieren, die Antworten oder Aufforderungen nicht erreichen. Dieser Effekt ist tief in den neuronalen Prozessen und der Funktionsweise unseres Gehirns verwurzelt (Bresciani Ludvik 2016). Wenn das Gehirn eine Frage empfängt, aktiviert es eine breite Palette von neuronalen Netzwerken, die nicht nur für die Verarbeitung von Sprache, sondern auch für das Nachdenken, Problemlösen und die Entscheidungsfindung verantwortlich sind. Dies liegt daran, dass Fragen das Gehirn dazu zwingen, aktiv nach Antworten zu suchen, was die neuronale Plastizität fördert und die Verbindungen zwischen verschiedenen Bereichen des Gehirns stärkt.

Besonders bemerkenswert ist, dass Fragen das sogenannte Default Mode Network (DMN) im Gehirn aktivieren, das für introspektive Gedanken und Selbstreflexion zuständig ist. Dieses Netzwerk ist aktiv, wenn wir nachdenken oder Pläne schmieden. Es wird intensiv genutzt, wenn wir auf Fragen antworten, da diese uns dazu zwingen, über mögliche Szenarien und deren Konsequenzen nachzudenken.

Fragen fördern zudem die Ausschüttung von Dopamin, einem Neurotransmitter, der für Belohnung und Motivation zuständig ist. Dies erklärt, warum das Beantworten von Fragen oft ein Gefühl der Erfüllung erzeugt, während einfache Aufforderungen weniger intensive Reaktionen hervorrufen. Insgesamt zeigen diese Erkenntnisse, dass Fragen nicht nur das Denken anregen, sondern auch eine tiefere, nachhaltigere Beteiligung des Gehirns fördern als direkte Aussagen oder Befehle.

»Wer fragt, der führt. Wer führt, fragt!«

Unbekannt

Wie Sie mehr Fragen einsetzen können, um positiv zu führen, und worauf es dabei besonders ankommt, erfahren Sie in Kapitel 7.8 ab Seite 244.

3.9 Wer arbeitet bereits mit Positive Leadership?

Vielleicht möchten Sie sich als Führungskraft von Unternehmen inspirieren lassen, die Positive Leadership bereits erfolgreich umsetzen. Hier finden Sie eine Auswahl an Global Playern und deutschen Mittelständlern, deren Erfahrungen und Strategien wertvolle Anregungen bieten. Die kurzen Beschreibungen ihrer Ansätze können auch für Sie motivierend wirken und Ihren eigenen Implementierungsprozess bereichern.

Google fördert eine starke Unternehmenskultur mit offener Kommunikation und investiert in die persönliche und berufliche Entwicklung der Mitarbeitenden. Tools wie regelmäßiges Feedback, Coaching und Mentoring unterstützen das Wachstum und Wohlbefinden.

Seit Satya Nadella 2014 CEO wurde, hat **Microsoft** eine Kultur des kontinuierlichen Lernens und der Innovation gefördert. Mitarbeitende werden ermutigt, Risiken einzugehen und aus Fehlern zu lernen.

Zappos hat unter CEO Tony Hsieh eine Kultur geschaffen, die auf Glück und Wohlbefinden der Mitarbeitenden basiert. Holocracy und eine starke Unternehmenskultur fördern Engagement und außergewöhnlichen Kundenservice.

Patagonia legt Wert auf soziale Verantwortung und Nachhaltigkeit. Mitarbeitende werden ermutigt, sich für Umwelt- und Sozialprojekte zu engagieren, was zu hoher Zufriedenheit und Loyalität führt.

Southwest Airlines betonen Teamarbeit, gegenseitige Unterstützung und positive Kommunikation. Mitarbeitende werden ermutigt, ihre Stärken zu nutzen und kreativ zu sein, was zu hoher Kundenzufriedenheit führt.

Unilever betont ethisches Verhalten, Nachhaltigkeit und ein positives Arbeitsumfeld. Kreativität und nachhaltige Lösungen werden gefördert.

Starbucks legt Wert auf das Wohlbefinden der Mitarbeitenden, bietet umfangreiche Sozialleistungen, Bildungsprogramme und eine inklusive Kultur. Offene Kommunikation und Mitarbeiterbeteiligung sind zentral.

Lidl hat zahlreiche Initiativen gestartet, um eine positive Arbeitsumgebung zu schaffen und das Wohlbefinden der Mitarbeiter zu fördern.

Johnson & Johnson nutzt PERMA-Lead zur Steigerung des Wohlbefindens und der Leistung der Mitarbeitenden durch Gesundheitsprogramme, berufliche Entwicklung, ein unterstützendes Umfeld und klare Karrierewege.

SAP integriert PERMA-Lead in seine Führungsstrategien. Ein unterstützendes Arbeitsumfeld, interessante Projekte und klare Entwicklungspläne fördern Motivation und Leistung. SAP hat das Achtsamkeitsprogramm »Search Inside Yourself« unternehmensweit erfolgreich ausgerollt und bisher mehr als vierzehntausend Mitarbeitende darin ausgebildet. Zudem gibt es über neunzig Achtsamkeitsbotschafter, die an mehr als fünfzig Standorten weltweit tätig sind, um die Achtsamkeitspraxis weiter zu verbreiten und zu unterstützen.

dm-Drogeriemarkt fördert durch Mitarbeiterbeteiligung, offene Kommunikation, umfangreiche Weiterbildung, Wertschätzung, Nachhaltigkeit und Gesundheitsinitiativen ein positives Arbeitsumfeld, das sowohl das Wohlbefinden als auch die Produktivität und Zufriedenheit der Mitarbeitenden steigert.

Märkisches Landbrot setzt Positive Leadership durch faire, transparente und sozial verantwortliche Unternehmensführung um. Das Unternehmen pflegt gute Beziehungen entlang der gesamten Wertschöpfungskette und fördert nachhaltige, ökologische Praktiken. Ein Teil des Gewinns fließt in eine Stiftung zur Unterstützung von Nachhaltigkeitszielen.

Otto Versand nutzt Positive Leadership für eine nachhaltige Unternehmensentwicklung, fördert eine Kultur von Respekt und Verantwortung und setzt Maßnahmen für eine faire Arbeitsumgebung und ehrgeizige Umweltziele um. Positive Leadership stärkt das Engagement der Mitarbeitenden und sorgt für sozial und ökologisch verantwortungsvolle Entscheidungen.

IKEA lebt Positive Leadership durch eine Führungskultur, die stark von den Werten des Gründers Ingvar Kamprad geprägt ist. »Leading by Example« steht im Mittelpunkt, wobei Führungskräfte durch Vorbildfunktion motivieren. Diese Kultur der Bescheidenheit und Verantwortung ist ein Kernaspekt des IKEA-Stils. Nachhaltigkeit und soziale Verantwortung sind ebenfalls zentrale Elemente, verankert in der globalen »People & Planet Positive«-Strategie. Positive Leadership zeigt sich bei IKEA in der Förderung von Teamarbeit und Vertrauen und im Engagement der Mitarbeitenden für globale Veränderungen.

Deloitte hat PERMA-Lead-Prinzipien in seine Mitarbeiterprogramme und Führungsstrategien eingebaut. Das Unternehmen fördert positive Emotionen durch ein angenehmes Arbeitsumfeld und vielfältige Benefits. Engagement wird durch interessante Projekte und Weiterbildungsmöglichkeiten erreicht. Beziehungen werden durch Networking-Events und Teamarbeit gestärkt. Sinn wird durch die Beteiligung an Projekten mit großem gesellschaftlichem Einfluss vermittelt. Zielerreichung wird durch klare Karrierewege und Anerkennung von Erfolgen unterstützt.

The Container Store, ein US-amerikanisches Einzelhandelsunternehmen, hat sich dem Konzept »Conscious Capitalism« verschrieben, das stark von Positive Leadership beeinflusst ist. Das Unternehmen glaubt an die Wertschätzung und Entwicklung seiner Mitarbeitenden, was durch umfangreiche Schulungsprogramme und einen starken Fokus auf Work-Life-Balance unterstützt wird.

Wie wirkt Positive Führung? Eine wissenschaftliche Fallstudie

In den letzten Kapiteln wurde aufgezeigt, auf welchen Eckpunkten Positive Führung mit PERMA-Lead beruht, und wir haben uns bemüht, deutlich zu machen, dass mit manch gewohnter Vorstellung von Führung zu brechen ist. Das erfordert ein Umdenken im Kopf und vor allem Übung in der praktischen Umsetzung. Zu Beginn wird sich das Neue auch ungewohnt und ungelenk anfühlen. Aus diesem Grund stellen wir gerne die Gretchenfrage: Funktioniert Positive Führung tatsächlich? Können wir die Wirksamkeit ermitteln, die den Einsatz rechtfertigt? Lohnen sich die Bemühungen um Veränderungen? Kritische Stimmen sagen immer wieder, dass Trainings und besonders Führungskräftetrainings nur wie ein Strohfeuer wirken. Sie lodern hell und klar für ein paar Tage nach dem Training und dann fällt alles wieder in sich zusammen. Die alten Gewohnheiten wirken wieder wie vorher. Das kennen Sie sicher auch.

Was braucht es, dass es besser gelingt und dass ein neues Führungsverhalten in die Tat umgesetzt wird? Wir haben uns dieser Frage wissenschaftlich genähert, um genau zu untersuchen, ob und wie ein Training in Positive Leadership wirkt und das Führungsverhalten verändert. Und weiter: Welche konkreten Auswirkungen hat ein verändertes Führungsverhalten auf das Wohlbefinden der Mitarbeitenden? Sinkt die Fluktuationsrate, wenn das Management seine Führungsqualitäten verbessert? Und vor allem: Was kommt wirklich bei den Mitarbeitenden an nach einem Führungstraining? Sehen Sie Veränderungen im Verhalten Ihrer Führungskraft? Sind Sie dadurch vielleicht gesünder und fehlen weniger?

Die Antworten in den nachfolgenden Kapiteln und Grafiken könnten das Fundament Ihrer Führungsphilosophie erschüttern und bieten überraschende Einsichten in die Dynamik moderner Arbeitswelten. Wissenschaft und Praxis können so Hand in Hand gehen. In unserer Studie (Nesemann 2023) haben wir untersucht, wie ein Positive Leadership Training (PLT) mit sechs Trainingstagen über sechs Monate verteilt auf Führungskräfte und ihre Teams wirkt. Die Studie wurde an einem der größten deutschen Jobcenter in Berlin Friedrichshain-Kreuzberg mit circa siebenhundert Mitarbeitenden durchgeführt. Wir nutzten Online-Umfragen, um die Effekte des Trainings auf das Wohlbefinden und die Arbeitszufriedenheit zu messen. Dabei wurden Daten vor und nach dem Training gesammelt, um Veränderungen festzustellen. Auch eine Kontrollgruppe wurde eingerichtet, um die Ergebnisse zuverlässig bewerten zu können. Ziel war es, herauszufinden, ob das Training tatsächlich nachhaltig positive Veränderungen erreicht. Insgesamt haben 129 ($n = 129$) Führungskräfte aus allen Bereichen des Jobcenters und deren direkte Mitarbeitende an der Studie teilgenommen. Hierbei handelt es sich um eine in Deutschland einmalige wissenschaftliche Untersuchung eines Führungskräftetrainings.

Interview mit Anita Leese-Hehmke, Jobcenter Berlin Friedrichshain-Kreuzberg

Frau Leese-Hehmke, was sind aus Ihrer Sicht die drei größten Herausforderungen bei der Umsetzung einer neuen Führungskultur?

»Die Umsetzung einer neuen Führungskultur ist eine komplexe Aufgabe, die mit verschiedenen Herausforderungen verbunden ist. Aus meiner Sicht sind die drei größten Herausforderungen folgende: Unser Jobcenter ist eine Behörde mit einem gesetzlichen Auftrag und wird in einer dynamischen, oft als VUKA-Welt (Volatilität, Unsicherheit, Komplexität und Ambiguität) bezeichneten Umgebung betrieben. Dies führt auf allen Ebenen immer wieder zu Verunsicherung, Anpassungsdruck und Steuerungsbedarfen, wobei die Führungskräfte besonders stark gefordert sind. Ihnen dann noch ein verändertes Führungsverhalten abzuverlangen, stößt zuweilen auf Widerstände. Angesichts der schwierigen Rahmenbedingungen können sowohl Führungskräfte als auch Mitarbeitende ohne Führungsaufgaben Widerstände gegen Veränderungsprozesse entwickeln.

Häufig wird auf ungelöste Schwierigkeiten verwiesen, um neue Veränderungen zu umgehen oder zu verzögern. Deshalb ist es wichtig, die Führungskräfte in ihrer Rolle zu stärken und zu schulen, zum Beispiel mit Positive Leadership. Dies bedeutet, dass sie genügend Ressourcen, vor allem Zeit, für Managementaufgaben zur Verfügung haben müssen. Schulungen für die Mitarbeitenden sind ebenso wichtig, damit sie ihre persönlichen Unsicherheiten und Ängste abbauen und sich weiterentwickeln können.

Hinzu kommen weitere Aufgaben, die notwendigerweise bewältigt werden müssen. Wir stehen vor zahlreichen Herausforderungen, wie zum Beispiel gesetzlichen Änderungen, knapper werdenden finanziellen und personellen Ressourcen und einer hohen Personalfluktuation. Dazu kommen Digitalisierung, Homeoffice trotz persönlicher Beratungspflicht, unser Standortwechsel im letzten Jahr und eine hohe Arbeitsbelastung. In Situationen der Überforderung ist es umso wichtiger, eine Führungskultur zu etablieren, die auf mehr Kommunikation und Partizipation setzt und damit mehr Zeit für Führung beansprucht, obwohl diese scheinbar nicht zur Verfügung steht.

Zudem gibt es einen hohen öffentlichen und politischen Erwartungsdruck hinsichtlich unserer Leistungsfähigkeit. Diese Faktoren erfordern agile, flexible und innovative Ansätze im Management und in der Entscheidungsfindung. Das geht nur mit einer modernen Führungskultur.

Eine erfolgreiche Bewältigung dieser Herausforderungen erfordert Engagement, strategisches Vorgehen und die Einbindung aller Beteiligten.«

Wie machen Sie Ihre Veränderungsprozesse transparent?

»Die Konsistenz zwischen Art und Weise der Kommunikation, Werten unseres Hauses, unserem Leitbild und übergeordneten Zielen ist sehr wichtig. Die Kommunikation über anstehende beziehungsweise notwendige Veränderungen muss zu den Werten und Zielen unserer Organisation passen und zielgerichtet erfolgen. Deshalb haben wir eine Arbeitsgruppe »Kultur und Führung« eingerichtet, die aus Führungskräften und Mitarbeitenden besteht. Diese Gruppe analysiert unsere Führungs- und Kommunikationskultur, hinterfragt Strukturen und entwickelt neue Vorschläge zur Umsetzung.«

Warum haben Sie sich bereit erklärt, an einem Pilotprojekt zur Schulung von Führungskräften zu Positive Leadership teilzunehmen, und inwiefern helfen Ihnen die Ergebnisse bei der Umsetzung von Veränderungsprozessen im Jobcenter Berlin Friedrichshain-Kreuzberg?

»Die Geschäftsführung hat hier eine Idee aus der Arbeitsgruppe ›Kultur und Führung‹ aufgegriffen und in dem Pilotprojekt die Chance gesehen, eine innovationsfreundliche Führungskultur beispielhaft auszuprobieren, die Führungskräfte zu stärken und damit einhergehend auch positive Wirkungen in Bezug auf die Beschäftigten, deren Wohlbefinden und Leistungsbereitschaft zu erzielen. Mit der Schulung von Führungskräften in Positive Leadership konnten im Ergebnis die Führungskräfte in ihrer Persönlichkeit sowie ihrem Führungsverhalten gestärkt werden. Die Schulung bedeutete auch eine Stärkung der Führungskräfte in ihrer jeweiligen Rolle und weitere Rollenklarheit zwischen den verschiedenen Führungsebenen. Weiterhin führte das Pilotprojekt zu einem gesteigerten Wohlbefinden der Beschäftigten und reduzierten Fluktuationsabsichten.«

Anita Leese-Hehmke ist stellvertretende Geschäftsführerin im Jobcenter Berlin Friedrichshain-Kreuzberg. Sie setzt innovative Handlungsansätze um und steht für Change-Management in der öffentlichen Verwaltung.

4.1 Auswirkungen von Positive Leadership Trainings auf PERMA-Lead

Wie schon im Kapitel über PERMA-Lead beschrieben, hat Markus Ebner Wege entwickelt, um das Verhalten von Führungskräften bezogen auf die PERMA-Lead-Kriterien valide messen zu können. In dem von uns entwickelten Programm für die Führungskräfte haben wir genau das Verhalten trainiert, das im PERMA-Lead-Messverfahren von Ebner erfasst wird.

Was hat sich nach der zweiten Messung, nachdem das Programm beendet war, verändert im Vergleich zu vorher? Konnte das Trainingsprogramm etwas am Verhalten der Führungskräfte verändern? Mit einem Wort: viel. Die Trainings haben die PERMA-Lead-Fähigkeiten der Führungskräfte signifikant verbessert, und zwar aus Sicht der Mitarbeitenden (siehe Studienergebnis I). Die gezielte Förderung von positiven Emotionen, Engagement, tragfähigen Beziehungen, Sinngebung und Sichtbarmachung von Erfolgen hat sich als besonders effektiv erwiesen.

STUDIENERGEBNIS I: DIE PERMA-LEAD-FREMDEINSCHÄTZUNG WIRD DEUTLICH BESSER

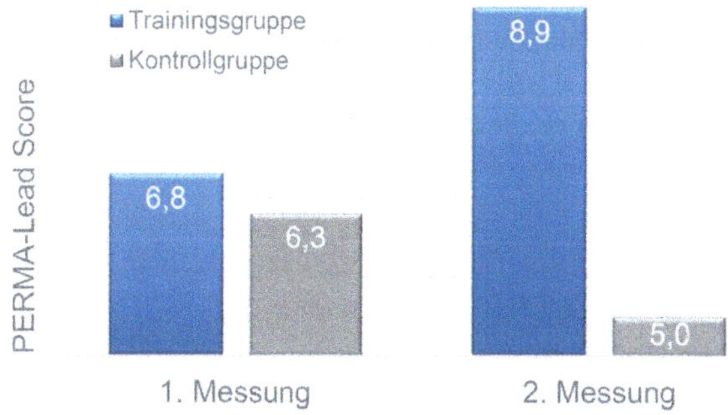

Die Ergebnisse des PLT markieren einen deutlich messbaren Fortschritt in der Führungskräfteentwicklung. Die gängige Meinung ist, dass Führungskräftetrainings nicht sehr wirksam sind. Nur eine Minderheit der Organisationen schätzt ihre Führungskräftetrainings als hochwirksam ein (Nelson 2016) und die meisten Unternehmen glauben, dass Führung nicht gelehrt werden kann, weil »Manager geschaffen werden, Führungskräfte geboren werden« (Morgan 2015).

Die Ergebnisse unserer umfänglichen Untersuchung liefern einen Beweis dafür, dass das nicht stimmt. Menschen sind zumindest fähig, Positive Führung zu lernen.

4.2 Ideal und Wirklichkeit

Sicher haben die meisten Mitarbeitenden eine Vorstellung davon, wie sie sich eine ideale Führungskraft wünschen, und gleichen dieses Idealbild mit der Wirklichkeit ab. Markus Ebner hat auch hierfür ein Messinstrument entwickelt, mit dem sich diese beiden Perspektiven erfassen und nebeneinanderstellen lassen. Sind Ideal und Wirklichkeit deckungsgleich oder klafft hier eine Lücke zwischen dem, was sich die Mitarbeitenden wünschen, und dem, was sie tagtäglich erleben? Eine spannende Frage.

Das PLT entwickelte Führungskräfte zu genau dem Ideal, das sich ihre Mitarbeitenden immer gewünscht hatten. Vor dem Training klaffte eine beachtliche Lücke zwischen den Erwartungen der Mitarbeitenden und dem tatsächlichen Führungsverhalten. Eine Kluft, die sich in der Trainingsgruppe nach Abschluss des Programms signifikant schloss. Im Kontrast dazu vergrößerte sich diese Diskrepanz in der Kontrollgruppe sogar noch weiter. Das führte maßgeblich dazu, dass sich das Führungsverhalten spürbar in Richtung eines mitarbeitergewünschten Führungsstils veränderte und eine deutlich positivere Führungsdynamik entstand.

4.3 Ist Wohlbefinden am Arbeitsplatz ein Luxus oder eine Notwendigkeit?

Warum sollten wir uns überhaupt um das Wohlbefinden am Arbeitsplatz kümmern? Ist das Ziel nicht einfach, zu arbeiten und Leistung zu erbringen? Brauchen wir wirklich eine Arbeitsumgebung, die mehr an eine Wellnessoase erinnert als an einen funktionalen Arbeitsplatz? Sind Büros nicht dazu da, funktional und nüchtern zu sein, frei von Pflanzen, Farben oder Kunst, konzipiert einzig und allein für maximale Produktivität? Diese Fragen haben Sie vielleicht auch schon gestellt. Wir kennen sie aus der kargen, fast sterilen Atmosphäre mancher Büros, wo alles auf reine Leistungserbringung ausgelegt zu sein scheint. Auf der anderen Seite stehen jene Arbeitsplätze, die wie grüne Oasen wirken: freundlich, einladend und bereichert mit schönen Bildern und Pflanzen. Doch welche Auswirkungen haben die unterschiedlichen Ansätze wirklich? Ist es möglich, dass ein angenehmes Arbeitsumfeld nicht nur das Wohlbefinden, sondern auch die Produktivität steigert? Kann eine Investition in das Wohlbefinden der Mitarbeitenden tatsächlich die Leistung des Einzelnen und des gesamten Unternehmens verbessern?

Lassen Sie uns diese Fragen genauer betrachten und herausfinden, wie entscheidend das Wohlbefinden für die Leistung wirklich ist.

Glückliche Menschen erbringen mehr Leistung

Studien belegen: Glückliche Mitarbeitende sind nicht nur zufriedener, sondern erbringen auch höhere Leistungen, werden positiver wahrgenommen und verdienen mehr (Lyubomirsky et al. 2005). Glück ist damit nicht nur ein Zustand, sondern ein echter Erfolgsfaktor im Berufsleben. Dies führt zu spürbar besseren Ergebnissen am Arbeitsplatz. Nico Rose, ein wichtiger Forscher und Praktiker von Positive Leadership, hebt hervor, dass das Wohlbefinden der Belegschaft ein Schlüsselelement für effektive Führung darstellt. Eine Arbeit, die das Wohlbefinden nicht nachhaltig fördert, verliert schnell an Wert – die psychologischen und finanziellen Kosten überwiegen dann den Nutzen.

»Arbeit mal Wohlbefinden geteilt durch Zeit.« So fasst es Nico Rose (2019) formelhaft zusammen. Für Sie bedeutet das: Die Investition in das Glück Ihrer Mitarbeitenden zahlt sich aus, sowohl in deren Zufriedenheit als auch in Ihrem Unternehmenserfolg. Nutzen Sie die Kraft positiver Emotionen, um ein leistungsstarkes und engagiertes Team zu formen.

Positive Leadership als Schlüssel zu Wohlbefinden und Unternehmenserfolg

Unsere Studie (Nesemann 2023) verdeutlicht, dass unser Training nicht nur das Wohlbefinden signifikant steigert, sondern auch im direkten Vergleich mit der Kontrollgruppe überzeugt. Das Training fördert entscheidend die Entwicklung von Führungskompetenzen, die sich auf positive Interaktionen stützen, und unterstützt die Etablierung von förderlichen Arbeitsumgebungen, um somit signifikant das Wohlbefinden der Mitarbeitenden durch das Führungsverhalten zu fördern (siehe Studienergebnis II auf der folgenden Seite).

Das Wohlbefinden wurde mit dem bereits erwähnten PERMA-Profiler erhoben. Er befragte die Mitarbeitenden nach ihrer eigenen gesundheitlichen Situation, auch im Vergleich zu anderen, nach positiven und negativen Emotionen wie Ärger, Wut, Angst und Frustration bis hin zu möglichen Depressionen. Das Jobcenter hatte 2023 zwischen den beiden Befragungszeitpunkten eine große Herausforderung zu meistern: die Einführung des Bürgergeldes. Damit waren die Menschen im Jobcenter vor allem im Hinblick auf Stress und zusätzliche Belastungen stark gefordert. Daher ist die Steigerung des Wohlbefindens in der Trainingsgruppe als besonders herausragend zu bewerten. Den Führungskräften gelang es, den Stress der Mehrarbeit aufzufangen und das Wohlbefinden der belasteten Mitarbeitenden zu fördern. In der Kontrollgruppe hat sich das abgefragte Wohlbefinden deutlich verschlechtert.

Studienergebnis II: Das Wohlbefinden der Mitarbeitenden steigt

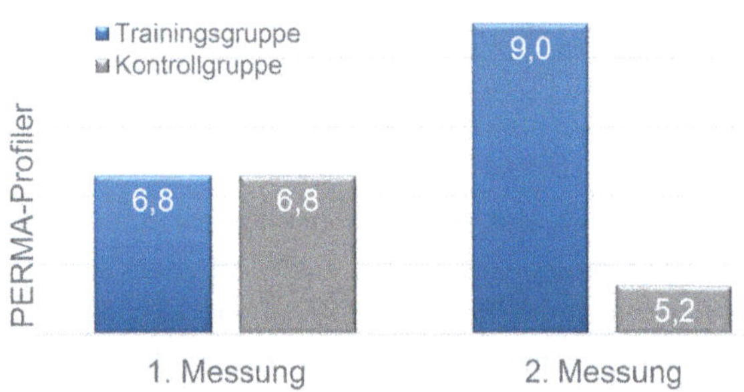

Wohlbefinden und Leistung

Weiterhin belegt die Forschung von Ebner (2019) den ökonomischen Nutzen, der aus verbessertem Mitarbeiterwohlbefinden resultiert: Eine positive Korrelation zwischen gesteigertem PERMA-Erleben der Mitarbeitenden und dem Kundenumsatz in einer Baumarktkette zeigt, dass sich Investitionen in das psychologische Wohlbefinden auch finanziell auszahlen. Diese Ergebnisse unterstreichen, dass Positive Leadership nicht nur das Engagement und die Leistungsfähigkeit der Mitarbeitenden steigert, sondern auch als wesentlicher Treiber für den unternehmerischen Erfolg fungiert.

4.4 Das Crossover-Modell – wie überträgt sich Führungsverhalten?

Für Führungskräfte ist es von großer Bedeutung, ihre psychologischen Kompetenzen wirksam an ihre Mitarbeitenden weiterzugeben. Das Crossover-Modell (Hobfoll et al. 2018) zeigt, wie positive Zustände und Ressourcen von Führungskräften auf ihre Teams übergehen können.

Eine optimistische und vertrauensvolle Führungskraft kann ihre positive Einstellung auf das Team übertragen, was die Motivation und das Selbstbewusstsein der Mitarbeitenden stärkt. Ihre Bereitschaft, Herausforderungen anzunehmen, hängt auch von ihrer Empfänglichkeit ab, da effektive Unterstützung nur bei offener Haltung der Mitarbeitenden wirkt. Andererseits kann auch eine negative Haltung der Führungskraft das Team beeinflussen. Ständige Kritik und fehlende Anerkennung können die Mitarbeitenden demotivieren, ihre Fähigkeiten infrage stellen und die Bereitschaft, Verantwortung zu übernehmen, senken, denn die Mitarbeitenden wollen ihre Ressourcen schützen.

Neben der Fähigkeit, psychologische Ressourcen auf das Team zu übertragen, steht für Führungskräfte eine weitere zentrale Herausforderung im Fokus: die bewusste Selbstführung. Führungskräfte, die nicht nur ihre Mitarbeitenden, sondern auch sich selbst effektiv führen, legen den

Grundstein für nachhaltigen Erfolg. Selbstführung bedeutet, sich der eigenen Emotionen, Verhaltensmuster und mentalen Zustände bewusst zu sein und diese aktiv zu steuern, um als Vorbild für das Team zu fungieren. Ein Schlüssel dazu ist die emotionale Intelligenz, also die Fähigkeit, eigene Gefühle zu erkennen, zu regulieren und empathisch auf andere zu reagieren. Studien haben gezeigt, dass Führungskräfte mit hoher emotionaler Intelligenz deutlich erfolgreicher sind, wenn es darum geht, positive Zustände wie Motivation, Optimismus und Vertrauen auf ihre Teams zu übertragen (Goleman 1995). Denn wie das Crossover-Modell beschreibt, wirken diese positiven Emotionen ansteckend – aber nur, wenn die Führungskraft in der Lage ist, ihre eigenen Emotionen bewusst zu steuern und authentisch zu leben.

Führungskräfte, die sich dieser emotionalen Dynamiken nicht bewusst sind, laufen Gefahr, dass ihre eigenen Unsicherheiten und Stresszustände ebenfalls auf das Team übergreifen. Ständige Überlastung, mangelnde Selbstreflexion und das Ignorieren eigener Bedürfnisse führen nicht nur zu einer negativen Stimmung im Team, sondern auch zu vermindertem Vertrauen und geringerer Identifikation mit der Arbeit. Führung bedeutet also auch, die eigenen Ressourcen zu schützen und durch gezielte Selbstpflege in Balance zu bleiben. Nur wer gut für sich selbst sorgt, kann langfristig auch für andere sorgen.

Hier spielt Achtsamkeit eine entscheidende Rolle: Führungskräfte, die regelmäßig innehalten, ihre Gedanken und Emotionen reflektieren und bewusst Maßnahmen zur Selbstregulation ergreifen, schaffen eine positive und resiliente Arbeitsumgebung. Diese Fähigkeit, sich selbst bewusst zu führen, ist nicht nur für das Wohlbefinden der Führungskraft selbst essenziell, sondern auch für das langfristige Engagement und die Bindung ihrer Mitarbeitenden. Wie das gelingen kann und warum es von Bedeutung ist, erfahren Sie im Kapitel 7.6 (ab Seite 228) zum Thema Achtsamkeit.

Definition von Crossover

Crossover bedeutet, dass positive Zustände, Energien und Stimmungen von einer Person auf eine andere übertragen werden. Stellen Sie sich das wie eine Batterie vor, die ihre Energie an eine andere weitergibt. Laut der COR-Theorie (Conservation of Resources Theory) möchten Menschen ihre Energie und Ressourcen bewahren und schützen. Wenn sie Ressourcen verlieren, empfinden sie Stress. Diese Ressourcen können persönliche Stärken oder Fähigkeiten sein, die Energie geben und motivieren, noch mehr Ressourcen zu sammeln. Die Vernachlässigung von Ressourcen fördert Fluktuation und senkt Mitarbeiterzufriedenheit. Die effektive Unterstützung durch Ressourcen setzt die Offenheit für die Empfänglichkeit der Mitarbeitenden voraus.

Crossover und PERMA-Lead

Wie Sie bereits wissen, basiert PERMA-Lead auf fünf Ressourcen-Dimensionen. Diese Dimensionen bedingen sich gegenseitig und können durch den Führungsstil gefördert werden. Eine Führungskraft kann durch ihr Verhalten positive Zustände auf ihre Mitarbeitenden übertragen. Wenn Mitarbeitende sehen, wie engagiert und positiv ihre Führungskraft ist, wirkt das ansteckend und motiviert sie ebenfalls.

Crossover und Fluktuationsabsichten

Wenn Führungskräfte ihre Mitarbeitenden nicht unterstützen, kann das ernsthafte Folgen haben. Ohne Feedback und Anerkennung schwindet die Identifikation mit der Arbeit und der Gedanke an einen Jobwechsel rückt näher. Eine schlechte Zusammenarbeit im Team verschärft das Problem. Studien zeigen, dass Mitarbeitende, die sich gut geführt fühlen, länger bleiben. Versagt jedoch die Führung, gehen viele. Mitarbeitende kommen wegen des guten Rufs eines Unternehmens, bleiben wegen der spannenden Aufgaben, aber sie verlassen das Unternehmen wegen schlechter Führung. Eine große Studie fand heraus, dass 78 Prozent der gut geführten Mitarbeitenden nach drei Jahren noch da waren. Von denen, die unzufrieden mit ihrer Führungskraft waren, hatten über die Hälfte das Unternehmen verlassen (Rose und Steger 2020).

4.5 Fluktuationsabsichten und Bewegungen auf dem deutschen Arbeitsmarkt

»Jeden Tag beginnen gut 27.000 Menschen einen neuen Job in Deutschland und haben vorher irgendwo gekündigt.«

Hammermann, Schmidt, Stettes 2022

Laut dem Forschungsinstitut Gallup (2024) sind momentan 86 Prozent der Mitarbeitenden der befragten Unternehmen innerlich in einer Wechselbereitschaft. Allgemein wird geschätzt, dass der Weggang einer Führungskraft ein Unternehmen das Zwei- bis Dreifache des Jahresgehalts der jeweiligen Position kosten kann.

Diese Schätzung berücksichtigt direkte und indirekte Kosten wie:

Rekrutierungskosten: Anzeigen, Agenturgebühren, eventuelle Headhunter-Kosten.

Auswahlverfahren: Zeitaufwand für Interviews und Bewertung der Kandidaten. Neuen Kandidaten müssen zudem wettbewerbsfähig hohe Vergütungen angeboten werden, die oft über dem Niveau der bisherigen Verträge liegen.

Einarbeitungszeit: Neue Führungskräfte benötigen Zeit, um voll produktiv zu sein. Während dieser Phase sind oft Schulungen und möglicherweise geringere Leistungen zu erwarten.

Verlust von Unternehmenswissen: Eine ausscheidende Führungskraft nimmt wertvolles Wissen und Erfahrungen mit, die nicht sofort ersetzbar sind.

Auswirkungen auf die Mitarbeitermoral: Der Weggang kann Unsicherheit und Unruhe unter den Mitarbeitenden verursachen, was zu Produktivitätsverlust führen kann.

Potenzieller Geschäftsverlust: Beziehungen zu Kunden und Partnern können leiden, wenn eine wichtige Kontaktperson das Unternehmen verlässt.

Dauer bis zur Neubesetzung: Laut dem IAB (Institut für Arbeitsmarkt- und Berufsforschung 2024) dauerte es im Jahr 2024 durchschnittlich 95 Tage, bis eine Stelle neu besetzt war. 2004 waren es noch 64.

Die Gründe für einen Jobwechsel sind vielfältig: fehlende Karrierechancen, mangelnde Work-Life-Balance, schlechte Führung und fehlende emotionale Bindung. Überhöhte Erwartungen und fehlende Entwicklungsmöglichkeiten verstärken die Unzufriedenheit. Bemerkenswert: 2024 suchen 14 Prozent der Beschäftigten aktiv nach einem neuen Job, ein Anstieg um acht Prozentpunkte seit 2020 (Gallup 2024). Diese Entwicklung spiegelt eine weitverbreitete Unzufriedenheit mit dem Führungsstil wider und zeigt, wie wichtig es ist, dass sich Mitarbeitende mit ihrer Arbeit und den Unternehmenszielen identifizieren.

4.6 Forschungsergebnisse zu Fluktuationsabsichten

Die Studie von Nesemann 2023 zeigt: Positive Leadership Trainings stärken die Mitarbeiterverbundenheit und reduzieren dadurch die Fluktuation (siehe Studienergebnis III auf der folgenden Seite). Im Jobcenter Berlin Friedrichshain-Kreuzberg wurde nach den mehr als erfreulichen Ergebnissen unserer Studie das Positive Leadership Training nun auf alle Führungskräfte des Hauses ausgerollt. Die erste kleine Welle zeigt ihre Wirkungen: Die Führungskultur des Hauses verändert sich. Daran soll nun nachhaltig angeknüpft werden. Zudem wird erwartet, dass die verbesserte Kultur in der Zusammenarbeit und Führung sich auch positiv auf die Kund:innen auswirkt. Dazu gab es Studien am Jobcenter in Osnabrück. Sie zeigen einen sehr positiven Einfluss von gelebtem PERMA auf die Arbeitssuchenden (Schmidt et al. 2022). Größere Wellen werden folgen.

STUDIENERGEBNIS III: DIE FLUKTUATIONSABSICHTEN DER MITARBEITENDEN SINKEN

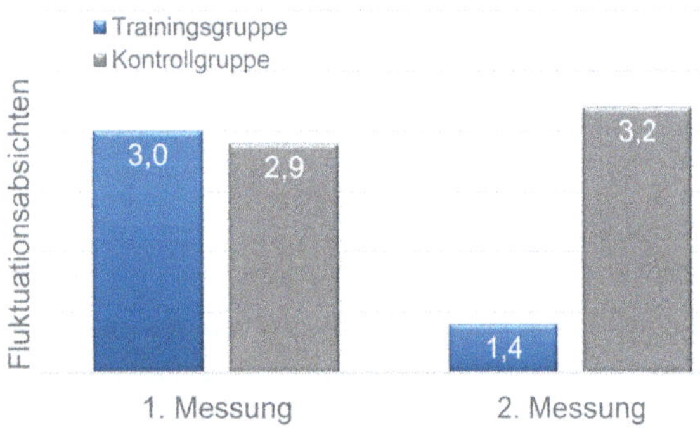

Zusammenfassung der Studie von Nesemann

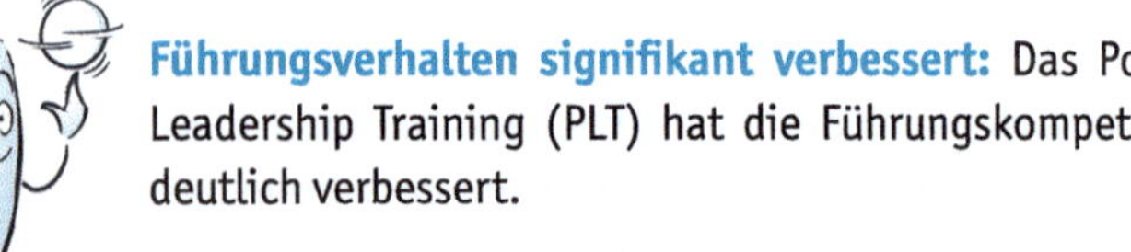

Führungsverhalten signifikant verbessert: Das Positive Leadership Training (PLT) hat die Führungskompetenzen deutlich verbessert.

Führungskräfte erfüllen die Erwartungen: Das Training verringerte die Diskrepanz zwischen den Erwartungen der Mitarbeitenden und der tatsächlich erlebten Führungspraxis signifikant. Diese Kluft vergrößerte sich in der Kontrollgruppe.

Positive Leadership ist lernbar: Die Ergebnisse widerlegen die gängige Meinung, dass Führungskompetenzen nicht vollends trainierbar sind – Positive Leadership kann erfolgreich erlernt und angewendet werden.

Mitarbeitende bleiben länger: Durch die gestärkte Mitarbeiterbindung, die das PLT bewirkte, wurde die Fluktuationsrate drastisch gesenkt.

Wohlbefinden der Mitarbeitenden nachhaltig deutlich gesteigert: Trotz der hohen Arbeitsbelastung, die unter anderem durch die Einführung des Bürgergeldes entstand, konnte das veränderte Führungsverhalten nach dem Training das Wohlbefinden der Mitarbeitenden in der Trainingsgruppe deutlich steigern. Die Mitarbeitenden in dieser Gruppe berichteten von einer verbesserten Gesundheit, während das Wohlbefinden in der Kontrollgruppe im gleichen Zeitraum abnahm.

Teil II – die Praxis: Wie kann ich Positive Leadership umsetzen?

»Führung und Lernen bedingen sich gegenseitig.«

John F. Kennedy, früherer US-Präsident

Im vorangegangenen Buchteil war es uns ein Anliegen, aufzuzeigen, dass Positive Leadership erlernbar ist. Egal, wo Sie gerade in Ihrer Führungserfahrung stehen, ob in den Startlöchern oder schon mit zwanzig Jahren Führungserfahrung: Sie können sich entscheiden, von Anfang an als Positiv Leader zu agieren, oder Sie ergänzen oder verändern Ihren bisherigen erprobten Führungsstil, indem Sie in für Sie passenden Situationen mit Positive Leadership-Tools experimentieren. Dazu möchten wir im Folgenden ermuntern und darstellen, wie Positive Leadership ganz konkret in der Praxis aussehen kann.

Einleitend fassen wir kurz zusammen, welche grundlegenden Führungskompetenzen und Skills für jedes erfolgreiche Führen notwendig sind und auf denen auch Positive Leadership aufbauen sollte. Anschließend werden konkrete Techniken entlang des PERMA-Modells vermittelt. Die für Praktiker:innen immer abstrakt wirkenden Elemente wie »positive Emotionen«, »Engagement« oder »Sinn« füllen wir für den betrieblichen Alltag mit Leben und zeigen, wie sie für die Mitarbeitenden und für Sie selbst spürbar und wirksam werden. Wir wollen Sie nicht belehren, sondern Sie einladen, immer wieder für sich selbst zu prüfen, welche Art und Weise, Positive Leadership zu praktizieren, für Sie die richtige ist. Es liegt auch an Ihnen, eigenständig verschiedene Wege zu kombinieren.

Dabei werden Ihnen vermutlich auch Techniken begegnen, die Sie ohnehin schon umsetzen – Glückwunsch, dann klopfen Sie sich auf die Schulter und reflektieren Sie, wie Sie dieses Verhalten gegebenenfalls noch verbessern oder bewusster einsetzen können. Dann treffen Sie auf bekannte Tools, die Sie in der Geschwindigkeit des Alltags wieder vergessen haben. Wunderbar, dass diese hier nun wieder in Erinnerung gerufen werden. Docken Sie an Ihre Erfahrungen an, die Sie schon damit gemacht haben, und nehmen Sie die nun passenden Details wieder in Ihr Verhalten auf, vielleicht sogar etwas ausgereifter als in der Vergangenheit. Und dann sind da die neuen Ideen und Impulse. Viel Spaß beim Experimentieren und Ausprobieren. Sollte Ihnen etwas gar nicht gefallen, empfehlen wir, es nicht zu verwerfen, sondern nur zur Seite zu legen. Vielleicht passt es im Moment einfach noch nicht. Viel Freude beim Stöbern.

Grundlegende Führungsskills: eine gern übersehene Komponente

Positive Leadership ist ein Führungsansatz, der Führungskräften hilft, in unsicheren, komplexen und schwer vorhersehbaren Zeiten kraftvoll zu führen. Es wäre aber ein Trugschluss, anzunehmen, dass die Kenntnis einer Toolbox für Positive Leadership ausreichend wäre. Auch das grundlegende Handwerkszeug des Führens sollte vorhanden sein. Führung ist im Verhältnis zur fachlich gelernten Tätigkeit quasi wie ein neuer Beruf, der auch erlernt werden sollte, der neue Perspektiven und Fähigkeiten erfordert. Oft erfahren wir, dass gute Fachleute, die schon lange im Unternehmen sind und sich bestens auskennen, ohne weitere Qualifizierung in eine Führungsrolle befördert werden. Mit den Worten »Du bist schon so lange hier und kennst alles. Willst du nicht die Teamführung übernehmen?« wird eine gute Fachkraft schwups zur Führungskraft – die im Zweifelsfall alles so weiterlaufen lässt wie vorher, ohne einen Rollenwechsel vorzunehmen oder ihr Verhalten zu ändern. Im Durchschnitt haben etwa 60 Prozent der Führungskräfte keine spezielle Weiterbildung zur Führungskraft erhalten, wobei diese Zahl je nach Branche und Unternehmensgrößestark variiert (Hays 2023).

Führung will gelernt werden

Aus unserer Arbeitspraxis wissen wir, dass hier oft Nachlern- oder Auffrischungsbedarfe besteht. Meist bieten nur größere Unternehmen eine systematische Führungskräfteausbildung an. Die Bedeutung grundlegender Führungsskills wie Rollenklarheit, Aufgabenklarheit und Beherrschen essenzieller Werkzeuge wird gerne unterschätzt. Positive Leadership funktioniert umso besser, wenn die grundlegenden Führungskompetenzen bereits vorhanden sind. Zur Orientierung und Auffrischung hier ein Überblick.

Welche Rolle und Perspektive nehme ich als Führungskraft ein?

In der Rolle als Führungskraft gibt es neue Verantwortungsbereiche auszufüllen, die mit erweiterten Rechten und Pflichten zusammenhängen, wie beispielsweise Mitarbeiterführung, Strategie- und Zielmanagement und gegebenenfalls Budgetverantwortung. Viele ehemalige Fachkräfte erfahren das erst durch Learning by Doing und verschwenden damit sowohl die eigene Zeit und Energie als auch die anderer. Zudem hat die Fachkraft zuvor vermutlich den eigenen Blickwinkel überwiegend auf die Qualität der eigenen Tätigkeit und die seiner Schnittstellenpartner gerichtet. In der Rolle als Führungskraft hingegen gilt es, eine neue, weitere Perspektive einzunehmen: Die Interessen anderer Abteilungen und des ganzen Unternehmens, der Markt sowie zukünftige Entwicklungen sollten betrachtet und in das eigene Handeln miteinbezogen werden.

Tipp: »Als Führungskraft nehme ich neue und anderen Perspektiven ein und lerne den neuen »Beruf Führung« ganz bewusst.«

Wie entwickle ich mich als Person weiter?

Wir haben es mit dem Crossover-Effekt bereits beschrieben: Jede Führungskraft ist immer – auch ungewollt – ein Vorbild für die Menschen im Team. Sie tut also gut daran, den Blick auf sich selbst als Person zu richten und sich selbst mit den eigenen Mustern und Verhaltensweisen zu reflektieren: Wie manage ich mich selbst und meine Zeit? Wie gehe ich mit Stress um? Wie wirke ich in meinem Auftreten und meiner Körpersprache? Ist das die Art und Weise, wie ich wirken will? Wie motiviert bin ich und welche Motivation strahle ich aus? Wie lösungsorientiert gehe ich mit Problemen um? Was sind meine Stärken und Entwicklungsfelder? Wie setze ich diese in meiner Rolle als Führungskraft gezielt ein? Welchen Plan entwickle ich, um mich bei all diese Fragen in einen kontinuierlichen Verbesserungsprozess zu begeben?

Tipp: »Da ich ein Vorbild für mein Team bin, reflektiere ich mein Denken, Fühlen und Handeln und entwickele mich persönlich weiter.«

Wie kommuniziere ich konstruktiv?

Eine einfache und zugleich starke Definition von Führung, mit der wir gerne arbeiten, lautet: »Führung ist die Lenkung von Menschen mithilfe von Kommunikation«. Die Führungskraft sollte sich als ein erfolgreicher Kommunikator sowohl transparent, klar und adressatengerecht ausdrücken als auch empathisch und aktiv zuhören. Dazu gehört die Fähigkeit, die unterschiedlichen »Inseln«, auf denen jeder einzelne Mensch lebt, vorurteilsfrei zu erkunden und Brücken zwischen den verschiedenen Inseln zu bauen. Ein mächtiges Führungswerkzeug, dass jede Führungskraft beherrschen sollte, sind kompetente Fragetechniken. Neben der Sprache wirkt die Führungskraft auch mit der Macht ihrer Körpersprache. Das, was sie sagt, bekommt erst durch die Mimik, den Tonfall, die Gesten und die körperliche Hin- oder Abwendung seine eigentliche Bedeutung. Ein verächtliches Hochziehen einer Augenbraue kann ein positives Feedback genau in sein Gegenteil verkehren.

Seien Sie sich Ihrer auch nonverbalen Wirkung bewusst und setzen Sie ihre Körpersprache gezielt ein. Im digitalen Kontext, von Instant Messaging über E-Mails bis hin zu Reports und Printmedien, fehlen diese nonverbalen Signale, sodass es leichter zu Missverständnissen kommen kann. Bitte wählen Sie hier Ihre Sprache besonders achtsam, um die Wirkung zu erzielen, die Sie erzielen möchten. Um Missverständnisse zu vermeiden, empfehlen wir, Konflikte und

Probleme nicht per Messenger auszutragen, sondern immer im persönlichen Gespräch – ein Griff zum Telefonhörer kann hier Wunder wirken.

Tipp: »Ich kommuniziere klar, transparent und empathisch.«

Wie führe ich (Mitarbeiter-)Gespräche?

Ein wesentliches Führungsinstrument ist das Mitarbeitergespräch, das regelmäßig geführt werden sollte. Traditionell führen viele Unternehmen dieses einmal jährlich durch, wir empfehlen in den aktuellen agilen Zeiten jedoch, sich – je nach Bedarf – alle drei oder sechs Monate Zeit dafür zu nehmen. In diesen Gesprächen erkundet die Führungskraft auf der einen Seite die Sichtweise der Mitarbeitenden: »Wie geht es dir hier, mit der Arbeit und im Team?«, »Wo siehst du dich aktuell und wohin möchtest du dich entwickeln?«, »Wie können wir dich unterstützen?«. Auf der anderen Seite gibt die Führungskraft dem/der Mitarbeiter:in eine Orientierung, wo sie die Person aktuell sieht, welche Stärken und Entwicklungsfelder sie erkennt und wie der/die Mitarbeiter:in sich weiterentwickeln sollte. Zudem erarbeiten Führungskraft und Mitarbeitende gemeinsam die nächsten Schritte. Dafür benötigen Führungskräfte die Fähigkeit, konstruktives und differenziertes Feedback zu geben und selbst auch anzunehmen, sowie die Kompetenz, durchstrukturierte, zielorientierte Mitarbeiter:innengespräche zu führen.

Tipp: Ich gebe sowohl positives als auch Entwicklungs-Feedback, biete Orientierung an und beziehe die Perspektive meiner Mitarbeiterin in das weitere Vorgehen konstruktiv mit ein.

Wie delegiere ich wirkungsvoll?

Die Grundlage der Führungsaufgabe ist es, Aufgaben an Mitarbeitende zu übergeben. Auch diese Fähigkeit liegt den meisten Menschen nicht im Blut und viele neue Führungskräfte denken sich: »Ach, das mach ich schnell selbst, ich kann es eh besser.« Ja, das stimmt, Delegieren kann viel Zeit kosten, zumindest zu Beginn, bis die Person eingearbeitet ist und eigenverantwortlich gute Qualität erbringen kann. Es motiviert Menschen jedoch, wenn sie einbezogen werden, wenn sie Neues lernen und Verantwortung übernehmen dürfen. Somit baut die Führungskraft durch bewusstes Delegieren eigenverantwortliche Mitarbeitende auf und spielt sich selbst von Fach- und Detailaufgaben frei. Der Ausbildungsaufwand, den wir bei einer neu delegierten Aufgabe investieren, wird sich also mittelfristig auf mehrere Ebenen auszahlen. In jedem Fall ist es wichtig, folgende Fragen für jede Delegation zu beantworten: Was?,

Wie?, Warum?, Für Wen?, Bis Wann? Neben den Antworten auf diese Fragen empfehlen wir zudem, die Aufgabe für das Gegenüber motivierend darzustellen: Welchen Nutzen hat die/der andere davon? Was kann die/der andere dadurch Neues lernen. Das Delegieren endet noch nicht mit der Übergabe der Aufgabe. Es ist für die Mitarbeitenden hilfreich und wertschätzend, wenn die Führungskraft angemessen für Rückfragen, Unterstützung und Feedback zur Verfügung steht. Gerade, wenn die Aufgabe neu und herausfordernd für die ausführende Person war, rundet eine abschließende Reflexion mit der/dem Mitarbeiter:in den Delegationsprozess ab: Was ist gut gelaufen? Was hat die Person gelernt? Was nimmt sie für zukünftige Aufgaben mit? Was kann sie nächstes Mal eigenverantwortlich ohne Unterstützung übernehmen?

Tipp: »Ich übergebe Aufgaben mit allen wichtigen Informationen motivierend und vertraue angemessen.«

Wie steuere ich Gruppenprozesse?

Um mehrere Menschen zu einem Team zusammenzubringen, kann sich die Führungskraft Wissen über Teamentwicklung und Gruppendynamik aneignen. In den vier Phasen der Teamentwicklung (Tuckman 1977) kann die Führungskraft das Team unterschiedlich unterstützen:

Forming-Phase: Wenn die Teammitglieder neu zusammenkommen, schafft die Führungskraft Raum für vertrauensvolles Kennenlernen und gibt eine klare Richtung vor.

Storming-Phase: Wenn hier Konflikte um Rollen, Rechte und Verantwortlichkeiten auftreten, agiert die Führungskraft konfliktlösend und integrativ. Sie hilft dem Team, konstruktiv mit Spannungen und Konflikten umzugehen.

Norming-Phase: Damit die einzelnen Mitarbeitenden zu einem arbeitsfähigen Team zusammenfinden können, unterstützt die Führungskraft sie dabei, gemeinsame Normen und Arbeitsmethoden zu entwickeln.

Performing-Phase: Arbeitet das Team schließlich hocheffizient zusammen, fördert die Führungskraft Autonomie und Weiterentwicklung Einzelner und des Teams.

Die Kommunikation in diesen Gruppenprozessen ist selbstredend komplexer als im Vieraugengespräch. Um Teambesprechungen und Workshops strukturiert, zielführend sowie konstruktiv zu leiten, empfehlen wir Führungskräften, sich in professioneller Besprechungsmoderation weiterzubilden.

Tipp: »Ich lerne Teamdynamiken zu steuern und Besprechungen moderierend zu leiten.«

Wie manage ich Konflikte mit Einzelnen und Teams?

Wenn Menschen zusammenarbeiten, kommt es immer zu Konflikten. Klaus Eidenschink schreibt treffend: »Organisationen sind um Konflikte herum gebaut« (2024). Es ist somit eine Kernaufgabe von Führungskräften, damit umzugehen. Dabei hilft die Fähigkeit, Konfliktsignale und -dynamiken zu erkennen und professionell handzuhaben. Wenn in einer Besprechung beispielsweise ein bedeutungsschweres Schweigen herrscht statt des sonst üblichen ausgelassenen Austauschs oder zwei Kollegen sich gegenseitig nicht mehr anschauen, sind das Hinweise auf einen Konflikt.

Das Eisberg-Modell (Watzlawick et al. 1967) macht sichtbar, dass die fachliche Arbeitsebene nur dann reibungslos funktioniert, wenn die eher verborgene emotionale oder Beziehungsebene störungsfrei ist. Ungelöste Konflikte können viele negative Auswirkungen haben, sowohl auf der persönlichen als auch auf der fachlichen Ebene: Es unterlaufen mehr Fehler, Informationen werden nicht vollständig weitergegeben und Menschen werden krank.

Darum ist es wichtig, dass die wachsame Führungskraft auch unterschwellige Konfliktsignale frühzeitig erkennt und aus einer Hubschrauberperspektive heraus im Team offen und lösungsorientiert anspricht. Wenn die Führungskraft Konfliktgespräche im Team konstruktiv moderiert, kann das helfen, Konflikte zu lösen und zu einer effizienten Zusammenarbeit zurückzufinden.

Wie kann die Führungskraft in einer konfliktären Situation konstruktiv moderieren? Wenn die Führungskraft Konfliktsignale erkennt, egal ob bei einzelnen oder mehreren Personen, erfragt sie in Einzelgesprächen, was konkret hinter den wahrgenommenen Signalen steckt. Sollte es sich tatsächlich um einen Konflikt handeln, bittet die Führungskraft alle Beteiligten an einen Tisch, um gemeinsam die verschiedenen Sichtweisen sowie die Sach- und Beziehungsebene des Eisbergs zu erkunden. Die Führungskraft steuert das Gespräch, sorgt dafür, dass sich alle ausreden lassen und aktiv zuhören. Sie hilft, die jeweils andere Perspektive zu verstehen, Missverständnisse aufzulösen und Verletzungen offenzulegen und zu klären. Hierauf aufbauend werden dann gemeinsam mögliche Wege aus dem Konflikt heraus erkundet und konkrete Vereinbarungen für die Zukunft getroffen.

Auf diese Weise lösen sich die Konflikte oft wieder auf und die Mitarbeitenden finden zurück in eine konstruktive

Zusammenarbeit. Die Führungskraft kann sich wieder zurückziehen.

Tipp: »Ich nehme Konflikte frühzeitig wahr und spreche sie offen, konstruktiv und lösungsorientiert an!«

Wie organisiere ich als Führungskraft Zeit, Aufgaben und Prozesse im Team?

Für die meisten Führungskräfte ist es selbstverständlich, Ziele zu setzen, nachzuverfolgen und vernünftig zu managen. Das lernen sie zumeist schnell in der Rolle als Fachkraft. In der Führungsrolle ist es zusätzlich besonders wichtig, klare Priorisierungen vorzunehmen, um sicherzustellen, dass die wichtigsten Aufgaben zuerst angegangen werden.

Wir machen oft die Erfahrung, dass (nicht nur) neue Führungskräfte in ihrer Zeitplanung zu wenig Zeit für ihre Führungsaufgaben einplanen und noch zu stark in der fachlichen Rolle verharren. Oft scheinen Führungskräfte ihre Mitarbeitenden eher zu verwalten als zu führen. Prioritäten der Mitarbeitenden schenken sie dabei nicht genügend Aufmerksamkeit. Sie nehmen sich schlicht zu wenig Zeit für Führungsaufgaben und verstecken sich teilweise in ihrem Büro. Hier hilft es, eine Auflistung aller Aufgaben im Team zu erstellen und in der Tages-, Wochen- und Monatsplanung entsprechend zu berücksichtigen. Zudem sollten Führungskräfte im Interesse der Effizienz des ganzen Teams die im Unternehmen schon definierten Prozesse kennen und mit dem Team umsetzen sowie für wiederkehrende Aufgaben neu Prozesse einrichten.

Übrigens gibt es einen Zusammenhang zwischen einer positiven Zeitnutzung und dem Wohlbefinden: Wenn Zeit befriedigend und effizient geplant und genutzt wird, steigt bei diesen Personen das Wohlbefinden. Führungskräfte können auch hierfür ein waches Auge haben und als gutes Vorbild vorangehen (Osni und Boniwell 2024).

Tipp: »Ich plane meine Führungsaufgaben systematisch in meine Zeitplanung mit ein. Um meine und die Zeit des Teams gut zu nutzen, sorge ich für angemessene Prioritäten und ein gutes Prozessmanagement!«

Aufbauend auf diesen Basiskompetenzen gehen wir jetzt den nächsten Schritt zu Positive Leadership.

Tipp: Siehe »Checkliste: Ein guter Start als Führungskraft« im Downloadangebot.

Wie positiv führe ich schon?

Führung beginnt stets mit Selbstführung. Daher befassen wir uns zuerst mit der Frage, wie PERMA-orientiert Sie als Führungskraft sich selbst führen. Was nährt Ihr PERMA als Führungskraft?

Meine PERMA-Füllstände

In dieser ersten Übung richten wir die Aufmerksamkeit darauf, wie hoch Ihr eigenes PERMA-Erleben am Arbeitsplatz ist. Das ist auch ein Resultat der Art und Weise, wie Sie sich selbst führen. Wer zu dieser Selbsteinschätzung ein wissenschaftlich evaluiertes Verfahren nutzen möchte, kann dazu den »PERMA-Profiler« von Peggy Kern nutzen. Dieser Test ist leider auf nur Englisch verfügbar (Informationen zum Test finden Sie im Dokument »Links zu Testverfahren« im Downloadangebot).

Ein einfacheres Verfahren ist unsere Übung »Meine PERMA-Füllstände«. Das »Arbeitsblatt PERMA-Füllstände« finden Sie im Downloadangebot. Hierin stellen Sie sich zu allen fünf Säulen von PERMA die Frage, wie stark ihre PERMA- Säulen gefüllt sind, Ihre Antworten dokumentieren Sie durch Einzeichnen der Füllstände oder Angaben in Prozent.

Im nächsten Schritt fragen Sie sich zu jeder der fünf Säulen, was genau zu diesem Füllstand beiträgt. Was genau führt dazu, dass der Füllstand wie angegeben ist? Wie, wo und wann erleben Sie P, E, R, M und A?

Betrachten Sie dann das Gesamtbild. Was nährt Ihr PERMA am meisten? Was tragen Sie selbst dazu bei? Behalten Sie das Verhalten bei oder setzen Sie es noch häufgier ein, denn das können Sie schon gut. Und welche Säule würden Sie gerne mehr füllen? Was wäre ein attraktives Ziel? Was können Sie dafür tun? Was und wen brauchen Sie dazu?

Meine PERMA-Füllstände

- **P** Wie sehr erlebe ich selbst positive Emotionen am Arbeitsplatz?
- **E** Was sind meine Stärken und wie setze ich sie ein? Erlebe ich Flow bei der Arbeit? Wenn ja, wo genau?
- **R** Wie stark erfahre ich positive Beziehungen?
- **M** Wie deutlich ist mir der Sinn meiner Arbeit?
- **A** Wie erlebe ich Erfolge, wie setze und feiere ich Ziele?

Was genau ist der erste Schritt? Wir nutzen hier gerne Mikroziele oder WOOP, mehr dazu in Kapitel 7.5 ab Seite 214. Möglicherweise möchten Sie diese Fragen auch mit einem Positive Leadership Coach oder einer anderen vertrauten Person besprechen, um sich darüber auszutauschen.

Tipp: Übrigens, die PERMA-Füllstände sind auch ein wunderbares Tool für Mitarbeiter-Entwicklungsgespräche. Zur Vorbereitung können Sie sich in Ihr Gegenüber hineinversetzen und die von Ihnen vermuteten Füllstände eintragen. Im Gespräch kann der Mitarbeitende die Füllstände für sich eintragen. Das bietet eine gute Basis, um darüber in den Austausch zu gehen.

Mein PERMA-Führungsverhalten

Nach der Betrachtung des eigenen PERMA-Erlebens kommen wir nun zu der Frage, wie stark Sie zum PERMA-Erleben der Ihnen anvertrauten Menschen und Teams beitragen. Als anerkanntes Messverfahren können Sie – unter Einbindung eines zertifizierten Beraters – den kostenpflichtigen PERMA-Lead-Profiler nutzen, die Links zu Testverfahren finden Sie im Downloadangebot.

Um sich sofort ein erstes Bild von Ihrem eignen Führungsverhalten zu machen, stellen wir Ihnen im Downloadangebot das »Arbeitsblatt PERMA-Führungsverhalten« zur Verfügung. Stellen Sie sich die folgenden Fragen zu Ihrem Verhalten und notieren Sie Ihre sachlich ehrlichen und offenen Antworten.

Mein PERMA-Führungsverhalten

P Positive Emotionen
Wie ermögliche und fördere ich als Führungskraft positive Emotionen?

E Engagement
Wie aktiviere ich als Führungskraft die Stärken meiner Mitarbeitenden? Wie fördere ich Engagement?

R Relationships (Positive Beziehungen)
Wie fördere ich als Führungskraft vertrauensvolle und unterstützende Arbeitsbeziehungen?

M Meaning (Sinn und Bedeutung)
Wie vermittle ich als Führungskraft den Sinn der Arbeit?

A Accomplishment (Leistung, Erfolge)
Wie mache ich als Führungskraft Erreichtes sichtbar? Wie setze und feiere ich Ziele?

Nutzen Sie in der Auswertung Ihrer Fragen einen stärkenorientierten Ansatz: Was können Sie gut? Was gelingt Ihnen einfach und geht »gut von der Hand«? Bei welchen Verhaltensweisen erleben Sie sich als kraftvoll und energetisiert? Diese Verhaltensweisen sollten Sie beibehalten oder noch mehr einsetzen, denn hier erzielen Sie bereits viel Wirkung. Nun können Sie sich fragen, welches PERMA-Führungsverhalten bei Ihnen noch Ausbaubedarf hat. Wo besteht möglicherweise ein Mangel, dessen Ausgleich positive Wirkungen erwarten lässt? Entscheiden Sie sich in der Praxis bevorzugt für kleine Schritte, die sie auch wirklich umsetzen können. Beispiele, Anregungen und Übungen finden Sie in Kapitel 7 ab Seite 155.

Wenn Sie sich unsicher sind, ob Ihre eigenen Antworten wirklich zutreffen, können Sie auch Kollegen um eine Einschätzung bitten. Ein noch besseres Bild erhalten Sie, wenn Sie Ihre Mitarbeitenden und Ihre Vorgesetzten befragen, also ein 360-Grad-Feedback einholen. Wir nutzen hierzu gerne das Tool »360-Grad-Feedback Leadership- und Managementkompetenzen«, da hier detailliert die PERMA-Lead-Verhalten abgefragt werden. Die Links zu Testverfahren finden Sie im Downloadangebot.

PERMA-Führungsvorbilder entdecken

In unseren Seminaren machen wir sehr gute Erfahrungen damit, nicht nur Vorbilder in herausragenden Unternehmen zu betrachten, sondern auch schon wünschenswertes Verhalten von Führungskräften im eigenen Erfahrungsbereich zu erkunden. Eine Seminargruppe mittlerer Führungskräfte beschwerte sich viel über die höheren Ebenen. Daher hatten wir dort die Aufgabe sehr offen formuliert, nach vorbildlichen Führungskräften zu suchen. Oft werden dann bekannte Persönlichkeiten wie Steve Jobs als Vorbild beschrieben. Umso überraschter waren wir, als alle Arbeitsgruppen (auch ehemalige) eigene Vorgesetzte als Vorbilder nannten und deren PERMA-Führungsverhalten genau beschreiben konnten.

Schritt 1: Neugieriges Erforschen

P Positive Emotionen
Wie genau ermöglicht und fördert das Vorbild positive Emotionen? Was bewirkt das bei mir selbst und anderen?

E Engagement
Wie aktiviert das Vorbild die Stärken der Mitarbeitenden? Wie fördert er/sie Engagement? Was bewirkt das bei mir selbst und anderen?

R Relationships (positive Beziehungen)
Wie fördert und lebt das Vorbild vertrauensvolle und unterstützende Beziehungen? Was bewirkt das bei mir selbst und anderen?

M Meaning (Sinn und Bedeutung)
Wie vermittelt das Vorbild den Sinn der Arbeit, angefangen von kleinsten Aufgaben bis zum Sinn des Unternehmens und seiner Produkte/Leistungen in der Welt? Was bewirkt das bei mir selbst und anderen?

A Accomplishment (Leistung, Erfolge)
Wie macht das Vorbild Erreichtes sichtbar? Wie setzt und feiert er/sie Ziele? Was bewirkt das bei mir selbst und anderen?

Sicher ist es auch inspirierend, große und weiter entfernte Vorbilder zu betrachten. Innerlich entsteht dann aber oft der Einwand, dass wir ja schließlich nicht bei Apple und nicht in den USA seien und das beschriebene Verhalten hier gar nicht möglich sei. Wenn ich jedoch auf vorbildhaftes Verhalten im eigenen Betrieb schaue, belegt schon diese Tatsache, dass Positive Leadership auch in meinem Handlungsrahmen möglich ist.

Sie können folgendermaßen vorgehen: Betrachten Sie zum Abschluss von Schritt 1 nun alle Antworten. Was erscheint besonders bedeutsam? Was entfaltet die stärkste Wirkung? Was inspiriert?

Schritt 2: Auf das eigene Verhalten übertragen

Basierend auf dem Stärkenansatz fragen Sie sich nun, welche Verhaltensweisen Sie gerne übernehmen möchten. Was passt gut zu Ihnen und dem eigenen Stärkenprofil? Was wird Ihnen leicht von der Hand gehen?

Womit können Sie persönlich am leichtesten eine positive Wirkung erzielen? Starten Sie in der Komfortzone der eigenen Stärken. Fragen Sie sich dann, welche wirkungsvollen Verhaltensweisen für Sie eine attraktive Herausforderung wären, um Ihr Verhaltensrepertoire noch weiter auszubauen.

Schritt 3: Situationen und Ziele bestimmen

Suchen Sie sich nun konkrete Situationen, in denen Sie (noch) besser führen möchten. Und setzen Sie sich attraktive Ziele, wie Sie was genau wofür erreichen wollen.

Wie mache ich das nun ganz konkret?
Im Downloadbereich finden Sie das Arbeitsblatt »PERMA-Führungsvorbilder« und »WOOP-Anleitungen« zur Zielgestaltung.

Variante: PERMA-Lead-Kopfstand

Eine interessante Variante ist, auch Negativbeispiele zu untersuchen: Wie genau handelt die Person, damit P, E, R, M und A möglichst verschwinden oder gering bleiben?

Beschreiben Sie hier zuerst möglichst sachlich das Verhalten, um zu erkunden, was so negativ wirkt.

Stellen Sie dann zu allen wichtigen Beschreibungen die Ressourcenfrage: Was hat gefehlt? Ein Erfolgsfaktor dieser Übung liegt darin, das Fehlende mit positiven Begriffen zu beschreiben. Schließen Sie mit der Frage ab, wie Sie sicherstellen, dass die erkannten Ressourcen bei Ihnen nicht fehlen werden, sondern aktiv in Ihr Verhaltensrepertoire aufgenommen werden. Wie möchten Sie sich verhalten, damit eine PERMA-Fülle entsteht und eine positive Wirkung entfalten kann?

7 Wie kann ich Positive Leadership umsetzen?

Den praktischen Teil beginnen wir mit den Erfahrungen und Empfehlungen von Nicolle Anell, die sie als Geschäftsführerin des Jobcenters Osnabrück bei der Einführung einer positiven Unternehmenskultur gemacht hat.

Danach krempeln wir die Ärmel hoch und beginnen mit der Umsetzung. Was genau können Führungskräfte konkret tun, um Positive Leadership alltagstauglich im Business umzusetzen?

Natürlich geht es dabei um greifbares Verhalten. Wie handle ich mir selbst und wie anderen gegenüber? Oft haben wir eingeschliffene Verhaltensweisen, Muster, die unsere Art und Weise, in der Welt zu agieren, schon seit Jahren bestimmen. Manchmal denken wir, dieses Muster macht uns aus und wir können es nicht verändern. Das stimmt nicht: Wir können unser Verhalten ändern, wir können neue Wege des Handels lernen (Nesemann 2023). Verhalten ist das, was von unserem Handeln nach außen sichtbar ist. Als Führungskraft erziele ich Wirkung, indem ich mich auf eine bestimmte Art und Weise verhalte. Im Folgenden stellen wir konkrete Tools dar, wie Führungskräfte Positive Führung leben können. Dabei orientieren wir uns an den fünf PERMA-Elementen sowie den ergänzenden führungsrelevanten Themen Achtsamkeit und Hoffnung. Abschließend finden Sie eine Zusammenstellung von Fragen, mit denen Sie sich selbst und Ihr Gegenüber in die Positivität führen können.

One size fits all?

PERMA-Lead bietet einen Rahmen, in dem Sie als Führungskraft situativ führen können. Das wird aber gerne falsch verstanden. Es geht bei PERMA-Lead nicht darum, dass alle Führungskräfte immer das Gleiche tun müssen, um zum Beispiel positive Emotionen anzuregen, sondern der Ansatz will Ihnen ein Gestaltungsraster für das eigene Handeln anbieten. Es bleibt Ihnen der Freiraum, als Führungskraft Ihren Weg, in Ihrem Unternehmen, mit Ihrem Team, aus Ihrer Biografie heraus authentisch zu gestalten. Das ist für das richtige Verständnis sehr wichtig. PERMA-Lead bietet Ihnen einen sehr praktischen Rahmen, den Sie selbst für sich anwenden und authentisch mit Leben füllen können.

Beitrag von Nicole Anell, Jobcenter Osnabrück

»Die Menschen und ihre Zufriedenheit müssen im Mittelpunkt stehen!«

Nicole Anell, Geschäftsführerin im Jobcenter Osnabrück

Tiefgreifende Veränderungen wie die Einführung einer positiven Unternehmenskultur benötigen Zeit auf allen Ebenen: auf der Mitarbeitenden-, Team-, Führungs- und Leitungsebene, wenn Sie es wirklich ernst meinen und dieses »Investment« sich in echten Veränderungen »auszahlen« soll.

Grundvoraussetzung sollte in jedem Fall der Konsens innerhalb Ihres engsten Leitungsteams sein, damit Sie eine gemeinsame Position entwickeln und die Entscheidung gemeinsam treffen können. Dafür benötigt Ihr Team Zeit, schließlich werden Ihre Mitarbeitenden als »wingwomen« beziehungsweise »wingmen« während des gesamten Veränderungsprozesses an Ihrer Seite stehen und für die Sache arbeiten (müssen).

Menschen können im Allgemeinen sehr abwehrend und mit vielen Ängsten auf Veränderungen reagieren, auch wenn diese aller Wahrscheinlichkeit nach positiv sind und eine Verbesserung ihrer eigenen Lebens- beziehungsweise Arbeitszufriedenheit bedeuten könnten. Vielfach hörte ich die Frage, ob denn jetzt alle im Jobcenter Osnabrück »happy« sein müssten, oder den Einwand, dass man dies nicht brauche, weil man »... ja grundsätzlich mit seiner Arbeit doch zufrieden sei«.

Seien Sie für jede einzelne kritische Meinung dankbar, die Ihnen gegenüber offen geäußert oder hinter vorgehaltener Hand zugetragen wird! Wer weiß, vielleicht haben diese Einwände auch ihre Berechtigung und Sie können gemeinsam an einigen Stellen noch etwas verbessern. Sie sollten dazu in einen ehrlichen Austausch gehen – und auch Ihre eigenen Zweifel und Unsicherheiten klar benennen, aber eben auch verdeutlichen, welche Notwendigkeit Sie (und Ihr engstes Leitungsteam) sehen und welche Effekte Sie sich erhoffen. Hilfreich ist, wenn Sie abwehrendes Verhalten immer als Notwendigkeit für Veränderungen akzeptieren.

Letztlich können Sie Ihre Mitarbeitenden nur einladen, sich gemeinsam mit Ihnen und Ihren Führungskräften auf die Positive Psychologie einzulassen.

Neigen Sie zum sogenannten Merkelisieren – und nicht zum Aktionismus! Mit der Brechstange oder als per-order-Mufti werden Sie nicht erfolgreich sein. Ein realistischer Zeitraum für Kulturveränderungen sind vier bis fünf Jahre! (Anmerkung: Meine eigene Signaturstärke Selbstregulation empfand ich dabei als sehr hilfreich!)

Werben Sie gemeinsam für die Positive Psychologie – immer wieder!

Mit der grundsätzlichen Entscheidung und dem Beginn der Schulungsreihe werden viele Fragen, kritische Stimmen und der Wunsch nach weiteren Informationen entstehen. Wir hatten uns vorgenommen, dass wir circa 20 Prozent plus X aller Mitarbeitenden durch die Schulungen als Multiplikatoren erreichen und begeistern wollten. Ab dieser Anzahl, so unsere Annahme, berichten und werben die geschulten Kolleginnen und Kollegen von allein und die Positive Psychologie wird für alle im Haus immer sichtbarer … aber was passiert davor?

Idealerweise sollten Sie ein eigenes Kommunikations- beziehungsweise Marketingkonzept entwickeln, in dem Sie neben den »Buzzwords der PP« (Stärken, positive Emotionen etc.) unter anderem auch Erfahrungsberichte der Teilnehmenden jeder Ebene in die Schulungen einfließen lassen. Dabei sollten die Berichte möglichst echt sein – individuell, sehr authentisch und eben auch kritisch, wenn das Empfinden denn so war.

Selbstverständlich habe ich an den Schulungen teilgenommen, schließlich war ich zu diesem Zeitpunkt auch noch eine neugierig Lernende und begab mich auf unbekanntes Terrain! So konnte ich selbst von meinen Erfahrungen mit der »Ressourcendusche« berichten und davon, welche Gefühle die Feedbacks in mir ausgelöst haben (ich war sehr gerührt und habe geweint vor Freude und meine Signaturstärken sind nun jeder beziehungsweise jedem bekannt!).

Letztlich hat sich dadurch die Kommunikation im Haus schnell und nachhaltig verändert: Wir sind alle viel achtsamer und gefühlvoller im Umgang miteinander geworden. Immer wieder nutzen wir die Gelegenheiten zum Austausch und schaffen Angebote für Kolleginnen beziehungsweise Kollegen und (nun auch) Bürgergeldbeziehende, um Selbstwirksamkeit und Flow-Momente zu erfahren, Stärken zu nutzen, Sinn zu erleben, persönliches Wachstum zu fördern und eigene Ziele zu erreichen.

Räume für Wachstum öffnen und ermöglichen!

Dass die Positive Psychologie auf Menschen positiv wirkt und in Organisationen einen wirklichen Mehrwert schafft (und echte Wettbewerbsvorteile bringt), ist wissenschaftlich vielfach erforscht und nachgewiesen worden. Aber was können Sie denn konkret tun, um in Ihrer Organisation das Thema Positive Psychologie »am Laufen zu halten« und die positive Unternehmenskultur weiterzuentwickeln?

Suchen Sie gemeinsam mit Ihren Mitarbeitenden nach Möglichkeiten, sie anzuwenden, und öffnen Sie Räume, um sich auszutauschen, Ideen zu entwickeln und Projekte umzusetzen – es lohnt sich!

Sie werden erstaunt sein, wie schnell in Ihrem Haus der Wunsch von Ihren (begeisterten) Mitarbeitenden und Führungskräften geäußert wird, sich zu entwickeln und ihr Wissen zu vertiefen, die Positive Psychologie in ihrer täglichen Arbeit anzuwenden, auszuprobieren und andere Menschen daran teilhaben zu lassen.

Besonders stolz sind wir auf unser selbstentwickeltes Projekt »Coaching+ – Wachsen.Entfalten.Aufblühen«, in dem unsere Coaches langzeitarbeitslose Erwachsene betreuen und begleiten. Das Projekt ist als eine Art Laborraum konzipiert, um auszuprobieren, wie wir die Positive Psychologie in unsere Beratungsarbeit mit arbeitslosen Menschen einfließen lassen können. Im Jahr 2023 haben wir mit Coaching+ den Wettbewerb »Erfolge Feiern« der Bundesagentur für Arbeit in Nürnberg gewonnen.

Als Chefin oder Chef müssen Sie akzeptieren können, dass Ihre Mitarbeitenden die echten Experten für ihre Arbeit sind und über mehr Kenntnisse der Positiven Psychologie als Sie selbst verfügen. Sie sollten dieses Engagement fördern, sie unterstützen und Möglichkeiten schaffen. Beteiligen Sie Ihre Mitarbeitenden an der zukünftigen Entwicklung und Ausrichtung Ihres Unternehmens, nur so wird Ihre Organisationskultur nachhaltig positiv.

Dann werden sich Ihre Mitarbeitenden mit viel Freude einbringen und ihre Arbeit als sinnstiftend erleben können ... also über sich hinauswachsen!

Nicole Anell, Geschäftsführerin vom Jobcenter Osnabrück, traf die Entscheidung, alle Menschen im Jobcenter in Positiver Psychologie trainieren zu lassen.

7.1 Positive Emotionen fördern

Im Basisteil haben wir dargelegt, dass positive Emotionen Menschen in eine Aufwärtsspirale versetzen können – vorausgesetzt, wir erleben ausreichend davon. Sie haben außerdem erfahren, dass es mindestens das Verhältnis von drei zu eins an positiven zu negativen Emotionen braucht, um in die Aufwärtsspirale zu kommen. Sie haben den Undo-Effekt kennengelernt, der aufzeigt, dass positive Emotionen die körperlichen Auswirkungen von negativen Emotionen rückgängig machen.

Nun, da wir als Führungskräfte die Bedeutung positiver Emotionen für uns selbst und für andere erkannt haben, können wir beginnen, diese aktiv zu gestalten.

Vielleicht haben Sie in Ihrer Selbstreflexion in Kapitel 6 (ab Seite 149) zahlreiche Situationen entdeckt, in denen Sie bereits positive Emotionen ermöglichen. Dabei haben Sie vermutlich auch festgestellt, dass es oft die kleinen, alltäglichen Dinge sind, die sich wie ein roter Faden durch unseren Tag ziehen. Möglicherweise gehören Situationen dazu wie die folgenden:

- **Sich selbst kraftvoll ausrichten und dies auch ausstrahlen:** Morgens mit einem Lächeln und einem dynamischen Gang ins Büro zu kommen. Denken Sie an den Crossover-Effekt: Was Sie ausstrahlen, wirkt – und positiv wirkt besonders stark!
- Mit **Blickkontakt** und aufmerksamer Zuwendung jeden Menschen morgens begrüßen.
- **Team-Time:** Die gemeinsamen Kaffee- und Mittagspausen bewusst gestalten, sodass gelacht und geplaudert wird. Genießen Sie diese Momente, in denen Vertrauen entsteht, sich Menschen öffnen und eine Verbundenheit wächst.

All diese Rituale – und sicherlich auch viele andere, die Sie bereits kennen – sind wertvoll und kraftspendend. Bewahren Sie sie sich unbedingt!

Im Folgenden beginnen wir mit praktischen Empfehlungen, wie Sie Ihre Gedanken positiv ausrichten können. Da wir positive Emotionen oft gar nicht bewusst wahrnehmen, zeigen wir Ihnen sodann Wege, wie wir sie im Alltag bewusster und differenzierter erfassen können. Im Anschluss stellen wir Ihnen verschiedene Techniken vor, die Sie für sich selbst nutzen können. Einige davon scheinen sich zu ähneln, haben aber durchaus unterschiedliche Wirkungen. Uns ist es dabei wichtig, Ihnen eine Auswahl an verschiedenen Möglichkeiten zu bieten. Wählen Sie die Techniken aus, die für Sie passen oder die Sie neugierig machen. Vielleicht freuen Sie sich auch darauf, im Laufe der Zeit immer mal etwas Neues auszuprobieren.

Viele Techniken zur Gestaltung positiver Emotionen im Team lassen sich auch dem Bereich »Beziehungen« zuordnen. Deshalb haben wir die entsprechenden Teamübungen direkt dort aufgeführt.

Gedanken und Emotionen balancieren

Gedanken und Emotionen beeinflussen sich gegenseitig. Für Sie als Führungskraft bedeutet dies, sowohl die emotionale als auch die rationale Intelligenz gleichermaßen im Blick zu behalten und zu berücksichtigen. Dabei ist es wichtig:

- Gedanken und Bewertungen positiv auszurichten, da Emotionen oft den Gedanken folgen;
- genügend positive Emotionen zu schaffen, um langfristig eine Aufwärtsbewegung zu erzeugen;
- auch in schwierigen Situationen Raum für positive Emotionen zu lassen – dies fällt oft schwer, ist aber entscheidend, denn gerade hier ist es wichtig, durch positive Emotionen in eine kraftvolle Ausrichtung zu kommen;
- im Hinterkopf zu behalten, dass negative emotionale Zustände eher negative Erinnerungen fördern. Die positiven Erinnerungen sind zwar auch da, aber schlichtweg nicht präsent. Hier ist es wichtig, durch positive Emotionen oder Achtsamkeit erst den Zustand zu ändern, bevor auf der Sachebene weitergearbeitet wird;
- in schwierigen Situationen die individuellen Bewertungen hinter negativen Emotionen oder unerwünschtem Verhalten zu prüfen, um angemessen und lösungsorientiert zu reagieren.

Gedanken positiv ausrichten

Mit welchen Gedanken stehen Sie morgens auf? Denken Sie: »Ohhh neee, noch drei Tage bis zum Wochenende. Wieder ein öder Tag!«, oder denken Sie: »Ein wunderbarer Tag meines Lebens, mal schauen, was ich heute genießen und gestalten kann?«

Emotionen folgen unseren Gedanken. Daher ist der erste Schritt zu positiven Emotionen, den Fokus unserer Wahrnehmung und Gedanken positiv auszurichten.

Einen positiven Fokus zu wählen, bedeutet, sich seiner eigenen Gedanken und Muster in jedem Moment bewusster zu werden und auf das Schöne und auf Möglichkeiten auszurichten. Hierfür steht Ihnen Achtsamkeit als Hilfsmittel zur Verfügung.

Teamleiter Marco erhält unerwartet eine kritische E-Mail von einem Kunden und reagiert zunächst mit Frustration und Ärger. Er spürt, wie sich ein Negativfokus entwickelt und er sich gedanklich bereits in den möglichen Problemen verliert. Doch statt impulsiv zu antworten, hält er inne und betrachtet die Situation neu. Er erinnert sich an die vielen positiven Rückmeldungen von diesem Kunden in der Vergangenheit und fokussiert sich bewusst auf das, was gut läuft. Mit diesem Positivfokus antwortet er konstruktiv und lösungsorientiert, was nicht nur die Situation entschärft, sondern auch die Beziehung zum Kunden stärkt.

Wann immer Sie negative Emotionen spüren, halten Sie einen Moment inne und aktivieren Sie Ihren Atem-Anker (Seite 229). Reflektieren Sie die Gedanken, die zu den Emotionen führen. Schauen Sie dann, ob Sie auch anders über die Sache denken könnten, und beobachten Sie, welche Emotionen mit einer Neubewertung verknüpft sind. Was ist nun anders?

Reflektieren Sie für sich:
In welchen Situationen würde Ihnen ein positiver Fokus helfen? Was würde dadurch möglich?
Wie können Sie sich in der Situation daran erkennen, den Negativfokus zu unterbrechen?

Innere Fragen positiv ausrichten

Wir stellen uns in unserem Autopiloten fortwährend selbst Fragen und diese sind zumeist unbewusst. Dabei lenkt die Frage die Richtung der Antwort. Stelle ich eine Frage ins Problem hinein, fokussiere ich das Problem »Wie düster ist die Lage?«. Frage ich in die Lösung oder den Wunschzustand hinein, fokussiere ich diese Aspekte »Was ist gut an der Situation? Was kann ich tun, um das Ziel zu erreichen?« (siehe dazu auch Kapitel 7.8 ab Seite 244).

Miriam steht vor einem herausfordernden Projekt und denkt innerlich: »Was, wenn ich das nicht schaffe und mein Team enttäusche?« Sie erkennt den negativen Ansatz dieser Frage und stoppt sich bewusst. Stattdessen fragt sie sich: »Wie kann ich mein Team am besten unterstützen, damit wir gemeinsam erfolgreich sind?« Diese positive Umformulierung stärkt ihren Fokus auf Zusammenarbeit und Führung statt auf Zweifel und Versagensangst.

Lauschen Sie in den nächsten Tagen auf die inneren Fragen, die Sie sich stellen. Prüfen Sie, wie Sie hinderliche umformulieren können, und genießen Sie die positiven, unterstützenden.

Positive kognitive Neubewertung

Wenn negative Emotionen erst durch unsere Bewertungen entstehen, können wir üben, diesen Kreislauf zu durchbrechen. Die folgende Technik zielt darauf ab, den eigenen Fokus bewusst auf positive Aspekte und Chancen zu lenken anstatt auf Probleme und Defizite.

Erkennen Sie negative Gedanken: Achten Sie im Alltag auf negative oder hinderliche Gedankenmuster, die Ihre Stimmungen oder Entscheidungen beeinflussen.

Stoppen und umleiten: Sobald Sie einen negativen Gedanken erkennen, stoppen Sie ihn bewusst. Fragen Sie sich, was positiv an der Situation sein könnte oder welche Chancen sie bietet.

Formulieren Sie positive Gedanken: Ersetzen Sie den negativen Gedanken durch eine positive Aussage oder Perspektive. Beispiel: Statt »Das schaffe ich nie« denken Sie: »Das ist eine Herausforderung, aber ich werde es versuchen und dabei lernen«.

Üben Sie diese Technik täglich, um Ihre Denkweise langfristig auf das Positive auszurichten und Ihre Resilienz zu stärken.

Emotionen wahrnehmen, differenzieren und benennen

Wir haben dargelegt, dass das Wahrnehmen, Differenzieren und Benennen von Emotionen die Grundlage für emotionale Intelligenz ist. Wie genau können wir das lernen oder intensivieren?

Achtsamkeit steigert die emotionale Intelligenz

Ein wertvoller Schlüssel für das Wahrnehmen und Differenzieren von Emotionen ist die Achtsamkeit. Damit trainieren wir unsere Selbstwahrnehmung, wir lernen, schneller aus dem Autopiloten herauszukommen und die Signale unseres Körpers frühzeitig zu registrieren. Konkrete Übungen und Anregungen finden Sie hierzu in Kapitel 7.6 ab Seite 228.

Das RULER-Modell als Hilfsmittel

Das Yale Center for Emotional Intelligence hat mit dem RULER-Programm einen wirkungsvollen Ansatz entwickelt, um genau diese Fähigkeiten der emotionalen Intelligenz zu fördern. Es umfasst fünf Schlüsselkompetenzen, die uns helfen, unsere Emotionen zu regulieren:

- R **Recognize** (Erkennen): Emotionen in mir und den anderen erkennen;
- U **Understand** (Verstehen): die eigenen und fremden Gefühle verstehen;
- L **Label** (Benennen): Emotionen benennen, um damit umgehen zu können;
- E **Express** (Ausdrücken): sozial und im Kontext angemessen ausdrücken;
- R **Regulate** (Umgang): einen eigenen (konstruktiven) Umgang damit finden.

Die Implementierung von RULER führt zu signifikant besseren emotionalen Kompetenzen der Mitarbeitenden, einem positiven Arbeitsklima sowie einer Reduktion von Mobbing und aggressivem Verhalten (Brackett et al. 2011, Hagelskamp et al. 2013).

RULER persönlich nutzen

Im ersten Schritt können wir das Modell für uns selbst anwenden und das Benennen von Emotionen üben. Halten Sie mehrfach am Tag inne und spüren Sie nach, welche Emotionen Sie gerade haben. Vielleicht stellen Sie sich dafür über den Tag verteilt zwei bis drei Timer. Folgende Fragen können Sie sich persönlich stellen:

- R **Recognize** (Erkennen): Welche Emotionen empfinde ich gerade?
- U **Understand** (Verstehen): Warum habe ich sie? Was in meiner inneren Bewertung oder der äußeren Welt lösen sie aus?
- L **Label** (Benennen): Wie genau kann ich sie benennen? Nutzen Sie hierfür das »Mood Meter« (Seite 166).
- E **Express** (Ausdrücken): Muss ich die Emotionen anderen gegenüber ausdrücken oder betrifft es nur mich selbst?
- R **Regulate** (Umgang): Was kann ich tun, um mit diesen Emotionen (konstruktiv) umzugehen? Braucht es vielleicht eine kognitive Neubewertung? Welche Handlung wäre angemessen? Oder kann ich die Emotion einfach genießen?

Sie werden feststellen, dass es Ihnen mit etwas Übung immer leichter fällt, Ihre Emotionen nach dieser Vorgehensweise zu regulieren, damit Sie ihnen nicht ausgeliefert sind.

RULER im Team implementieren

Es lohnt sich, als Führungskraft das RULER-Programm im eigenen Team umzusetzen, um die soziale und emotionale Intelligenz Ihrer Mitarbeitenden zu fördern.

Machen Sie sich zuerst, wie oben beschrieben, selbst mit RULER vertraut. Schaffen Sie dann in Ihrem Team Verständnis dafür, worum es geht, indem Sie die Hintergründe und den Nutzen emotionaler Intelligenz und des RULER-Modells vorstellen.

Führen Sie die fünf Schritte des RULER-Modells ein. Die Fragen für den Teamkontext lauten etwas anders als für die individuelle Anwendung. In einer Gruppe ist es stets wichtig, nicht ausschließlich sich selbst zu reflektieren, sondern immer auch die anderen im Blick zu behalten. Dieser erweiterte Fokus auf alle Menschen im Raum sorgt dafür, dass wir uns in die andere Person hineinversetzten. Er fördert zudem die Empathie für andere sowie das Verständnis dafür, was mein Verhalten bei anderen auslösen kann und welche Dynamik sich in der Gruppe entwickelt. Folgende Fragen eignen sich in Teams:

- **R Recognize** (Erkennen): Welche Emotionen hatten Sie? Welche Emotionen vermuten Sie bei den anderen im Team?
- **U Understand** (Verstehen): Warum hatten Sie diese Emotionen? Was vermuten Sie bei den anderen im Team?
- **L Label** (Benennen): Wie würden Sie die Emotionen genauer benennen? Nutzen Sie dafür das Mood Meter.
- **E Express** (Ausdrücken): Wie können Sie diese Emotion in diesem Umfeld angemessen ausdrücken? Verwenden Sie hierfür gerne die WWW-Formel (siehe Seite 187).
- **R Regulate** (Umgang): Wie können Sie mit diesen Emotionen (konstruktiv) umgehen? Was wünschen Sie von den anderen Personen für einen Umgang mit ihren Emotionen?

Integrieren Sie das Mood Meter zur regelmäßigen Emotionserkennung in Ihr Miteinander. Lassen Sie das Team konkrete Vereinbarungen treffen, wie Emotionen in zukünftigen Meetings und Projekten adressiert und verarbeitet werden sollen. Ermutigen Sie Ihr Team beispielsweise zu einem emotionalen Check-in in Meetings und zur Reflexion nach wichtigen Ereignissen.

Seien Sie selbst ein Vorbild im Umgang mit Emotionen nach dem RULER-Modell.

Teamleiterin Sophia bemerkt, dass Lia in letzter Zeit bei Besprechungen sehr zurückhaltend wirkt: Lia schweigt häufiger, beteiligt sich wenig und zeigt eine angespannte Körperhaltung. Sophia erfährt durch achtsames Nachfragen, worum genau es geht. Sie spricht Lias Gefühle konkret aus und hilft ihr damit, selbst klarer zu werden: »Es klingt, als ob du dich wegen der neuen Aufgaben unsicher fühlst und frustriert bist, weil du nicht genug Unterstützung bekommst.«

Durch das Wahrnehmen, Differenzieren und Benennen der Emotionen kann Lia selbst Ideen entwickeln, was ihr gerade helfen könnte. Sophia sowie das Team können gezielt Unterstützung anbieten, wie zum Beispiel zusätzliche Trainings oder regelmäßige Check-ins, um das Vertrauen und die Motivation von Lia wiederherzustellen.

Mood Meter – Emotionen differenzieren

Ein zentrales Werkzeug des RULER-Programms ist das oben schon genannte Mood Meter. Es ist ein visuelles Werkzeug, das Emotionen auf einer zweidimensionalen Skala darstellt: Auf der vertikalen Skala geht es um die Menge an körperlicher Energie oder Erregung, die eine Emotion mit sich bringt. Auf der horizontalen Skala geht es darum, ob eine Emotion sich angenehm oder unangenehm anfühlt.

Sie sehen vier Quadranten, die verschiedene emotionale Zustände repräsentieren:

- Der Quadrant unten links (blau) steht beispielsweise für traurig, müde, hilflos;
- beim Quadranten oben links (rot) geht es um Emotionen wie wütend, aufgebracht, gestresst;
- der Quadrant unten rechts (grün) umfasst beispielsweise Emotionen wie entspannt, zufrieden, ausgeglichen;
- der Quadrant oben rechts (gelb) beinhaltet beispielsweise glücklich, aufgeregt.

DAS MOOD METER
(NACH: BRACKETT 2014)

Durch die regelmäßige Anwendung des Mood Meter können Individuen ihre emotionale Selbstwahrnehmung und -regulation verbessern, was zu einem positiveren und produktiveren Umfeld beiträgt.

Tipp: Wer die eigenen Emotionen differenzierter kennenlernen und verstehen möchte, kann die englischsprachige App »Mood Meter« nutzen. Sie können über mehrere Tage die eigenen Emotionen einschätzen sowie analysieren und erhalten Tipps und eine Übersicht. Das Mood Meter arbeitet mit 100 Emotionen (25 je Quadrant), um die Vielfalt und Nuancen unserer emotionalen Zustände präzise abzubilden.

Umsetzung

Emotionen identifizieren: Zu Beginn des Tages, mehrmals während des Tages oder bei Bedarf halten Sie kurz inne und fragen sich, wie Sie sich gerade fühlen. Versuchen Sie, Ihre Emotion in Bezug auf Energie (hoch oder niedrig) und Zufriedenheit (angenehm oder unangenehm) einzuordnen.

Einordnen auf dem Mood Meter: Ordnen Sie Ihre aktuelle Emotion in einen der vier Quadranten ein. Wenn Sie beispielsweise gestresst und gereizt sind, könnte das in den roten Quadranten gehören. Wenn Sie entspannt und zufrieden sind, befinden Sie sich vielleicht im grünen Quadranten. Benennen Sie Ihre Emotion so genau wie möglich. Anstatt nur »gestresst« zu sagen, könnten Sie »überfordert« oder »angespannt« wählen. Eine differenzierte Benennung hilft, die Emotion besser zu verstehen.

Reflektieren: Überlegen Sie, warum Sie sich so fühlen. Was hat diese Emotion ausgelöst? Gibt es Muster, die Sie erkennen können? Es ist sehr interessant, die eigenen Emotionen über einen Zeitraum zu tracken. Erst dann können Sie auch Muster wahrnehmen.

Handeln: Wenn Sie sich über eine längere Zeit in einem unangenehmen Quadranten (rot oder blau) befinden, überlegen Sie, welche Schritte Sie unternehmen können, um in einen angenehmeren Zustand zu wechseln. Das könnte eine kurze Pause, ein Gespräch mit einem Freund oder eine Entspannungstechnik sein.

Genießen mit allen Sinnen: eine Quelle positiver Energie

Unsere fünf Sinne bieten uns die Möglichkeit, intensiv in den gegenwärtigen Moment einzutauchen und positive Emotionen zu erleben. Im hektischen Alltag vergessen wir oft, wie viel Freude uns unsere Sinne schenken können – der Kaffee wird nebenbei getrunken, das Mittagessen eilig verzehrt, bevor die nächste Besprechung ansteht. Doch bewusstes Genießen bedeutet, sich achtsam den sinnlichen Eindrücken zu öffnen, positive Emotionen zu intensivieren und somit unsere Aufwärtsspirale zu stärken.

Sehen

Nutzen Sie Ihre Augen, als hätten Sie das, was Sie sehen, noch nie zuvor gesehen. Was für Farben sehen Sie? Welche Farbnuancen und -verläufe können Sie unterscheiden? Welche Formen sehen Sie und durch welche Kontraste wird das möglich? Schauen Sie, wie etwas im Sonnenlicht schimmert oder der Vollmond sich im dunklen Wasser spiegelt. Welche Lichteffekte und Reflexionen sehen Sie? Nehmen Sie Schillern und Funkeln wahr? Schauen Sie bewusst auf die Details der Blüte und auf die Berge in der Ferne.

Beispiele:

- Augen und Gesichter, ein Lächeln unseres Gegenübers;
- Natur wie Himmel, Wälder, Wiesen, Wasser, Pflanzen;
- Kunstobjekte wie Bilder, Skulpturen, Brücken, Architektur;
- Entwurfszeichnungen, Arbeitsergebnisse und Produkte.

Hören

Hören Sie bewusst hin und schärfen Sie Ihr Gehör: Nehmen Sie bewusst die Klänge und Töne wahr, hören Sie auf Tiefen und Höhen. Achten Sie auf die Lautstärke, verfolgen Sie den Rhythmus, die Betonung, die Geschwindigkeit.

Lauschen Sie den Klängen der Natur, wie dem Vogelgezwitscher, dem Rauschen des Windes in den Bäumen oder dem Wellenrauschen. Genießen Sie Musik, sei es ein Konzert, ein einzelnes Instrument oder einfach nur ein Lied, das Sie mögen. Achten Sie auf die Stimmen Ihrer Kollegen, das Lachen im Büro oder die Stille, die oft unterschätzt wird, aber Raum für Ruhe und Reflexion schafft.

Fühlen und tasten

Spüren Sie bewusst hin, als hätten Sie das, was Sie fühlen, noch nie zuvor gefühlt. Beim Fühlen können Sie mehr als beim Sehen oder Hören den Fokus nach innen richten – Körperempfindungen und Emotionen – und nach außen – mit Ihrem Tastsinn. Wie fühlt sich eine Oberfläche und die Konsistenz eines Gegenstandes an? Eher rau oder weich, nachgiebig, kratzig, fließend? Wie ist die Struktur unter Ihren Fingern? Spüren Sie, wie etwas drückt oder vibriert?

Beispiele:

- Natur, wie der Wind auf der Haut, der Boden unter unseren Füßen, Wasser auf unserer Haut;
- Bewegungen wie Gehen, Tanzen, Fahrradfahren;
- der Stuhl, auf dem wir sitzen, der Teppich, auf dem wir gehen, die Oberfläche des Schreibtisches;
- ein Handschlag, ein wohlwollendes Schulterklopfen, eine Umarmung;
- oder richten Sie den Fokus nach innen und spüren Sie Ihren Emotionen nach: Wo empfinden Sie beispielsweise Freude in Ihrem Körper? Wie fühlt sich diese Freude an? Leicht? Warm? Als ein Kribbeln? ...

Nach innen zu spüren, fällt uns schwerer, als durch den Tastsinn nach außen zu spüren. Viel Spaß bei diesem Abenteuer.

Riechen

Nutzen Sie Ihre Nase, um die Welt bewusst zu riechen: Riechen Sie den Duft von frischem Kaffee, die Aromen eines Parfüms oder die blumigen Noten eines Gartens. Atmen Sie die Luft tief ein, wenn Sie draußen sind – ob es der Duft von Herbstlaub, Seeluft oder frisch gemähtem Gras ist. Erlauben Sie sich, Düfte in Ihrem Umfeld bewusst wahrzunehmen, und verbinden Sie sie mit positiven Erlebnissen oder Erinnerungen.

Schmecken

Schmecken Sie bewusst, als hätten Sie das, was Sie schmecken, noch nie zuvor gekostet. Genießen Sie den Geschmack – ob süß, salzig, sauer oder bitter. Lassen Sie den Geschmack auf der Zunge zergehen und achten Sie auf die Nuancen, die Sie sonst vielleicht verpassen. Genießen Sie das Essen bewusst, ob es sich um eine einfache Mahlzeit oder ein besonderes Gericht handelt.

Genussmomente

Während wir Sie bisher darum gebeten haben, sich auf einen einzelnen Sinn zu konzentrieren, aktivieren Sie hier explizit alle Sinne gleichzeitig. Dadurch lässt sich der Genuss verstärken. Je mehr Sinne, desto intensiver! Erleben Sie alltägliche Freuden nicht nur, sondern genießen Sie sie intensiv und achtsam mit allen Sinnen. Lassen Sie dabei alle Ablenkungen wie Hörbücher oder Telefonate beiseite und konzentrieren Sie sich vollständig auf den Moment. Zelebrieren Sie diese Momente und kosten Sie sie in vollen Zügen aus.

Als Genussmomente eignet sich vieles, was Sie ohnehin gerne machen: ein Genuss-Spaziergang, eine Genuss-Mahlzeit, ein Genuss-Kaffee, ...

Sie werden vermutlich erfahren, dass innere Ruhe entsteht, die Zeit langsamer zu vergehen scheint und wie viel Genuss jeder einzelne Moment zu bieten hat – wenn wir ihn nur wahrnehmen.

Schwelgen in Vergangenheit und Zukunft

Erleben Sie Genuss in verschiedenen Zeitdimensionen: Freuen Sie sich bewusst auf kommende Erlebnisse, wie eine geplante Mahlzeit oder einen Ausflug, und genießen Sie diese Vorfreude mit allen Sinnen. Schwelgen Sie – ebenfalls mit allen Sinnen –- in Erinnerungen an schöne Momente, sei es ein Urlaub, ein erfolgreiches Projekt oder ein persönliches Erlebnis, und holen Sie die positiven Emotionen in den gegenwärtigen Moment. So können Sie die Kraft der

Erinnerung und der Vorfreude nutzen, um Ihre positiven Emotionen in diesem Moment zu stärken.

- Das zauberhafte Foto aus dem Maledivenurlaub auf den Schreibtisch holt Erholung, Farben und Wärme in den »grauen Alltag«.
- Schwelgen Sie im Team in vergangenen Erfahrungen und besonderen Momenten.
- Entlocken Sie schon im Vorfeld jedem Tag und jeder Woche die Momente, auf die Sie sich freuen (siehe 3×3-Starter-Pack, Seite 176).
- Fragen Sie Ihre Mitarbeitenden, worauf Sie sich am Wochenende, im Urlaub oder auf einer Weiterbildung freuen.

Jede Emotion zählt: Facetten der Aufwärtsspirale

Wie bereits erläutert, lösen verschiedene positive Emotionen unterschiedliche Reaktionen aus, die wiederum zu unterschiedlichen Ergebnissen führen (Kapitel 3.1, Seite 53).

Darum ist es ist wertvoll, nicht nur allgemein positive Emotionen zu fördern, sondern jede positive Emotionen einzeln. Da jede Emotion unterschiedliche mentale, soziale und physische Vorteile bietet, erweitern wir so die Bandbreite des emotionalen Erlebens. Das stärkt nicht nur unsere Aufwärtsspirale, sondern auch das differenzierte Wahrnehmen verschiedener Emotionen.

Wie können Sie als Führungskraft gezielt in verschiedene Emotionen eintauchen oder diese gar im Team anbieten? Die hier aufgelisteten Handlungsideen fördern diese Unterscheidung von Emotionen und stärken dadurch die emotionale Intelligenz.

Tipps: Zehn Sekunden für positive Emotionen

Während negative Emotionen ihre Wirkung unverzüglich entfalten, brauchen positive Emotionen zehn bis zwanzig Sekunden, um im Gehirn ihre positive Wirkung zu entfalten (Hanson 2016). Dominik Spenst (2023), Begründer des 6-Minuten-Tagesbuchs, nennt das die »10-Sekunden-Regel« und bringt humorvoll auf den Punkt, worum es geht: »Auf die Stirn klopfen brauchst du dir nur eine Sekunde lang, auf die Schulter klopfen zehn Sekunden lang.« Gönnen Sie Ihren positiven Emotionen diese Zeit.

1. Freude	2. Dankbarkeit	3. Gelassenheit
Freude als häufigste positive Emotion können Sie am leichtesten durch viele kleine alltägliche Gesten erzeugen. **Glücksmomente** genießen wir, wenn wir mit den Kindern oder dem Hund spielen, Fahrrad fahren, das Kicker-Spiel im Team. **Fragen stellen:** »Was hat mir heute Freude bereitet?«, »Was waren meine Highlights in diesem Jahr, in diesem Monat, in dieser Woche im Kontext meines Jobs?« **Teamevents:** Organisieren Sie regelmäßig kleine Feiern für Erfolge, Geburtstage oder Meilensteine. **Humor:** Lachen Sie viel und etablieren Sie zum Beispiel wöchentliche Witz-des-Tages Runden". **Überraschungen:** Bringen Sie etwa kleine Geschenke, Gebäck oder ein gemeinsames Frühstück in Ihre Besprechungen mit.	Nehmen Sie nichts als selbstverständlich hin, sondern machen Sie sich in jedem Moment bewusst: »Welchen Reichtum habe ich beziehungsweise haben wir um uns herum? Wofür bin ich dankbar?« In der Geschwindigkeit des Alltags vergessen wir oft die vielen kleinen und großen Dinge, die unser Leben bereichern, wie beispielsweise, dass die Heizung im Winter funktioniert. **Kleinigkeiten:** Reduzieren Sie Ihre Geschwindigkeit und rufen Sie sich oder Ihrem Team all die scheinbar selbstverständlichen Dinge vor Augen und spüren Sie die Dankbarkeit. **Dankbarkeit aussprechen:** Danken Sie Ihren Mitarbeitenden für deren Engagement, Leistung und auch für kleine Gesten der Unterstützung und Freundlichkeit. **Fragen im Team:** Integrieren Sie in Ihre Besprechungen Fragen wie: »Was läuft eigentlich gut?«, »Wofür bist du heute dankbar?«, »Welcher Schnittstellenabteilung, welchem Kunden sind wir dankbar? Wie können wir das zeigen?« **Dankbarkeitsmeetings:** Beginnen Sie Meetings mit einer Runde, in der jede Person eine Sache nennt, für die sie dankbar ist, egal ob dienstlich oder privat. **Dankeskarten:** Verteilen Sie Dankeskarten, die Mitarbeitende einander schreiben können, um Wertschätzung für kleine oder große Gesten auszudrücken. **Dankbarkeitstagebuch:** Schreiben Sie selbst und ermutigen Sie das Team, ein Dankbarkeitstagebuch zu führen.	**Ruhe:** Bleiben Sie selbst ruhig und gelassen, indem Sie sich achtsam ausrichten. Wenn Sie merken, dass Sie oder Ihre Mitarbeitenden hektisch werden, halten Sie inne und beruhigen Sie sich. **Gemeinsame Achtsamkeitsübungen:** Bieten Sie kurze Achtsamkeits- oder Meditationsübungen an, um Stress abzubauen. **Flexible Arbeitszeiten:** Ermöglichen und nutzen Sie dieses Geschenk der modernen Arbeitswelt, um Druck zu reduzieren und Freiheit zu ermöglichen. **Rückzugsorte:** Schaffen Sie ruhige Bereiche im Büro, beispielsweise mit Pflanzen und Sesseln. **Work-Life-Balance:** Sorgen Sie durch persönliche Ansprache und Workshops dafür, dass Sie und Ihre Mitarbeitenden sich genügend Privatzeit nehmen. **Musik:** Spielen Sie in bestimmten Arbeitsbereichen leise, entspannende Musik.

<table>
<tr><th>4. Interesse</th><th>5. Hoffnung</th><th>6. Stolz</th></tr>
<tr>
<td rowspan="3">Weiterbildung: Bilden Sie sich regelmäßig weiter. Ermutigen Sie auch Ihr Team zur Teilnahme an Fortbildungen und lassen Sie diejenigen, die daran teilgenommen haben, ihre wichtigsten Erkenntnisse mit dem Team teilen.
Shared Knowledge Sessions: Die Mitarbeitenden stellen ihr Fachwissen in kurzen Einheiten den anderen prägnant vor. Dabei kann es spannend sein, komplexe Themen so zu erklären, als ob Sie es einem siebenjährigen Kind erklären.
Lunch and Learn Sessions: Veranstalten Sie regelmäßige Impulse zu interessanten Themen während des Mittagsessens.
Forschungsprojekt: Ermutigen Sie die Mitarbeitenden, zu Themen, die sie interessieren, zu forschen und die Ergebnisse vorzustellen, zum Beispiel in Form von Forschungstagen.
Wettbewerbe: Inspirieren Sie Ihre Mitarbeitenden, ihre Ideen einzubringen und weiterzuentwickeln.
Experten-Talk: Organisieren Sie interessante Gespräche über aktuelle Trends oder spannende Entwicklungen.</td>
<td rowspan="3">Nutzen Sie hierfür auch die Bausteine und Techniken der Hoffnung (siehe Kapitel 7.7, Seite 237 ff.).
Vision kommunizieren: Verbreiten Sie Zuversicht, indem Sie Sie regelmäßig über die langfristige Zukunft sprechen und aufzeigen, wie jeder dazu beitragen kann.
Ziele: Ermutigen Sie das Team, persönliche und berufliche Ziele zu setzen und diese regelmäßig zu überprüfen.
Erfolge teilen: Berichten über erfolgreich gemeisterte Herausforderungen aus dem Team oder anderen Unternehmensbereichen.
Mentoring-Programm: Unterstützen Sie die Mitarbeitenden in ihrer beruflichen Entwicklung.
Optimismus fördern: Betonen Sie positive Aspekte und Möglichkeiten.
Erkennen Sie Leistung an, indem Sie Erfolgsgeschichten im internen Newsletter oder in Meetings veröffentlichen.
Verantwortung übertragen: Beziehen Sie Ihre Mitarbeitenden mit ein und fördern Sie so deren Selbstwirksamkeit.</td>
<td>Nehmen Sie Erfolge bewusst wahr und feiern Sie diese gemeinsam. Drücken Sie Anerkennung aus, persönlich, in größeren Meetings oder vor externen Partnern. Viele Anregungen finden Sie hierzu in Kapitel 7.5, Seite 214 ff..</td>
</tr>
<tr><th>10. Liebe und Verbundenheit</th></tr>
<tr><td>Hier können Sie alles nutzen, was wir im Kapitel 7.3 (Seite 195 ff.) aufführen.
Teambuilding-Aktivitäten: Organisieren Sie regelmäßig aktive Zeit außerhalb der Arbeit.
Gegenseitige Unterstützung: Ermutigen Sie das Team, füreinander da zu sein.
Engagieren Sie sich gemeinsam in sozialen Projekten oder gemeinnützigen Aktionen.</td></tr>
</table>

7. Vergnügen	8. Inspiration	9. Ehrfurcht und Erstaunen
Spielen und verspielt sein: Erlauben Sie sich und Ihrem Team, die Lebendigkeit des Spielens in das Miteinander und auch in den Umgang mit Herausforderungen zu bringen. **Teamausflüge:** Organisieren Sie gemeinsame Fahrten zu unterhaltsamen Zielen, wie Freizeitparks oder Sportveranstaltungen. **Spiele in Gemeinschaftsräumen:** Bieten Sie Gelegenheiten, die während der Pausen genutzt werden können, wie schnelle Gemeinschaftsspiele oder Bewegungsoptionen wie ein Tischkicker oder eine Dartscheibe. **Thematische Arbeitstage:** Veranstalten Sie beispielsweise Casual Fridays, Meeting-Mittwoch oder Motto-Montage. **Kreative Pausenaktivitäten:** Bieten Sie Gelegenheiten wie Malen, Musik machen oder Basteln. **Gemeinsame Freizeit:** Veranstalten Sie regelmäßige Film- oder Spieleabende. **Inspirierende Zitate:** Teilen Sie und regen Sie an, Geschichten und Weisheiten miteinander zu teilen.	**Expert:innen:** Laden Sie herausragende Expert:innen Ihrer Branche zu einem Austausch ein. **Benchmark-Beispiele:** Suchen Sie die besten Mitbewerber und lassen Sie sich und Ihr Team davon inspirieren. **Best Practice Sharing:** Lassen Sie die Teammitglieder sich gegenseitig inspirieren, indem sie ihre erfolgreichsten Projekte sowie Erkenntnisse vorstellen, diskutieren und celebrieren. **Ideen-Workshops:** Schaffen Sie Raum und Zeit, um in einem kreativen Fluss neue Produkte, Projekte oder die Zukunft zu entwerfen. **Erfolgreiche Persönlichkeiten:** Laden Sie bekannte Persönlichkeiten oder frühere Teammitglieder ein, ihre Geschichten zu erzählen. **Messen und Kongressen:** Sammeln Sie gemeinsam neue Impulse, um in einen inspirierenden Austausch zu kommen.	**Herausragende Leistungen:** Bieten Sie die Chance, gemeinsam Herausragendes zu erleben. **Best-Practice-Beispiele Ihrer Branche:** Finden und feiern Sie Beispiele, die Sie wirklich ins Staunen versetzen. **Teamausflüge in die Natur:** Planen Sie Fahrten in Berge, Wälder oder ans Meer. **Projekte mit sozialem oder ökologischem Impact:** Leisten Sie sich als Team Dienste für andere, die nichts mit Ihrer Arbeit zu tun haben, vom Spielplatzbau im Kindergarten bis zum Baumpflanzen im Harz. **Kulturelle Veranstaltungen oder Ausstellungen:** Besuchen Sie gemeinsam etwas, worauf alle Lust haben. **Momente der Stille oder Meditation:** Lassen Sie einen Raum entstehen, in dem Ehrfurcht entstehen kann. **Außergewöhnliche Persönlichkeiten:** Laden Sie Menschen ein, die über beeindruckende Lebenserfahrungen berichten, auch wenn die nichts mit Ihrer Branche zu tun haben.

Positive Portfolios

Um sich an bereits erlebte positive Emotionen zu erinnern, sind Positive Portfolios ein kraftvolles Werkzeug. In stressigen Situationen fällt es uns oft schwer, spontan neue positive Emotionen zu entdecken. Fredrickson (2009) hebt daher die starke Wirkung hervor, die gezielte Erinnerungen an positive Erlebnisse haben können. Eine einfache Methode ist es, positive Bilder oder Bildcollagen zu betrachten: Bilder von geliebten Menschen, Tieren oder Natur – alles, was mit positiven Emotionen verbunden ist. Fotos von schönen Momenten im Team, sei es bei Freizeitaktivitäten oder in Arbeitssituationen; Bilder von zufriedenen Kunden, erfolgreichen Projekten oder hochwertigen Produkten.

Wir empfehlen Unternehmen dringend, solche Bilder in digitaler Form auf dem Rechner oder ausgedruckt auf Schreibtischen und an Wänden zuzulassen, auch bei flexiblen Büronutzungen. Sie bieten einen einfachen Zugang, um bei Bedarf den »Undo-Effekt« positiver Emotionen zu aktivieren.

Positive Portfolios für einzelne Emotionen

Neben Portfolios für positive Emotionen im Allgemeinen können wir Portfolios erstellen, die sich auf einzelne positive Emotionen beziehen.

Welche Emotion möchten Sie aktuell besonders fördern oder näher kennenlernen? Welche täte Ihnen aktuell richtig gut? Fokussieren sie bei einer Collage zum Beispiel nur auf die Emotion »Freude« oder wählen Sie für eine andere die »Gelassenheit«, wenn Sie in einer stressigen Situation hiervon mehr benötigen. Vielleicht möchten Sie die für Sie bisher noch seltene Emotion »Ehrfurcht/Bewunderung« erschließen.

Diese Methode lässt sich auch gut auf Teamebene anwenden, wie in Kapitel 7.3 (ab Seite 195) beschrieben.

Zeit für das Gute – Rituale für die Aufwärtsspirale

Wenn wir unsere Gedanken positiv ausgerichtet haben, können wir im nächsten Schritt aktiv positive Emotionen gestalten. Anstatt darauf zu warten, dass sie zufällig auftreten, schaffen wir bewusst Momente, in denen wir uns auf positive Emotionen fokussieren können. Wir ermöglichen sie sowohl für uns selbst als auch für unser Team, indem wir sie gezielt fördern und pflegen.

Beispiele für das Team sind gemeinsame Aktivitäten wie ein Spaziergang oder ein bewusst geplantes Mittagessen.

Eine positive Umgebung schaffen

Ein ansprechend gestaltetes Büro kann erheblich zur Förderung positiver Emotionen beitragen. Natürliches Licht wirkt stimmungsaufhellend und steigert die Produktivität, während Pflanzen durch ihre beruhigende Wirkung das Wohlbefinden fördern. Farben spielen ebenfalls eine entscheidende Rolle: Warme, helle Töne wie Gelb oder Orange können die Kreativität und Energie steigern, während kühle Farben wie Blau Ruhe und Konzentration fördern.

Persönliche Positiv-Anker wie Bilder oder Gegenstände, die uns an die Familie, ein Hobby oder einen Urlaub erinnern, schaffen eine vertraute Atmosphäre und fördern das Gefühl von Zugehörigkeit und Zufriedenheit am Arbeitsplatz. Kraftvolle Sprüche als Bild an der Wand bringen im Vorbeigehen unseren Fokus immer wieder auf das Positive.

Glücksmomente

Kleine Momente wie eine heiße Tasse Tee, ein Blick in die Natur oder ein Lachen bewusst zu genießen tragen im Alltag zum Glück bei. Diese Übung hilft, solche Momente bewusst zu erkennen und regelmäßig in den Alltag einzubauen, ohne dass sie viel Zeit kostet.

- Notieren Sie Ihre persönlichen Glücksmomente, die nur ein bis zehn Minuten dauern.
- Überlegen Sie, ob Sie diese Momente oft genug erleben.
- Integrieren Sie täglich einige dieser Momente in Ihre Tagesplanung.

Wenn Sie kraftlos oder verärgert sind, schauen Sie auf diese Liste und führen Sie einen dieser Glücksmomente aktiv durch aus. Denken Sie an den positiven »Undo-Effekt«.

Mini-Urlaube

Mit dieser Übung holen Sie kleine Portionen Urlaub in Ihren Alltag und steigern Ihr Wohlbefinden sowie Ihre Produktivität.

- Listen Sie zehn bis fünfzehn kurze Aktivitäten auf, die Ihnen Freude bereiten, zum Beispiel Lesen, Spazierengehen, ein Moment mit Freunden oder Kochen. Diese sollten zehn bis dreißig Minuten dauern.
- Blocken Sie mehrmals pro Woche zehn bis dreißig Minuten in Ihrem Kalender für eine dieser Aktivitäten, als wären es wichtige Meetings.
- Genießen Sie diese Mini-Urlaube bewusst und ohne Ablenkung.
- Reflektieren Sie nach einer Woche, wie diese Pausen Ihr Wohlbefinden beeinflusst haben, und passen Sie Ihre Aktivitäten an.

Regelmäßige Mini-Urlaube reduzieren Stress, fördern die Work-Life-Balance und schaffen ein gesundes Arbeitsumfeld.

3×3-Starter-Pack

Dieses effektive Morgenritual (Meyer 2016) hilft Ihnen, den Tag mit positiver Energie zu beginnen. Durch die Beantwortung von drei Fragen fördern Sie positive Emotionen und eine aktive Haltung für den Tag.

- Dankbarkeit: Für welche ein bis drei Dinge bin ich heute dankbar? Dankbarkeit ist eine der stärksten positiven Emotionen. Finden Sie kleine oder große Dinge an diesem Morgen.
- Vorfreude: Auf welche ein bis drei Dinge freue ich mich heute? Vorfreude ist eine in die Zukunft gerichtete Form der positiven Emotion Freude. Schauen Sie auf das Schöne, was vor Ihnen liegt.
- Aktivität: Was werde ich heute aktiv tun, damit der Tag erfolgreich wird? Diese Frage stärkt Ihre Selbstwirksamkeit und motiviert Sie, den Tag aktiv zu gestalten.

Führen Sie die Übung morgens durch und verknüpfen Sie sie mit einem bestehenden Ritual wie der Fahrt zum Büro. Die Übung wirkt am besten, wenn Sie die positiven Emotionen bewusst spüren.

Tipp: Suchen Sie jeden Tag nach neuen Aspekten. Selbst Glücksaktivitäten können langweilig werden, wenn sie nicht variiert werden (Lyubomirsky 2008).

Positiver Tagesrückblick – drei gute Dinge

Die Übung »Drei gute Dinge«, ermutigt dazu, am Ende des Tages drei positive Ereignisse aufzuschreiben und zu reflektieren, warum sie passiert sind. Diese Reflexion stärkt das Bewusstsein für eigene Stärken und fördert das Gefühl, aktiv das Leben zu gestalten, was Optimismus und Wohlbefinden langfristig erhöht (Seligman et al. 2005).

- Was waren drei positive Ereignisse des Tages?
- Warum sind sie geschehen? Suchen Sie nach Ihrem Anteil daran, sei es durch eigenes Handeln oder bewusstes Wahrnehmen.

Diese Übung steigert das Wohlbefinden und kann depressive Symptome reduzieren. Die Effekte halten oft Wochen oder Monate an, besonders bei regelmäßiger Anwendung. Sie können die Übung auch in Teammeetings integrieren, um eine positive Arbeitskultur zu fördern.

Three funny things

Diese Übung zielt darauf ab, den Tag mit positiven Emotionen zu beenden, indem man sich an humorvolle und erfreuliche Ereignisse zurückerinnert. Lassen Sie abends den Tag Revue passieren und suchen Sie nach drei Situationen, die Ihnen ein Lächeln ins Gesicht gezaubert oder Lachen entlockt haben. Das können kleine Anekdoten, witzige Begegnungen oder überraschende positive Momente sein. Es geht dabei um die kleinen, oft übersehenen Freuden des Alltags.

Reflektieren Sie: Wie haben diese Ereignisse Ihren Tag beeinflusst? Haben Sie bemerkt, wie sich Ihre Stimmung beim Erinnern verbessert hat? Diese Reflexion hilft Ihnen, die positiven Aspekte Ihres Tages bewusster wahrzunehmen und zu schätzen.

Sie kann auch in einem Teamkontext angewendet werden. Bitten Sie beispielsweise Ihr Team, am Ende jeder Woche drei humorvolle oder anderweitig positive Erlebnisse zu teilen.

Kraft tanken in der Natur: die positive Wirkung des Waldes auf Körper und Geist

In der Hektik des Führungsalltags ist es entscheidend, Orte und Momente zu finden, die zur Regeneration und zum Auftanken einladen. Die Natur, insbesondere der Wald, bietet hierfür eine ideale Umgebung. Studien zeigen, dass der Aufenthalt im Wald weit mehr bewirkt als nur eine angenehme Pause vom Alltag.

Der Wald aktiviert den Parasympathikus – jenen Teil unseres vegetativen Nervensystems, der für Ruhe und Erholung verantwortlich ist. Dieser Effekt bringt den Stoffwechsel in Schwung und stellt das gesamte System auf Regeneration ein. Der bloße Anblick des Waldes reicht bereits aus, um den Blutdruck zu senken, den Puls zu verlangsamen und die Konzentration des Stresshormons Kortisol zu reduzieren. In mehreren Feldstudien in japanischen Wäldern (Lee 2011) wurde nachgewiesen, dass Probanden, die sich im Wald aufhielten, deutlich niedrigere Kortisolwerte aufwiesen als solche, die in städtischen Umgebungen verblieben.

Ein Waldspaziergang hat sogar messbare positive Auswirkungen auf unser Immunsystem. So kann die Waldluft die Anzahl der aktiven Immunzellen spürbar erhöhen (Li 2007). Der Wald bietet nicht nur Erholung für Körper und Geist, sondern fördert auch das psychische Wohlbefinden. Studien zeigen, dass Aufenthalte im Wald die Ausschüttung von Endorphinen und Serotonin, den sogenannten Glückshormonen, anregen. Ein Spaziergang im Wald reduziert Stresshormone und hebt die Stimmung – eine einfache, aber wirkungsvolle Methode, um die eigene Resilienz zu stärken (Passmore 2023).

Fünf Tipps für Ihr Walderlebnis:

1. Finden Sie »Ihren« Wald und besuchen Sie ihn regelmäßig.
2. Schalten Sie Ihr Smartphone aus und lassen Sie sich ganz auf die Natur ein.
3. Halten Sie es einfach: Genießen Sie den Moment ohne Ablenkungen.
4. Lassen Sie sich treiben – es gibt keine festen Regeln.
5. Hinterlassen Sie nur Fußabdrücke, um die Natur ungestört zu genießen.

Studien belegen, dass Menschen, die im Krankenhaus ein Zimmer mit Blick auf einen Baum haben, schneller genesen. Dies unterstreicht die kraftvolle Wirkung der Natur auf unsere Gesundheit. Gönnen Sie sich und Ihrem Team regelmäßig diese Auszeiten im Grünen – es könnte der Schlüssel zu langfristiger Leistungsfähigkeit und Wohlbefinden sein.

Tipp: Selbst ein kurzer Aufenthalt im Wald kann Wunder wirken. Schon wenige Momente, in denen Sie – beispielsweise in der Mittagspause – einen Baum bewusst wahrnehmen, schenken Ihnen Kraft und Gelassenheit (Passmore 2023).

Sich mit den anderen freuen – aktiv konstruktiv reagieren

Eine einfache Art, positive Emotionen zu erzeugen und gleichzeitig die Beziehungsebene zu Menschen zu stärken, ist das aktive konstruktive Reagieren auf positive Erlebnisse (Gable et al. 2004).

Was bedeutet das? Oft reagieren wir auf die positiven Nachrichten anderer nicht ausreichend wertschätzend. Betrachten wir verschiedene Reaktionsmöglichkeiten anhand eines Beispiels: Mitarbeiterin Melanie erzählt begeistert ihrer Führungskraft: »Endlich haben wir unseren dreiwöchigen Australienurlaub gebucht! Ich freue mich so sehr!« Die Führungskraft hat nun vier Reaktionsmöglichkeiten:

Aktiv destruktiv: »Na toll, und wer macht in der Zwischenzeit deine Arbeit?« Diese zynische Reaktion erzeugt negative Gefühle wie Enttäuschung oder Ärger und hindert Melanie daran, zukünftig positive Erlebnisse zu teilen.

Passiv destruktiv: »Hast du das Angebot an Kunden X schon rausgeschickt?« Die Führungskraft ignoriert Melanies Freude und reagiert auch nicht auf der Beziehungsebene.

Passiv konstruktiv: »Oh, das ist ja schön. Hast du das Angebot schon rausgeschickt?« Obwohl die Führungskraft ihre Freude äußert, wird diese durch den anschließenden Themenwechsel abgeschwächt.

Aktiv konstruktiv: »Wow, Melanie, ich freue mich riesig für dich! Ihr habt das schon lange geplant, und immer kam etwas dazwischen. Erzähl mal, wie es jetzt endlich geklappt hat! Worauf freust du dich am meisten?« Diese Reaktion ermöglicht es Melanie, ihre Freude noch intensiver zu erleben, und stärkt die Beziehung zur Führungskraft.

Diese schnelle positive Intervention lässt sich leicht in den Alltag integrieren und erzeugt sofort Wirkung. Wissen Sie schon, wann Sie es ausprobieren werden?

Selbstlose gute Taten

Anderen eine Freude zu bereiten, erhöht auch unsere eigenen positiven Emotionen. Wichtig dabei ist, dass wir keine Erwiderung oder Dankbarkeit erwarten.

Diese Handlungen helfen, das eigene Leben als sinnvoller zu erleben, und können langfristig zu einer Steigerung des subjektiven Wohlbefindens führen. Insbesondere können sie Gefühle von Dankbarkeit, Mitgefühl und Verbundenheit stärken, was wiederum das allgemeine psychische Wohlbefinden verbessert (Seligman 2011).

Setzen Sie sich täglich das Ziel, Ihren Mitarbeitenden oder Kollegen durch kleine, freundliche Gesten Freude zu bereiten – sei es durch ein unerwartetes Lob oder eine unterstützende E-Mail. Wichtig ist, dass diese Taten spontan und authentisch aus dem Moment heraus entstehen.

Am Ende des Tages reflektieren Sie, wie diese Gesten Ihr Wohlbefinden und das Wohlbefinden und die Atmosphäre in Ihrem Team beeinflusst haben. Sie werden feststellen, dass die positiven Emotionen, die Sie selbst dabei empfinden, mindestens genauso stark sind wie die der Beschenkten. Wie können Sie solche positiven Akte regelmäßig in Ihren Führungsalltag integrieren?

Tipp: Wenn Sie sich im Mood Meter im blauen Bereich befinden, tun Sie etwas für andere, das diesen Freude bereitet – ohne eine Erwiderung zu erwarten. Vermutlich wird es Ihnen schnell besser gehen.

Dualität meistern

In Seminaren werden wir oft gefragt: »Wie kann ich glücklich oder zufrieden sein, wenn in dieser Welt so viel Schlimmes passiert?« Diese Frage ist nachvollziehbar, denn die negativen Emotionen drängen sich in den Vordergrund.

Auf der Welt herrscht so viel Krieg – und gleichzeitig sind wir hier sicher und frei. Diese Dualität verdeutlicht, dass positive und negative Emotionen oft nebeneinander existieren. Unser Leben fordert uns häufig heraus, beide Gefühle gleichzeitig zu akzeptieren. Wenn uns das gelingt, wird es einfacher, mit ihnen umzugehen. Ein schwieriger Kunde mag den Tag belasten, aber zu Hause erwartet uns ein schönes Abendessen mit der Familie.

Auch wenn die äußeren Umstände schwierig sind und wir sie nicht verändern können, dürfen wir uns gleichzeitig positive Emotionen erlauben. Gerade in herausfordernden Zeiten macht es einen großen Unterschied, aktiv den Fokus auf positive Emotionen zu richten und sie aktiv zu suchen, denn sie bringen uns in eine Aufwärtsspirale.

Tipp zur »emotionalen Akzeptanz«: Akzeptieren Sie, dass es normal ist, sowohl positive als auch negative Emotionen zu erleben. Üben Sie sich darin, beide zuzulassen, ohne das eine gegen das andere auszuspielen.

7.2 Engagement und Motivation praktisch ermöglichen

In diesem Kapitel möchten wir Sie gerne dazu einladen, sich einmal mehr mit dem Thema Engagement auseinanderzusetzen. Diesmal praktisch. Dabei geht es sowohl um Ihr eigenes Engagement als auch um das Ihrer Mitarbeitenden. Die Übungen und Reflexionen basieren auf den in Kapitel 3.2 (ab Seite 67) dargestellten Grundlagen. Gerne können Sie auch noch einmal zurückblättern, wenn Sie noch mehr Basiswissen benötigen, um alles besser zu verstehen.

Meine eigenen Stärken erkennen und einsetzen

Tipps für Stärkenausprägungen

1. Reflexion: Nehmen Sie sich regelmäßig Zeit, um über Ihre eigenen Stärken nachzudenken. Fragen Sie sich, ob Sie diese Stärken zu wenig oder zu viel nutzen und wie Sie ein besseres Gleichgewicht finden können.

2. Feedback einholen: Bitten Sie Kollegen, Freunde oder Familienmitglieder um Feedback. Oft erkennen andere besser, wie Sie Ihre Stärken einsetzen und wo ein Ungleichgewicht besteht.

3. Bewusstes Handeln: Arbeiten Sie daran, Ihre Stärken bewusst und situativ einzusetzen. Überlegen Sie, welche Stärke in einer bestimmten Situation am besten passt und wie Sie diese optimal nutzen können.

4. Weiterbildung: Nutzen Sie Coachings, Trainings oder Literatur, um mehr über Ihre Stärken zu lernen und wie Sie diese balanciert einsetzen können.

Das Prinzip von Underusing, Overusing und Die goldene Mitte finden hilft, Charakterstärken optimal zu nutzen. Es fördert ein ausgewogenes und effektives Verhalten, das sowohl persönliche als auch berufliche Beziehungen stärkt und das Wohlbefinden erhöht.

Stärkenbalance

1. Selbstbeobachtung und Stärkenbalance

Ziel: Führungskräfte reflektieren über die Nutzung und die Balance ihrer eigenen Stärken und deren Auswirkung auf das Team. Denken Sie an eine Stärke, die Sie häufig in Ihrer Führungsrolle nutzen (zum Beispiel Kreativität, Entscheidungsfreude, Organisationstalent). Reflektieren Sie über Situationen, in denen Sie diese Stärke eingesetzt haben. Beantworten Sie folgende Fragen schriftlich.

Overusing (Überbeanspruchung):

- Haben Sie diese Stärke in bestimmten Situationen übermäßig eingesetzt?
- Welche negativen Auswirkungen hatte das auf Ihr Team oder Ihre Arbeitsumgebung?
- Beispiel: »Ich habe meine Stärke, kreative Lösungen zu finden, so häufig genutzt, dass mein Team überfordert war und sich nicht mehr in der Lage fühlte, alle Ideen umzusetzen.«

Underusing (Unterbeanspruchung):

- Gibt es Situationen, in denen Sie Ihre Stärke nicht ausreichend genutzt haben?
- Welche Chancen wurden dadurch möglicherweise verpasst? Beispiel: »Ich habe meine Stärke, schnelle Entscheidungen zu treffen, nicht genutzt und dadurch Verzögerungen im Projekt verursacht.«

Goldene Mitte:

- Wie können Sie diese Stärke in Zukunft ausgewogen einsetzen?

- Welche konkreten Maßnahmen können Sie ergreifen, um die Balance zu finden?
- Beispiel: »Ich werde wöchentliche Meetings einführen, um gemeinsam mit dem Team die besten Ideen auszuwählen und umzusetzen.«

2. Feedback von Mitarbeitenden einholen

Ziel: Führungskräfte nutzen das Feedback ihrer Mitarbeitenden, um ein besseres Gleichgewicht bei der Nutzung ihrer Stärken zu finden.

1. Bitten Sie Ihre Mitarbeitenden um anonymes Feedback zu Ihrer Führungsweise.
2. Nutzen Sie folgende Fragen als Leitfaden für das Feedback:
   - Welche meiner Stärken helfen Ihnen in unserer Zusammenarbeit am meisten?
   - Gibt es Bereiche, in denen ich meine Stärken übermäßig einsetze und es zu Herausforderungen kommt?
   - Welche meiner Stärken nutze ich Ihrer Meinung nach zu wenig?
   - Wie könnte ich meine Stärken besser und ausgewogener einsetzen?
3. Analysieren Sie das Feedback und identifizieren Sie Muster oder wiederkehrende Themen.
4. Beantworten Sie folgende Fragen schriftlich.

Erkenntnisse:

- Was hat Sie am meisten überrascht oder beeindruckt?
- Beispiel: »Ich war überrascht, dass mehrere Teammitglieder meine Organisationstalent als hilfreich, aber manchmal überwältigend empfinden.«

Anpassungen:

- Welche Anpassungen können Sie basierend auf dem Feedback vornehmen, um Ihre Stärken ausgewogen einzusetzen?
- Beispiel: »Ich werde meinen Teammitgliedern mehr Autonomie bei der Planung ihrer Aufgaben geben und meine Unterstützung gezielt anbieten, wenn sie gebraucht wird.«

Die Stärken meiner Mitarbeitenden

Stärkenfokus mit Perspektivwechsel

Ziel: Mit dieser Übung, die wir oft in unseren Seminaren durchführen, möchten wir Sie einladen, Ihren eigenen Stärkenfokus bezüglich Ihrer Mitarbeitenden zu reflektieren:

Nehmen Sie bitte einen Zettel und einen Stift zur Hand und stellen Sie Ihren Timer auf sechzig Sekunden.

Schritt 1: Erinnern Sie sich an eine Person, mit der sie gut und gerne zusammenarbeiten.

Schritt 2: Schreiben Sie in sechzig Sekunden so viele Stärken auf, wie Ihnen einfallen. Nehmen Sie dazu gerne einen Timer in die Hand.

Schritt 3: Wählen Sie nun eine Person, mit der Sie nicht so gut klarkommen, wo es immer wieder schwierig ist und für Sie herausfordernd.

Schritt 4: Schreiben Sie in sechzig Sekunden so viele Stärken auf, wie Ihnen einfallen. Nehmen Sie dazu gerne einen Timer in die Hand.

Schritt 5: Zählen Sie bitte jeweils die Stärken der beiden Mitarbeitenden, die Sie aufgeschrieben haben: Bei welchem Mitarbeitenden sind Ihnen mehr Stärken eingefallen?

Reflexionsfragen

1. Was hat Sie überrascht?

Beim Vergleich der Stärken, die Ihnen bei beiden Mitarbeitenden eingefallen sind, gab es etwas, das Sie überrascht hat? Warum sind Ihnen bei dem einen Mitarbeitenden mehr oder weniger Stärken eingefallen als bei dem anderen? Welche Erkenntnisse gewinnen Sie daraus über Ihre Wahrnehmung und vielleicht auch über Ihre Beziehung zu den beiden Mitarbeitenden?

2. Welche Stärken haben Sie bei dem herausfordernden Mitarbeitenden entdeckt?

Wie gut können Sie damit umgehen? Wie gut dosiert die Person ihre Stärken? Werden die Stärken in einem passenden Umfeld eingesetzt? Wie wäre es für Sie, wenn die Person ihre Stärken in anderer Form und Dosierung einsetzen würde?

Beobachtung und Entwicklung der Stärken im Team

Ziel: Führungskräfte beobachten die Stärken ihrer Teammitglieder und fördern eine ausgewogene Nutzung dieser Stärken innerhalb des Teams.

1. Beobachten Sie die Stärken Ihrer Teammitglieder im Alltag.
2. Notieren Sie sich spezifische Situationen, in denen einzelne Teammitglieder ihre Stärken besonders gut oder gar nicht genutzt haben.
3. Beantworten Sie folgende Fragen schriftlich:

Stärkenbeobachtung: Welche Stärken haben Sie bei Ihren Teammitgliedern identifiziert?

Beispiel: »Ich habe bemerkt, dass Sarah besonders gut im Problemlösen ist, während Tom ein Talent für kreative Ideen hat.«

Förderung der Stärken: Wie können Sie diese Stärken gezielt fördern und ein ausgewogenes Teamumfeld schaffen? Beispiel: »Ich werde Sarah in mehr Projekte einbinden, die analytisches Denken erfordern, und Tom ermutigen, seine kreativen Ideen in unseren Brainstorming-Sitzungen zu teilen.«

Teamdynamik: Wie können Sie sicherstellen, dass keine Stärken über- oder unterbeansprucht werden?

Beispiel: »Ich werde regelmäßig Team-Feedbacksitzungen einführen, um sicherzustellen, dass die Arbeitsbelastung und die Nutzung der Stärken ausgewogen verteilt sind.«

Fazit: Diese Reflexionsaufgaben helfen Führungskräften dabei, ihre eigenen Stärken und die ihrer Teammitglieder bewusster wahrzunehmen und gezielt zu fördern. Durch die ausgewogene Nutzung von Stärken können sie die Motivation und das Wohlbefinden im Team nachhaltig steigern.

Stärken im Problem erkennen: Es ist durchaus möglich, dass Sie bereits Erfahrungen mit Mitarbeitenden gemacht haben, mit denen die Zusammenarbeit nicht reibungslos verläuft. Möglicherweise »stimmt die Chemie nicht« und Sie sind mit der Arbeitsleistung nicht zufrieden. Es kann auch sein, dass Sie sich in solchen Situationen schnell aufregen. Das ist verständlich.

Im Folgenden möchten wir Ihnen ein paar Anregungen und Anleitungen vorstellen, die Ihnen als Führungskraft dabei helfen können, wieder handlungsfähig zu werden. Dadurch gewinnen Sie mehr Klarheit und eröffnen sich selbst neue Handlungsspielräume.

1. Verhalten beobachten und analysieren

Frage: Welches Verhalten beobachten Sie, das für Sie problematisch ist?

Vorgehen: Identifizieren Sie spezifische Verhaltensweisen, die Sie als problematisch empfinden. Notieren Sie diese genau und überlegen Sie, in welchen Situationen sie auftreten. Achten Sie darauf, wie oft und unter welchen Umständen dieses Verhalten gezeigt wird.

2. Überdosierte Stärken identifizieren

Frage: Welche Stärken liegen dem Verhalten zugrunde? Welche davon ist möglicherweise überdosiert?

Vorgehen: Reflektieren Sie, welche positive Eigenschaft hinter dem problematischen Verhalten stehen könnte. Überlegen Sie, ob diese Stärke übermäßig eingesetzt wird. Zum Beispiel könnte ein übermäßiges Kontrollbedürfnis auf eine starke Organisationsfähigkeit hinweisen, die jedoch in dieser Form dysfunktional wird.

3. Werte und Sympathie/Antipathie berücksichtigen

Frage: Wird durch das Verhalten möglicherweise ein eigener Wert der Führungskraft verletzt? Welche Rolle spielen Sympathie und Antipathie?

Vorgehen: Reflektieren Sie, ob das problematische Verhalten gegen Ihre eigenen Werte oder Überzeugungen verstößt. Überlegen Sie auch, ob Ihre persönliche Sympathie oder Antipathie gegenüber der Person Ihr Urteil beeinflusst. Versuchen Sie, objektiv zu bleiben und das Verhalten unabhängig von persönlichen Gefühlen zu beurteilen.

4. Konkrete Maßnahmen entwickeln

Frage: Was kann ich als Führungskraft tun? Welche Wege können Sie gemeinsam entwickeln, um eine konstruktive Nutzung der Stärke zu gestalten?

Vorgehen: Setzen Sie sich mit der betreffenden Person zusammen und besprechen Sie die beobachteten Verhaltensweisen. Erklären Sie, welche positiven Stärken Sie in der Person sehen, und diskutieren Sie gemeinsam, wie diese Stärken besser und konstruktiver eingesetzt werden können. Entwickeln Sie zusammen konkrete Schritte und Strategien, um die Stärken in einer Weise zu nutzen, die sowohl der Person als auch dem Team zugutekommt.

Im Team einer Krankenversicherung gab es zahlreiche Umstrukturierungen. Ulrike, die bisher erfolgreich Kundenveranstaltungen durchgeführt hatte, wurde monatelang mit einer Auswertung ohne Kundenkontakt betraut. In den Teammeetings zog sie zunehmend die Aufmerksamkeit auf sich, auch bei unwichtigen Themen, was die Meetings ineffektiv und anstrengend machte.

Ralf, der Teamleiter, erkannte erst in einem Seminar den Zusammenhang und sprach anschließend mit Ulrike. Ihre Stärke und Leidenschaft lagen im Präsentieren und Begeistern von Menschen, doch in der neuen Struktur fehlte ihr die Bühne dafür. Unbewusst nutzte sie die Meetings, um ihre Stärken auszuleben.

Das Gespräch führte dazu, dass Ulrike die Aufgabe erhielt, Schulungen zur neuen Struktur für die Kollegen durchzuführen. Sie nahm das Angebot mit Begeisterung an und musste die Teammeetings nicht länger als Bühne nutzen, denn diese hatte sie nun als Trainerin gefunden.

Entwicklung eines individuellen Stärkenplans

Ziel: Führungskräfte entwickeln einen gezielten Plan, um die individuellen Stärken ihrer Mitarbeitenden zu fördern und ausgewogen einzusetzen.

Identifizieren Sie die Stärken jedes Teammitglieds basierend auf Beobachtungen, Gesprächen und bisherigen Erfahrungen. Nutzen Sie gegebenenfalls auch Stärkentests. Im Downloadangebot finden Sie eine Reihe von guten Möglichkeiten, diese Tests zu machen.

Erstellen Sie einen Plan, wie diese Stärken im Arbeitsalltag besser genutzt und weiterentwickelt werden können.

Beispiel: »Max ist besonders gut darin, komplexe Daten zu analysieren und verständlich darzustellen. Lisa hat ein Talent, durch ihr Urteilsvermögen immer schnell die wichtigsten Punkte zu erkennen und anzusprechen.«

Entwicklungsmöglichkeiten: Überlegen Sie, wie Sie die Stärken jedes Teammitglieds fördern können. Welche Aufgaben, Projekte oder Trainings könnten dazu beitragen?

Beispiel: »Max könnte an einem datenintensiven Projekt arbeiten, bei dem seine Analysefähigkeiten gefragt sind. Lisa könnte die Leitung eines kreativen Workshops übernehmen, um ihre Ideen zu teilen und weiterzuentwickeln.«

Balance und Integration: Planen Sie, wie Sie die Stärken von Mitarbeitenden so in das tägliche Arbeitsumfeld integrieren können, dass eine Balance entsteht und keine Stärke über- oder unterbeansprucht wird.

Beispiel: »Max und Lisa könnten in einem Projekt zusammenarbeiten, bei dem Max die Datenanalyse übernimmt und Lisa die kreativen Konzepte entwickelt. So können beide ihre Stärken einbringen und voneinander lernen.«

Praktische Umsetzung im Team

Schritt 1: Teammeeting zur Stärkenfindung

Organisieren Sie ein Teammeeting, in dem jedes Teammitglied seine eigenen Stärken und die Stärken der Kollegen benennt.

Nutzen Sie diese Gelegenheit, um die Wahrnehmung und Wertschätzung innerhalb des Teams zu stärken. Reflektieren Sie gemeinsam im Team, wie die einzelnen Stärken zu den Aufgaben des Teams passen.

Schritt 2: Individuelle Gespräche

Führen Sie individuelle Gespräche mit Ihren Mitarbeitenden, um tiefer auf ihre Stärken und Entwicklungswünsche einzugehen.

Erstellen Sie gemeinsam individuelle Stärkenpläne, in denen Sie den Stand und die Entwicklungsmöglichkeiten festhalten.

Schritt 3: Regelmäßige Überprüfung und Anpassung
Überprüfen Sie regelmäßig die Fortschritte und passen Sie die Pläne bei Bedarf an.

Sorgen Sie dafür, dass das Team Feedback gibt und die Umsetzung der Stärkenpläne reflektiert.

Ein individueller Stärkenplan hilft dabei, die Fähigkeiten und Talente der Mitarbeitenden gezielt zu fördern und ausgewogen einzusetzen. Dies stärkt nicht nur die Motivation und Zufriedenheit, sondern auch die Effizienz und Kreativität des Teams. Durch regelmäßige Reflexion und Anpassung bleiben die Pläne relevant und wirksam.

Stärken anregen durch Stärkenfeedback

Feedback ist eine zentrale Führungsaufgabe, wird aber oft vernachlässigt. Häufig wird nach dem Motto »Nicht gemeckert ist genug gelobt« geführt und Feedback erfolgt nur bei Problemen. Doch Mitarbeitende brauchen Orientierung – sowohl für das, was gut läuft, als auch für das, was verbessert werden kann.

Sprechen Sie konkret aus, was gut gelungen ist, sei es hohes Engagement, kreative Lösungen oder schnelle Ergebnisse. Statt nur »Gut gemacht!« zu sagen, nutzen Sie die WWW-Formel (Wahrnehmung, Wirkung, Wunsch/Weiter so). Beschreiben Sie, was genau Sie beobachtet haben, welche positiven Auswirkungen das Verhalten hatte, und motivieren Sie zum Weitermachen. Diese Methode ist die kleinste und eine sehr effektive Form des Mitarbeitergesprächs.

Wir machen mit dieser Art des Feedbacks die besten Erfahrungen. Es fördert eine positive Arbeitsatmosphäre und stärkt die Beziehung zwischen Führungskraft und Mitarbeitenden. Dem Mitarbeitenden gibt dieses Feedback eine Orientierung und Richtung und verleiht Klarheit für das, was geleistet wurde. In Kapitel 7.3 (ab Seite 195) wird diese Art des Feedbacks noch einmal variiert. Im Downloadangebot finden Sie zum Thema Stärkenfeedback/Positives Feedback mit WWW noch ein gesondertes Arbeitsblatt.

Ziel: Mitarbeitende durch positives Feedback motivieren und ihre individuellen Stärken hervorheben.

Schritt 1: Nehmen Sie sich Zeit, um über die spezifischen Stärken eines Mitarbeitenden nachzudenken. Notieren Sie konkrete Beispiele, in denen der Mitarbeitende seine Stärken gezeigt hat.

Schritt 2: Suchen Sie ein ruhiges, ungestörtes Umfeld für das Gespräch. Beginnen Sie das Gespräch mit einer positiven und wertschätzenden Haltung.

Beispiel für ein Stärkenfeedback

Einleitung: »Ich möchte Ihnen ein paar positive Rückmeldungen geben, weil mir Ihre Leistungen aufgefallen sind.«

Wahrnehmung: Konkret und spezifisch beschreiben: »Mir ist aufgefallen, wie du in den letzten Wochen bei unserem Projekt XYZ immer wieder kreative Lösungen gefunden hast, besonders als du die Präsentation für den Kunden vorbereitet hast. Deine Fähigkeit, komplexe Informationen klar und verständlich darzustellen, hat uns wirklich weitergebracht.«

Beispiele nennen: »Ein konkretes Beispiel ist, wie du die Datenanalyse so aufbereitet hast, dass sie nicht nur akkurat, sondern auch visuell ansprechend war. Das hat nicht nur dem Kunden gefallen, sondern hat auch unser Team beeindruckt.«

Wirkung beschreiben: »Deine Kreativität und Präzision haben einen großen Beitrag zum Erfolg des Projekts geleistet und das Vertrauen des Kunden in unser Team gestärkt.«

Wunsch, Weiter so: »Ich möchte, dass du weißt, wie sehr ich deine Arbeit schätze und wie wichtig deine Fähigkeiten für unser Team sind. Ich freue mich darauf, auch in Zukunft deine innovativen Ideen zu sehen.«

»Wenn du irgendwelche Anregungen hast, wie wir deine Stärken noch besser nutzen können, oder du Unterstützung bei etwas brauchst, lass es mich gerne wissen.«

Reflexionsfragen nach dem Ende des Feedbackgesprächs: Welche Stärken sind besonders positiv aufgefallen? Reflektieren Sie, welche spezifischen Stärken des Mitarbeitenden besonders hervorstechen und wie diese zur Teamdynamik und den Projekterfolgen beitragen.

Wie kann der Mitarbeitende diese Stärken weiterentwickeln? Überlegen Sie, welche Möglichkeiten es gibt, diese Stärken weiter zu fördern und in zukünftigen Projekten gezielt einzusetzen.

Wie können Sie regelmäßig ein solches Feedback integrieren? Planen Sie regelmäßige Feedbackgespräche ein, um kontinuierlich Anerkennung zu zeigen und die Motivation hoch zu halten. Die Fragen können Sie gemeinsam mit dem Mitarbeitenden bewegen oder auch für sich allein.

Wenn Sie positive und negative Aspekte rückmelden möchten, vermischen Sie das nicht, sondern teilen Sie die Aspekte des Erfolgs in einzelne WWW-Durchgänge auf. Zuerst der positive Aspekt, um die Erfolgsbasis zu stärken. Nutzen Sie dann – ohne ein ABER dazwischen – einen gesondertes WWW-Feedback, um zu beschreiben, was die Person etwa noch nicht getan hat. Wie wirkt sich das auf den Erfolg aus und was genau ist Ihr Wunsch, damit ein weiterer Erfolg entsteht?

Flow in der Praxis

Führungskräfte können Team-Flow fördern, indem sie folgende Bedingungen schaffen:

Klare gemeinsame Ziele definieren: Stellen Sie sicher, dass das Team ein gemeinsames Verständnis der Ziele hat und weiß, wie jeder Beitrag zum Gesamterfolg führt.

Stärkenorientierte Aufgabenverteilung: Verteilen Sie Aufgaben so, dass sie den Fähigkeiten und Stärken der Teammitglieder entsprechen und gleichzeitig herausfordernd sind.

Offene und transparente Kommunikation fördern: Fördern Sie offene Kommunikation, in der Feedback willkommen ist und Informationen frei fließen.

Vertrauen und Respekt aufbauen: Fördern Sie eine Atmosphäre des Vertrauens, in der Teammitglieder sich gegenseitig unterstützen und respektieren.

Fokussierte Arbeitsumgebung: Minimieren Sie Ablenkungen und schaffen Sie eine Umgebung, die konzentriertes Arbeiten ermöglicht.

Autonomie und Verantwortung: Geben Sie den Teammitgliedern die Freiheit, ihre Aufgaben eigenverantwortlich zu gestalten, und betonen Sie die Bedeutung ihres Beitrags für das Team.

Fixed Mindset erkennen und Growth Mindset anregen

Ziel: Verstehen Sie Ihr eigenes Mindset und entwickeln Sie Strategien, um ein Growth Mindset in Ihrem Führungshandeln zu fördern.

Selbsterkenntnis: Denken Sie an eine aktuelle Herausforderung in Ihrem beruflichen Umfeld. Wie haben Sie bisher darauf reagiert? Notieren Sie Ihre Gedanken und Handlungen.

Bewerten Sie ehrlich: Handeln Sie eher aus einem Growth Mindset oder aus einem Fixed Mindset heraus? Was sind die Anzeichen dafür?

Analyse: Identifizieren Sie eine Situation, in der Sie einen Fehler gemacht haben. Wie haben Sie darauf reagiert? Haben Sie die Gelegenheit genutzt, um daraus zu lernen, oder haben Sie sich entmutigt gefühlt?

Reflektieren Sie über Ihre Reaktion auf Feedback. Neigen Sie dazu, konstruktive Kritik anzunehmen und daraus zu lernen, oder verteidigen Sie Ihre bisherigen Ansätze?

Strategieentwicklung: Schreiben Sie drei konkrete Maßnahmen auf, die Sie ergreifen können, um ein Growth Mindset zu fördern. Beispielsweise könnten Sie regelmäßig Feedback einholen, neue Herausforderungen bewusst suchen oder eine Lernkultur in Ihrem Team etablieren.

Planen Sie, wie Sie diese Maßnahmen in den nächsten drei Monaten umsetzen werden. Setzen Sie sich konkrete Ziele und Termine.

Umsetzung: Setzen Sie Ihre Maßnahmen um und beobachten Sie bewusst, wie sich Ihre Einstellung und die Ihres Teams verändern.

Führen Sie ein Journal, in dem Sie Ihre Fortschritte und Herausforderungen dokumentieren. Notieren Sie insbesondere, wie Sie auf Rückschläge reagieren und welche Lernerfolge Sie erzielen.

Reflexion nach drei Monaten: Überprüfen Sie Ihre Fortschritte. Haben Sie Veränderungen in Ihrer Denkweise und in der Ihrer Teammitglieder bemerkt? Welche positiven Auswirkungen hat dies auf Ihre Arbeitsweise und die Ergebnisse Ihres Teams gehabt? Passen Sie Ihre Strategien an und setzen Sie sich neue Ziele, um weiterhin ein Growth Mindset zu stärken.

Abschluss: Teilen Sie Ihre Erfahrungen und Erkenntnisse mit einem vertrauenswürdigen Kollegen oder Mentor. Diskutieren Sie gemeinsam, wie Sie das Growth Mindset weiter in Ihrer Führung und im Unternehmen verankern können.

Das Fixed Mindset erkennen und ein Growth Mindset anregen

Woran erkenne ich das Fixed Mindset? Hier sind die Verhaltensweisen einer Person mit einem Fixed Mindset ergänzt durch typische sprachliche Ausdrucksweisen. Bitte bedenken Sie, dass es hier immer um Verhaltensweisen geht und nicht darum, jemanden zu verurteilen:

1. Vermeidung von Herausforderungen

Verhalten: Vermeidung von neuen Aufgaben oder Projekten, die außerhalb der Komfortzone liegen.

Sprachmuster: »Das ist zu riskant, wir sollten lieber bei dem bleiben, was wir kennen« oder »Ich bin mir nicht sicher, ob wir das schaffen können«.

2. Angst vor Fehlern

Verhalten: Fehler werden als persönliches Scheitern gesehen, nicht als Lernchance.

Sprachmuster: »Das darf uns auf keinen Fall passieren« oder »Ein Fehler wie dieser zeigt, dass wir einfach nicht gut genug sind«.

3. Starre Sicht auf Fähigkeiten

Verhalten: Überzeugung, dass Fähigkeiten und Intelligenz unveränderlich sind, und daher wenig Bereitschaft, sich weiterzubilden.

Sprachmuster: »Ich bin einfach nicht gut in solchen Dingen« oder »Man kann halt nicht alles können«.

4. Ablehnung von Kritik

Verhalten: Konstruktive Kritik wird als persönlicher Angriff empfunden.
Sprachmuster: »Das ist unfair« oder »Warum kritisieren Sie mich ständig? Das bringt doch nichts«.

5. Festhalten am Status quo

Verhalten: Bevorzugung von bekannten und sicheren Methoden, Ablehnung von Veränderungen.
Sprachmuster: »Das haben wir immer so gemacht, warum sollten wir es ändern?«, »Das hat hier noch keiner geschafft!« oder »Neue Ansätze bringen nur Chaos«.

Diese sprachlichen Muster verdeutlichen die Denkweise des Fixed Mindset und können Hinweise darauf geben, wie diese Personen Herausforderungen und Feedback wahrnehmen und darauf reagieren.

Das Thema »Mindset« im Team ansprechen

1. Aufklärung und Bewusstsein schaffen

Erklären Sie die Konzepte: Beginnen Sie damit, Ihren Mitarbeitenden die Unterschiede zwischen einem Fixed Mindset und einem Growth Mindset zu erklären. Nutzen Sie Beispiele, um die Vorteile eines Growth Mindset zu verdeutlichen. Beispiel: »Ein Fixed Mindset bedeutet, dass man glaubt, dass Fähigkeiten und Intelligenz festgelegt sind und nicht geändert werden können. Ein Growth Mindset hingegen ist die Überzeugung, dass man durch Anstrengung, Lernen und Beharrlichkeit wachsen und sich verbessern kann.«

2. Positive Fehlerkultur etablieren

Fehler als Lernmöglichkeiten betrachten: Fördern Sie eine Kultur, in der Fehler als Chancen zum Lernen und Wachsen gesehen werden. Ermutigen Sie Ihre Mitarbeitenden, Risiken einzugehen und aus ihren Fehlern zu lernen. Beispiel: »Wenn ein Projekt scheitert, nutzen Sie die Gelegenheit, um gemeinsam mit dem Team zu analysieren, was schiefgelaufen ist und wie man es das nächste Mal besser machen kann.«

3. Regelmäßiges und konstruktives Feedback geben

Lob und Anerkennung: Geben Sie regelmäßig Feedback, das den Fokus auf den Prozess und die Anstrengungen legt, nicht nur auf die Ergebnisse. Betonen Sie Fortschritte und Anstrengungen. Beispiel: »Ich habe gesehen, wie viel Mühe Sie in dieses Projekt gesteckt haben. Es ist beeindruckend, wie sehr Sie sich verbessert haben.«

4. Herausforderungen und Ziele setzen

Realistische und herausfordernde Ziele: Setzen Sie gemeinsam mit Ihren Mitarbeitenden realistische, aber herausfordernde Ziele. Helfen Sie ihnen zu erkennen, dass Herausforderungen eine Gelegenheit zum Wachsen sind. Beispiel: »Lasst uns ein Ziel setzen, das etwas außerhalb unserer Komfortzone liegt. Wir werden viel dabei lernen und wachsen.«

5. Kontinuierliches Lernen und Entwicklung fördern

Weiterbildungsmöglichkeiten bieten: Ermutigen Sie Ihre Mitarbeitenden, an Schulungen, Workshops und anderen Weiterbildungsmaßnahmen teilzunehmen, um ihre Fähigkeiten zu erweitern. Beispiel: »Ich habe einen interessanten Workshop gefunden, der Ihre Fähigkeiten weiterentwickeln könnte. Ich denke, das wäre eine großartige Gelegenheit für Sie.«

6. Vorbildfunktion übernehmen

Eigene Lern- und Wachstumsprozesse teilen: Teilen Sie Ihre eigenen Erfahrungen und zeigen Sie, dass auch Sie ständig lernen und sich weiterentwickeln. Beispiel: »Ich habe neulich ein Buch über Zeitmanagement gelesen und einige neue Techniken gelernt, die ich jetzt anwende. Es hat mir geholfen, meine Produktivität zu steigern.«

7. Teamarbeit und Zusammenarbeit fördern

Kollaborative Projekte: Fördern Sie Projekte, bei denen die Mitarbeitenden zusammenarbeiten und voneinander lernen können. Dies hilft, unterschiedliche Stärken zu nutzen und ein gemeinsames Wachstum zu fördern. Beispiel: »Lasst uns als Team an diesem Projekt arbeiten. Jeder von uns hat einzigartige Stärken, die wir einbringen können.«

Die Zauberworte zur Förderung eines Growth Mindset

Die Worte »noch nicht« und »fast« sind kraftvolle Werkzeuge, um ein Growth Mindset bei Mitarbeitenden zu fördern. Diese Begriffe helfen, den Fokus auf den Prozess und die Fortschritte zu legen anstatt auf das Endergebnis. Sie vermitteln die Botschaft, dass Fähigkeiten und Wissen entwickelt werden können, was ein wesentlicher Aspekt des Growth Mindset ist (Dweck 2018).

Die Bedeutung von »noch nicht«: »noch nicht« suggeriert, dass eine Fähigkeit oder ein Ziel noch nicht erreicht wurde, aber dass es möglich und erreichbar ist.

Es betont den Fortschritt und die kontinuierliche Entwicklung anstatt eines Mangels oder einer endgültigen Barriere.

Beispiele für die Anwendung von »noch nicht«

Feedback auf Projekte: Anstatt zu sagen: »Das hast du nicht richtig gemacht«, können Sie sagen: »Das ist noch nicht ganz richtig, aber du bist auf einem guten Weg«.

Entwicklung von Fähigkeiten: Wenn ein Mitarbeitender Schwierigkeiten hat, eine neue Fertigkeit zu erlernen, können Sie sagen: »Du hast es noch nicht gemeistert, aber mit weiterer Übung wirst du es schaffen«.

Zielerreichung: Bei der Zielsetzung können Sie betonen: »Wir haben unser Ziel noch nicht erreicht, aber wir machen Fortschritte und kommen dem Ziel näher«.

Die Kraft von »fast«: Das Wort »fast« hebt die Nähe zum Ziel hervor und betont den kleinen verbleibenden Schritt, der noch gemacht werden muss. Es motiviert, den letzten Schritt zu gehen, und signalisiert, dass der größte Teil der Arbeit bereits geschafft ist.

Beispiele für die Anwendung von »fast«

Projektabschluss: Anstatt zu sagen: »Das Projekt ist nicht fertig«, können Sie sagen: »Das Projekt ist fast fertig, es fehlt nur noch ein kleiner Feinschliff«.

Lernen neuer Konzepte: Wenn ein Mitarbeitender kurz davorsteht, ein Konzept zu verstehen, können Sie sagen: »Du hast es fast verstanden, ein wenig mehr Übung, und es wird dir klar sein«.

Aufgabenbewältigung: Bei der Erledigung von Aufgaben können Sie ermutigen: »Du bist fast fertig, nur noch ein paar Schritte«.

Die Verwendung der Zauberworte »noch nicht« und »fast« kann einen erheblichen Einfluss auf die Motivation und das Mindset Ihrer Mitarbeitenden haben. Diese Begriffe fördern eine Kultur des Wachstums, des Lernens und der kontinuierlichen Verbesserung. Indem Sie diese Worte in Ihr tägliches Führungsverhalten integrieren, helfen Sie Ihren Mitarbeitenden, Herausforderungen als Chancen zu sehen und stetig zu wachsen.

Förderung von intrinsischer und extrinsischer Motivation

Für Sie ist es wichtig, die verschiedenen Arten von Motivation zu verstehen, die Ihre Mitarbeitenden antreiben. Eine erfolgreiche Führungskraft findet die richtige Balance zwischen beiden Motivationsformen, um das Engagement und die Leistung ihres Teams nachhaltig zu fördern.

Fragen dazu: Wie motivieren Sie Ihre Mitarbeitenden? Eher intrinsisch oder extrinsisch? Was sind Ihre Gewohnheiten und wie gehen Sie gerne vor? Gibt es Einseitigkeiten?

Tipps zur Förderung von Motivation

1. Mitarbeitende individuell betrachten und deren persönliche Motivationsfaktoren erkennen und ansprechen: Jeder Mitarbeitende hat unterschiedliche Motivationsquellen. Als Führungskraft ist es wichtig, diese individuellen Faktoren zu erkennen und gezielt anzusprechen. Beispiel: Führen Sie regelmäßige persönliche Gespräche mit Ihren Mitarbeitenden, um ihre Interessen und Motivationen zu verstehen. Nutzen Sie dieses Wissen, um Aufgaben und Projekte zuzuweisen, die ihre intrinsische Motivation ansprechen.

2. Balance zwischen intrinsischer und extrinsischer Motivation finden: Eine ausgewogene Kombination aus intrinsischen und extrinsischen Anreizen schafft langfristige Motivation und Zufriedenheit im Team. Beispiel: Anstatt ausschließlich auf materielle Belohnungen zu setzen, sollten Sie auch immaterielle Anerkennung wie Lob, interessante Projekte oder mehr Verantwortung anbieten. Diese fördern das innere Engagement und die Freude an der Arbeit.

3. Langfristige Motivation durch intrinsische Anreize fördern: Langfristige Motivation entsteht oft durch intrinsische Anreize, die eine tiefe innere Zufriedenheit und Sinnhaftigkeit in der Arbeit vermitteln. Beispiel: Entwickeln Sie individuelle Entwicklungspläne für Ihre Mitarbeitenden, die auf deren Stärken und Interessen basieren. Dies zeigt nicht nur Ihre Wertschätzung, sondern unterstützt auch die persönliche und berufliche Weiterentwicklung.

4. Entwicklung fördern: Bieten Sie Weiterbildungsmöglichkeiten und Karriereentwicklung an, um die langfristige intrinsische Motivation zu unterstützen. Beispiel: Identifizieren Sie gemeinsam mit Ihren Mitarbeitenden mögliche

Weiterbildungsangebote oder Mentoring-Programme, die sie in ihrer Karriere voranbringen und gleichzeitig ihre intrinsische Motivation stärken.

7.3 Relationships – tragfähige Beziehungen gestalten

Gute Arbeitsbeziehungen gab es natürlich schon lange vor den Forschungen der Positiven Psychologie. Mit jedem guten Kick-off und jedem sinnvoll gestalteten Teamtag, ja mit jedem gemeinsamen Frühstück oder Grillabend haben Sie dazu beigetragen, dass Verbundenheit und Vertrauen entstehen können. Die Beziehungen im Team durch Kommunikationstrainings und Team-Workshops zu stärken, gehört in vielen Unternehmen seit vielen Jahren zur normalen Unternehmenskultur.

Im Folgenden stellen wir deshalb einige konkrete Möglichkeiten vor, wie Sie High Quality Connections fördern können, die Ihnen vielleicht noch nicht so vertraut sind und die Ihre bisherige Toolbox ergänzen. Wir starten mit Hinweisen, wie Sie als Führungskraft Ihr Verhalten den Mitarbeitenden gegenüber positiv ausrichten können, und bieten anschließend Methoden, die Sie mit Ihrem Team durchführen können.

Was die Führungskraft zu positiven Beziehungen beitragen kann

Sich psychologisch sicher zu fühlen, ist ein Baustein für High Quality Connections. Reflektieren Sie hier Ihr aktuelles Team.

Wie hoch schätzen Sie die psychologische Sicherheit in Ihrem eigenen Team ein auf einer Skala von »0 = gar nicht vorhanden« bis »10 = sehr hoch«? Wenn Ihre Zahl 10 lautet, dann können Sie sich auf die Schulter klopfen, weil Sie vermutlich schon sehr viel Positives geschaffen haben.
Wenn Ihre Zahl zwischen 0 und 9 steht: Was müssten Sie verändern, damit die Zahl sich erhöht? Was würde sich dadurch verändern? Woran würden Sie erkennen, dass Sie auf der Skala höher gerutscht sind?
In jedem Fall sollten Sie auch Ihre Teammitglieder fragen, wo auf der Skala sie sich sehen. Kommen Sie darüber mit ihnen in ein Gespräch, was gut ist und bleiben kann und was anders sein sollte.

Positive Interaktionen im Alltag

Viele Handlungsweisen, die das Beziehungskonto positiv füllen, scheinen selbstverständlich und trotzdem beachten wir sie im Alltag nicht oft genug – vor allem dann, wenn wir gerade gestresst sind und selbst nicht in Höchstform.

Hier finden Sie schnell umsetzbare positive Interaktionen für jeden Tag.

Positive Sprache: Verwenden Sie bewusst kraftvolle und zuversichtliche Worte und betonen Sie beispielsweise Möglichkeiten statt Hindernisse. Sprechen Sie Wertschätzung und Anerkennung aus. Das kann auch schnell »zwischen Tür und Angel« geschehen. »Deine Präsentation gestern hat mich beeindruckt: strukturiert, souverän. Danke, weiter so!«

Danke: Nutzen Sie das kleine Wort »Danke« mit seiner großen Wirkung so oft Sie können.

Zeigen Sie authentisches Interesse an Mitarbeitenden und hören Sie aktiv zu. Nehmen Sie sich regelmäßig Zeit, um sich mit Ihren Mitarbeitenden auszutauschen, ihre Anliegen anzuhören und sie persönlich zu unterstützen. Echtes Interesse am Wohlergehen der Mitarbeitenden stärkt die Vertrauensbasis.

Nehmen Sie sich Zeit für Ihre Mitarbeitenden: Zwar haben wir oft das Gefühl, keine Zeit zu haben, verbringen aber viel Zeit mit Smartphone und Fernseher. Dabei können wenige Sekunden Mitgefühl beim Gegenüber viel verändern. Zudem haben wir selbst das Gefühl, mehr Zeit zu haben, wenn wir Zeit verschenken (Kellerman 2023).

Kleine Gesten der Freundlichkeit: Ein warmes Lächeln, das Aufhalten einer Tür, das Angebot, auch für andere einen Kaffee mitzubringen, oder kleine Gesten der Hilfsbereitschaft öffnen Herzen.

Mikromomente der Verbundenheit: Diese sehr kurzen Momente entstehen, wenn zwei Menschen sich mit Blickkontakt begegnen und in einem kurzen, aber intensiven Moment ihre Aufmerksamkeit aufeinander richten. Diese Interaktionen können starke emotionale Verbindungen schaffen, auch wenn sie nur wenige Sekunden dauern. Durch den Blickkontakt werden positive Emotionen geteilt und es entsteht die weiter oben beschriebene Synchronizität als Grundlage von Verbundenheit (Senju et al. 2009). Seien Sie dabei empathisch, wie viel Blickkontakt Ihr Gegenüber mag. Es geht um einen freundlichen Kontakt und nicht darum, den anderen »anzustarren«.

Schützen Sie Einzelne: Achten Sie darauf, dass niemand sich unwohl oder unter Druck gesetzt fühlt. Wenn Sie bemerken, dass sich jemand durch das Verhalten anderer bloßgestellt oder angegriffen fühlt, greifen Sie freundlich ein und lenken die Situation hin zu einem wertschätzenden Umgang – sei es gegenüber Kunden, Kollegen oder Vorgesetzten.

Gemeinsame Synchronzeiten: Sorgen Sie regelmäßig für, dass sie direkt miteinander kommunizieren, sei in einem Raum, per Telefon oder Online-Konferenz. Das trägt deutlich stärker zur Verbundenheit bei als asynchrone Kommunikation wie über E-Mails oder Messenger.

Der Fels des Vertrauens – ROCC

Vertrauen ist ein zentraler Bestandteil von positiven Beziehungen. Aber wie genau können wir Vertrauen fördern? Aus ihren Forschungen zu Vertrauen leitet Jane Dutton (2003) das leicht einprägsame Akronym »ROCC« ab, das – zwar nicht wörtlich, aber sinngemäß – als »Fels« übersetzt werden kann. Schließlich wäre es schön, wenn die Führungskraft der sprichwörtliche Fels in der Brandung ist. Der ROCC des Vertrauens beschreibt vier zentrale Prinzipien, die für den Aufbau und Erhalt von Vertrauen in Beziehungen entscheidend sind:

Respect (Respekt): Leben Sie einen respektvollen Umgang, indem Sie Ihre Mitarbeitenden wertschätzen, ihre Beiträge miteinbeziehen und ihre persönliche Würde anerkennen. Akzeptieren Sie unterschiedliche Meinungen und Kompetenzen. Halten Sie sich verlässlich an Vereinbarungen.

Openness (Offenheit): Fördern Sie eine Kultur der Offenheit, indem Sie ehrlich und transparent kommunizieren und das auch von Ihren Mitarbeitenden einfordern. Seien Sie auch dann transparent, wenn etwas nicht so gut läuft. Gerade dann benötigen Ihre Mitarbeitenden Klarheit und Orientierung. Geben Sie offenes Feedback und nehmen Sie es selbst von Ihren Mitarbeitenden an. Wenn Sie neu im Team sind und Ihre Mitarbeitenden es nicht gewöhnt sind, der Führungskraft Feedback zu geben, haben Sie Geduld und ermutigen Sie die Menschen immer wieder dazu – es zahlt sich aus.

Competence (Kompetenz): Zeigen Sie durch Ihr Fachwissen und Ihre Fähigkeiten, dass Sie Ihre Aufgaben gut beherrschen. Dabei geht es um Ihre Führungsaufgaben und nicht um die fachlichen Aufgaben der Abteilung. Ihre Mitarbeitenden sind vermutlich bessere Fachexperten als Sie. Es ist kompetent und wertschätzend von Ihnen als Führungskraft, diese Expertise miteinzubeziehen.

Caring (Fürsorge): Zeigen Sie Fürsorge, indem Sie das Wohl und die Bedürfnisse Ihrer Mitarbeitenden ernst nehmen. Wenden Sie die AWB-Formel (Seite 199) an, hören Sie aktiv zu und unterstützen Sie sie in ihren beruflichen und persönlichen Anliegen.

Rapid Rapport – Vertrauen in kurzer Zeit

In einer Zeit, in der alle meinen, keine Zeit zu haben, scheint der Aufbau vertrauensvoller Beziehungen oft zu zeitaufwendig. Aber tatsächlich kann das auch schnell gehen: Rapid Rapport ist die Fähigkeit, schnell eine starke, vertrauensvolle Beziehung aufzubauen. Dies gelingt, indem Sie mitfühlend reagieren und das auch in Worte fassen (Kellerman et al. 2023).

Während Empathie bedeutet, dass ich verstehe, was der andere fühlt, geht Mitgefühl darüber hinaus: Ich fühle mit, was der andere fühlt, und komme in Aktion, um für den anderen da zu sein. Dadurch entsteht die oben beschriebene Verbundenheit.

In verschiedenen Studien konnten Ärzte in vierzig Sekunden ausreichend Mitgefühl formulieren, um die Sorgen ihrer Patienten zu verringern (Kellerman et al. 2023). Wenn das sogar in derart hochemotionalen Situationen möglich ist, kann es Führungskräften im Alltag auch gelingen. Und wie genau?

Fassen Sie die Emotionen Ihres Gegenübers in Worte. Nehmen Sie den anderen aufmerksam wahr und spüren Sie hin, welche Emotionen die Person gerade hat. Wo befindet sie sich auf den vier Quadranten des Mood Meter? Wie können Sie die Emotion benennen?

Beschreiben Sie, wie Sie Ihr Gegenüber unterstützen. Prüfen Sie, welche Handlung angemessen und hilfreich ist. Es geht nicht darum, dass Sie Ihrem Mitarbeitenden jetzt seine Arbeit abnehmen. Schon Sätze wie »Ich bin als Chef:in für dich da«, »Wir schaffen das gemeinsam« sind starke Signale – wenn sie von Herzen kommen.

Leon kommt sichtlich gestresst und niedergeschlagen ins Büro seiner Führungskraft Ben und berichtet, dass er aufgrund eines persönlichen Problems sehr belastet ist und sich schwer auf die Arbeit konzentrieren kann.

Ben antwortet: »Du wirkst gerade sehr bedrückt. Ich kann verstehen, dass das alles für dich gerade schwierig ist. Ich unterstütze dich. Wenn du Hilfe brauchst, sag Bescheid. Wir schaffen das gemeinsam.«

Tipp »Rapid Rapport«: In nur zehn Sekunden können Sie Mitgefühl ausdrücken: »Ich weiß, dieses Projekt war anstrengend für dich und du hast dich voll reingehängt. Lass uns gemeinsam schauen, wie wir damit jetzt umgehen.« Solche kurzen, aber gezielten Aussagen reduzieren Stress, fördern Vertrauen – und lassen eine enge Verbindung entstehen.

Unterstützen Sie verbalen Rapid Rapport durch positive nonverbale Signale wie Augenkontakt und zugewandte Körpersprache, um die Verbundenheit weiter zu stärken.

Aufmerksam wohlwollend begegnen

Zur Förderung von High Quality Connections empfehlen wir die leicht merkbare AWB-Technik: Begegnen Sie Ihrem Gegenüber aufmerksam und wohlwollend.

AWB-Technik

Aufmerksam

Schenken Sie der Person Ihre volle Aufmerksamkeit: Wenden Sie sich ihr zu, halten Sie Augenkontakt und nehmen Sie sie bewusst wahr. Lassen Sie sich nicht ablenken – dieser Moment gehört Ihrem Gegenüber. Achten Sie auf die Stimmung und Gefühle der Person.

Wohlwollend

Nehmen Sie eine wohlwollende Haltung ein, indem Sie an etwas denken, das die Person gut kann oder das Sie an ihr mögen, und richten Sie Ihren Fokus entsprechend positiv aus.

Begegnen

Begegnen Sie auf diese Weise der Person mit echter Herzlichkeit. Zeigen Sie dies in Stimme, Blick und Mimik. Wenn Sie etwas fragen, hören Sie aufmerksam zu und reagieren wohlwollend und persönlich. Beispiel: Wenn Julia auf »Alles klar am Montagmorgen?« mit »Wir waren mit den Kindern an der Ostsee« antwortet, reagieren Sie besser mit »Das klingt gut. Hatten Sie eine gute Zeit?«, statt auf Ihre eigene Situation einzugehen. So fördern Sie einen konstruktiven Dialog und zeigen Wertschätzung durch aktives Zuhören.

Positive Rituale schaffen

Zu den positiven Ritualen zählen all die kleinen oder auch größeren Dinge, die im Team zu gelebter und geliebter Realität werden, ohne dass man noch darüber diskutieren muss, zum Beispiel:

- das kurze Check-in vor jeder Besprechung;
- der feste Tisch in der Kantine, an dem sich das Team trifft;
- das gemeinsame Mittagessen am Pizza-Mittwoch;
- der After-Work-Drink im Besprechungsraum jeden Donnerstag von 17:00 bis 18:00 Uhr, zu dem sogar einige aus dem Homeoffice kommen;
- der Snack zum Geburtstag, der für alle mitgebracht wird;
- das vorweihnachtliche gemeinsame Essen;
- das Team-Geschenk fürs Baby, wenn es Nachwuchs gibt;

- das Begrüßungsgeschenk mit liebem Gruß für einen neuen Kollegen;
- das gemeinsame Wakeboarden nach einer anstrengenden Projektphase.

Sie können die Liste bestimmt noch um viele Aspekte ergänzen. Wenn Sie die Wirkung dieser Rituale mit der Wissenschaft (Kapitel 3.3 ab Seite 87) abgleichen, dann stellen Sie fest, dass dadurch Vertrauen, Verbundenheit, Spaß und Gemeinsamkeit entstehen.

Positive Rituale sind kraftvoll und wertvoll. Auch wenn sie zumeist unabhängig von der Führungskraft aus dem Team heraus entstehen, sollten Sie sie dennoch aktiv unterstützen, damit sie vorgeschlagen und fortbestehen können. Leider haben wir nach Corona erlebt, dass viele zuvor wichtige Rituale nicht wieder aufgenommen wurden. So etwas können Sie vermeiden.

Geben Sie Ihrem Team in einer Besprechung Raum, um abzusprechen, welche Rituale es beibehalten oder neu etablieren möchte. Selbst in zehn bis fünfzehn Minuten werden Ideen fließen.

Positives Feedback

Die Bedeutung von positivem Feedback haben wir in Kapitel 3.2 (ab Seite 67) hervorgehoben. Im Kontext der Beziehungsgestaltung liegt der Fokus darauf, die Verbundenheit zu stärken. Positives Feedback ist ein wertvoller Beitrag, um auf das »Beziehungskonto« einzuzahlen. Wir zeigen damit, dass wir die Leistungen und das Engagement unseres Gegenübers wirklich wahrnehmen und anerkennen.

Tipp: Nehmen Sie sich beispielsweise vor, jedem Mitarbeitenden einmal pro Woche ein positives Feedback auf der Beziehungsebene zu geben. Es muss nicht um Erfolge oder Leistungen gehen. Würdigen Sie ein Verhalten oder eine Stärke, die Ihnen sympathisch ist oder die dem Team in der Zusammenarbeit hilft. Nutzen Sie dabei die bewährte WWW-Formel, um Feedback klar und wirkungsvoll zu gestalten.

Teambeziehungen fördern

Wie Sie neue Teamrituale einführen

Die Einführung von Neuerungen in Meetings, insbesondere bei persönlichen Reflexionsrunden, kann auf Widerstand stoßen. Einige Mitarbeitende fühlen sich unwohl dabei, persönliche Gedanken im beruflichen Kontext zu teilen, oder sehen keinen Nutzen darin. Als Führungskraft sollten Sie diese Bedenken ernst nehmen und ihnen mit Empathie sowie Klarheit begegnen.

Mit den folgenden Ansätzen können Sie den Übergang zu einer Kultur der Offenheit und des positiven Austauschs erfolgreich gestalten.

Offene Kommunikation und Transparenz: Erklären Sie klar den Zweck und Nutzen der neuen Praxis. Betonen Sie, dass diese eine positive Arbeitsatmosphäre fördert und langfristig allen zugutekommt. Nehmen Sie sich Zeit für Fragen und Bedenken.

Freiwilligkeit und Flexibilität: Machen Sie die Teilnahme freiwillig und bieten Sie Alternativen an, zum Beispiel kleinere Gruppen oder schriftliche Beiträge. So können Mitarbeitende sich in ihrem eigenen Tempo einbringen.

Sanfter Einstieg: Beginnen Sie mit einfachen, unaufdringlichen Fragen, um die Hemmschwelle zu senken und Widerstände abzubauen.

Vorbildfunktion: Nehmen Sie selbst aktiv und authentisch teil. Ihre Offenheit kann Mitarbeitende ermutigen, sich ebenfalls zu beteiligen.

Feedback: Holen Sie nach einigen Wochen Feedback ein und teilen Sie positive Rückmeldungen (anonymisiert) mit dem Team, um die Vorteile der Praxis zu verdeutlichen.

Zeitlicher Rahmen: Halten Sie die Zeitvorgaben strikt ein, um den Respekt vor der Zeit aller zu wahren und sicherzustellen, dass die Produktivität nicht beeinträchtigt wird.

Diese Ansätze zeigen Empathie für die Bedenken der Mitarbeitenden und fördern gleichzeitig die Akzeptanz und den Nutzen der neuen Praxis.

Zeit für Begegnung: Persönliches in den Fokus rücken

Anstatt mit einem kurzen »Guten Morgen. Wir legen gleich los. Die Quartalszahlen sind …« in die Besprechung zu starten, gönnen Sie sich und Ihrem Team Zeit für persönliche Themen und einen positiven Fokus. Geben Sie den Menschen eine Chance, sich zu begegnen, sich besser kennenzulernen und anzukommen. Bieten Sie zu Beginn beispielsweise Fragen an, die das Positive fördern. Geben Sie als Führungskraft eine konkrete Frage in die Runde und bitten Sie jede Person, diese kurz und knapp zu beantworten. Wenn Sie das das erste Mal machen, leiten Sie das mit einigen erklärenden Worten ein, damit Ihr Team nicht überrascht oder irritiert ist.

Mit der Zeit gewöhnen sich die Leute daran, beginnen das Ritual zu mögen und bringen sogar eigene Fragen mit ein. Nach der Urlaubszeit zum Beispiel erzählen eh alle über die zurückliegenden Wochen. Warum also nicht eine gewisse Zeit einplanen, sodass jede:r das Highlight des Urlaubs vorstellen kann? Oder auch das berufliche Highlight der letzten Woche. Je nach Zeitbudget und Gruppengröße können Sie eine solche Runde im Plenum durchführen oder auch in Zweier- beziehungsweise Dreierkonstellationen.

Wenn alle nach dem KISS-Prinzip kommunizieren = »Keep it short and simple« – und prägnant mit der wertvollen Zeit umgehen, dauert eine solche Runde in einer Sechsergruppe zwischen sechs und fünfzehn Minuten. In einer Fünfzigerrunde bei einem digitalen Treffen können Sie Dreier- oder Vierergruppen in Kleingruppenräumen sechs Minuten geben, mit der Bitte, die Zeit gerecht aufzuteilen.

Fragen für einen Besprechungsbeginn:

- Was war dein Highlight des Wochenendes? Oder: Was war dein Highlight des Urlaubs?
- Welche Erfolge hattest du heute (oder diese Woche)?
- What went well?
- Worauf bist du in letzter Zeit sehr stolz?
- Was hat dir Energie gegeben?
- Welche Idee hat dich kürzlich inspiriert?

Nutzen Sie hier für weitere zur Anregungen den Check-in-Generator: *www.checkin-generator.de*.

Drei Gemeinsamkeiten – drei Unterschiede

Wir hatten festgestellt, wie wichtig Gemeinsamkeiten sowie ein konstruktiver, offener Umgang mit Unterschieden für Verbundenheit sind. Diese Übung lässt sich schnell durchführen, besonders in Teams, die sich noch nicht gut kennen. In diversen Teams finden sich schnell verbindende Gemeinsamkeiten, während Unterschiede angesprochen und enttabuisiert werden.

- Bilden Sie Kleingruppen zu dritt oder viert.
- Bitten Sie jede Gruppe, in zehn Minuten drei Gemeinsamkeiten und drei Unterschiede zu finden. Diese sechs Punkte sollten aufgeschrieben werden, um sie anschließend den anderen vorstellen zu können.

- Im Anschluss nehmen Sie sich noch die Zeit, dass jede Gruppe die Ergebnisse kurz für die anderen zusammenfassend vorstellt.

Als schnelle Variante können Sie die Übung in Zweiergruppen durchführen und innerhalb von sechzig Sekunden so viele Gemeinsamkeiten finden lassen, wie möglich. Dadurch finden die Teilnehmenden auch über die Kleingruppen hinweg interessante Ansatzpunkt für das nächste Pausengespräch.

Ressourcendusche

Die Ressourcendusche ist eine Methode, um Teams auf einer tieferen Ebene zu verbinden, indem positive persönliche Aspekte jedes Teammitglieds gewürdigt werden, unabhängig von äußeren Erfolgen oder dem jeweiligen Status. Dabei stellen sich die Menschen nicht selbst vor. Jede Person steht einmal im Mittelpunkt und erhält von den anderen eine Aussage oder Vermutung zu einem der folgende Aspekte:

- Stärken,
- Werte,
- Leidenschaften,
- Lebensträume.

Es handelt sich um ein positives und wertschätzendes Spekulieren. Die Person, die gerade im Fokus steht, nimmt die Ressourcendusche schweigend auf, hört aufmerksam zu und genießt, ohne zuzustimmen oder abzulehnen. Nach ihrer Runde kann sie kurz sagen, wie es ihr dabei ergangen ist und wie gut sie sich gesehen gefühlt hat. Ermutigen Sie die Teilnehmenden, auch bei weniger bekannten Personen Positives auszusprechen – oft erkennen wir solche Eigenschaften intuitiv.

Diese Übung kann in neuen und etablierten Teams sowie bei der Einführung neuer Teammitglieder durchgeführt werden. Die Ressourcendusche fördert mehrere PERMA-Aspekte, auch positive Emotionen, Stärken und Accomplishment.

Positive Team Portfolio

In einem Positive Team Portfolio visualisieren Sie positive Erlebnisse, Erfolge und Stärken eines Teams und machen sie damit für alle sichtbar. Das stärkt das Selbstbewusstsein sowie die Verbundenheit im Team.

Sammeln Sie gemeinsam beispielsweise:
- Erfolgsgeschichten von erfolgreichen Projekten und Aufgaben;
- die individuellen Stärken und Kompetenzen jedes Teammitglieds;
- positives Feedback und Anerkennung von Kollegen, Kunden oder Führungskräften;

- Fortschritte, die das Team gemeinsam erreicht hat; gemeinsam erlebte Feierlichkeiten;"
- Zukunftsvisionen, die das Team in der Zukunft erreichen möchte.

Bringen Sie Ihr Team zusammen und kreieren Sie gemeinsam mit kreativen Mitteln – beispielsweise Fotos, Grafiken, Collagen – ein solches Portfolio. Dokumentieren Sie die gesammelten Aspekte in einer Form, die für alle gut sichtbar ist. Genießen Sie das Ergebnis an der Wand!

Die Hubschrauberperspektive

Trainieren Sie mit Ihrem Team, über die Art und Weise der Kommunikation zu sprechen, statt sich nur auf den Inhalt zu konzentrieren. Klettern Sie symbolisch in einen Hubschrauber und betrachten Sie gemeinsam das Miteinander aus einer höheren Perspektive. Reflektieren Sie mit dem Team, was in der Kommunikation gut läuft und was verbessert werden kann.

Indem sie Gespräche über das Wie der Kommunikation anregen, fördern Sie ein besseres Verständnis, klären Missverständnisse und verbessern die Zusammenarbeit. Als konkretes Tool für die Hubschrauberperspektive können Sie die WWW-Feedback-Formel verwenden. So wird nicht nur der Inhalt, sondern auch die Qualität der Kommunikation gestärkt.

Positives Feedback untereinander

Feedback ist eine Form der Hubschrauberperspektive, die auch die Menschen im Team untereinander anwenden können. Ermutigen und befähigen Sie Ihr Team, sich gegenseitig positives Feedback zu geben, um Offenheit und Verbundenheit zu stärken.

Machen Sie Ihre Mitarbeitenden damit vertraut, warum positives Feedback gut ist und welche Regeln es zur Unterstützung gibt.

Führen Sie gezielt Mechanismen ein, die es den Teammitgliedern erleichtern, sich gegenseitig positives Feedback zu geben.

Beispiele hierfür sind:

- regelmäßige Feedbackrunden, in denen positives Feedback ausgesprochen werden kann;
- ein Lob-Buch für schriftliche Notizen;
- eine digitale Plattform, auf der Mitarbeitende die Beiträge ihrer Kolleginnen und Kollegen anerkennen können.

Interview mit Mike Hoffmeister, Hochschule Ostfalia

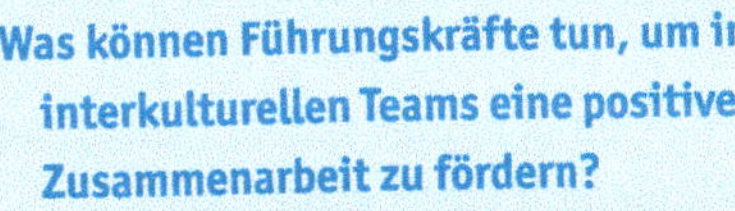

Was können Führungskräfte tun, um in interkulturellen Teams eine positive Zusammenarbeit zu fördern?

»Interkulturelle Kompetenz ist essenziell: Wertschätzen der kulturellen Vielfalt und die Fähigkeit, zwischen persönlichen und kulturell geprägten Werten zu unterscheiden.«

Warum sind persönliche Beziehungen in interkulturellen Teams so wichtig?

»In kollektivistisch geprägten Kulturkreisen sind persönliche Beziehungen der Schlüssel zu Vertrauen und erfolgreicher Zusammenarbeit. Echtes Interesse an der Person, auch im privaten Bereich, fördert tiefere Verbindungen.«

Was gibt es bei Konflikten in interkulturellen Teams zu bedenken?

»Konflikte erfordern Sensibilität. Während in Deutschland Ehrlichkeit und direktes Feedback geschätzt werden, ist in vielen anderen Kulturen Harmonie ein zentraler Wert. Mit unserer direkten Sprache verunsichern wir ausländische Mitarbeitende, da Kritik als sehr persönlich empfunden wird. Folglich werden Konflikte nicht angesprochen.«

Was sollten Führungskräfte im Umgang mit Hierarchien beachten?

»In vielen Kulturkreisen wird der Vorgesetzte als absolute Autoritätsperson wahrgenommen, die nicht kritisiert wird. Es wird erwartet, dass der Vorgesetzte in Details involviert ist und über umfassende Fachkompetenzen verfügt. Es ist für viele ausländische Mitarbeitende daher ungewohnt, eigene Entscheidungen zu treffen.«

Warum ist es wichtig, in interkulturellen Teams ausreichend Zeit einzuplanen?

»Besonders in den Anfangsphasen dauert es, Vertrauen und gemeinsames Verständnis aufzubauen. Bei Terminarbeiten ist zu berücksichtigen, dass interkulturelle Unterschiede beim Zeitverständnis existieren.«

Professor Dr. Mike Hoffmeister lehrt und forscht im Bereich interkulturelles Management mit dem Fokus Positive Leadership an der Fakultät für Wirtschaft der Ostfalia Hochschule für angewandte Wissenschaften am Campus Wolfsburg.

PoTMos – Positive Team-Momente

In Teams wird öfters über Probleme oder Schwierigkeiten gesprochen, wodurch der Fokus auf das Negative gerichtet wird. Natürlich ist es wichtig, Konflikte lösungsorientiert zu behandeln.

Mit den PotMos richten Sie – im Sinne des Beziehungskontos – den Fokus auf das Positive und fördern Vertrauen und Verbundenheit. Wenn wir stark auf unsere Arbeit fokussiert sind, nehmen wir selten bewusst wahr, welche Momente wir mit dem Team genießen. Hier geht es genau darum: Momente im Team, die jeder Einzelne als positiv wahrnimmt. Gehen Sie folgendermaßen vor:

Individuelle Reflexion: Jeder überlegt für sich, welche gemeinsamen Momente im Team positive Emotionen auslösen, und notiert diese.

Austausch: Im Anschluss teilen die Menschen im Team diese positiven Momente, entweder in der großen Runde oder in Kleingruppen, je nach Teamgröße. Es ist wichtig, dass jede:r zu Wort kommt und dabei die volle Aufmerksamkeit der anderen erhält.

Reaktionen: Die Teammitglieder überlegen, welche positiven Momente sie künftig verstärken möchten. Dabei werden unterschiedliche Wahrnehmungen und Bedürfnisse berücksichtigt, um gemeinsame Lösungen zu finden.

Die Übung kann sehr humorvoll oder auch berührend sein, in jedem Fall stärkt sie das Gefühl der Zusammengehörigkeit. Diese Übung eignet sich für Teamtage oder in größeren Abständen für eine Besprechung.

Fragen zur Verbundenheit

Diese Übung fördert eine tiefere emotionale Verbindung zwischen zwei Personen, basierend auf den Forschungen von Prof. Dr. Arthur Aron (1997). Durch das Beantworten persönlicher Fragen werden Offenheit und Verständnis gestärkt.

Nutzen Sie hierfür das »Arbeitsblatt Fragen zur Verbundenheit« im Downloadangebot.

Beispielfragen:

- Wie würdest du einen perfekten Tag beschreiben?
- Wann und wo hast du das letzte Mal für dich gesungen? Oder für eine andere Person?

Vorgehen:

- Teilen Sie das Team in Zweierpaare auf. Mischen Sie Personen zusammen, die sich wenig kennen.

- Geben Sie jedem Paar eine Auswahl der Fragen zur Verbundenheit.
- Betonen Sie, dass die Übung auf gegenseitigem Respekt basiert und dass die Antworten vertraulich behandelt werden.
- Jede Person stellt und beantwortet Fragen aus der Liste, während der andere aufmerksam zuhört. Bitten Sie die Personen, nach jeder Frage die Rollen zu wechseln.
- Reflektieren Sie im Anschluss gemeinsam die Übungserfahrungen.

Diese Fragen eignen sich besonders gut, um Workshops oder Besprechungen auf eine humorvolle und zugleich intensive Weise zu bereichern.

Schwierige Ereignisse als Chance nutzen

Es ist normal, dass Menschen einen Negativfokus einnehmen und über schwierige Situationen sprechen wollen. Wichtig ist, dass nach dem Dampfablassen der Schritt zur Lösung folgt. So können Sie vorgehen:

1. Lassen Sie den Ärger und Frust zu und hören Sie empathisch zu.
2. Analysieren Sie gemeinsam die Situation und verstehen Sie die Dynamik.
3. Lenken Sie den Fokus ins Positive mit Fragen wie: »Was kannst du Positives daraus ableiten?«, »Was lernst du daraus?«, »Wie wirst du jetzt konstruktiv vorgehen?«.

Charlotte war wütend auf einen Kunden und erzählte in der Teambesprechung davon. Ihre Führungskraft Mirko hörte erst empathisch und achtsam zu. Danach analysierten sie gemeinsam, was genau geschehen war. Dann unterstützte er sie, ihren Fokus neu auszurichten, indem er die Fragen ins Positive stellte. Durch dieses Vorgehen konnte Charlotte selbst neue Ideen entwickeln, die ihr halfen, wertvolle Erkenntnisse für sich zu gewinnen und die Beziehung zum Kunden sogar zu verbessern. Das wurde Charlotte nur möglich, weil Mirko das Negative zugelassen und gewürdigt hat und dann beim Fokuswechsel half.

Das Negative zu würdigen und dann empathisch und angemessen zum Konstruktiven zu wechseln, ermöglicht uns, aus schwierigen Situationen zu lernen und positiv voranzugehen.

7.4 Meaning – Bedeutung und Sinn für mich und andere vermitteln

»Menschliche Arbeit hat nicht nur einen Erfolg, sie hat auch einen Sinn.«

Willy Brandt, Bundeskanzler

In diesem Kapitel möchten wir Sie einladen, sich intensiv mit dem Thema »Sinn und Bedeutung« in der praktischen Anwendung zu beschäftigen. Dabei stehen sowohl Ihr eigener Zugang zu Sinn und Bedeutung als auch der Ihrer Mitarbeitenden im Mittelpunkt. Die Übungen und Reflexionen sind auf die Inhalte aus Kapitel 3.4 (ab Seite 96) abgestimmt und bieten Ihnen die Möglichkeit, Ihr Verständnis zu vertiefen. Wenn Sie zusätzliches Hintergrundwissen benötigen, zögern Sie nicht, zu den entsprechenden Abschnitten zurückzukehren.

Eigene Werte und deren Bedeutung erkennen

Ziel: Erkennen und reflektieren Sie Ihre eigenen Werte und wie diese Ihr Sinnerleben im Arbeitsumfeld beeinflussen.

Nehmen Sie sich einen Moment Zeit und konzentrieren Sie sich auf die Frage: Was ist mir im Leben wirklich wichtig? Überlegen Sie, welche Werte und Prinzipien Ihr Handeln und Denken leiten. Diese Werte beschreiben, was für Sie persönlich richtig und bedeutend ist – sie sind Ihr innerer Kompass.

Werte identifizieren: Schreiben Sie in Ruhe die Werte auf, die Ihnen am wichtigsten sind. Beispiele hierfür könnten sein: Ehrlichkeit, Respekt, Freiheit, Verantwortung oder Vertrauen. Nehmen Sie sich Zeit, um tief in sich hineinzuhören und die Werte zu finden, die Ihnen wirklich am Herzen liegen. Wie beeinflussen Ihre Werte Ihre Entscheidungen und Ihr Verhalten?

Überlegen Sie nun, welche der notierten Werte für Sie in Ihrer Führungsrolle wichtig sind und einen Zusammenhang zum Thema Führung aufweisen.

Beispiel: »Einer meiner Werte ist Ehrlichkeit. Das bedeutet, dass ich in Meetings immer transparent kommuniziere und Feedback offen und ehrlich gebe.«

Fragen Sie sich anschließend:

- Warum sind diese Werte für mich wichtig?
- Wie spiegeln sie sich in meiner täglichen Arbeit wider?
- Welche Werte, die mir wichtig sind, kann ich in meiner momentanen beruflichen Situation nicht leben?
- Wie können diese Werte mehr zur Geltung kommen?
- Was würde sich dadurch ändern?

Schließen Sie diese Übung ab mit folgenden Fragen:

- Was ist gut und kann so bleiben?
- Wo möchte ich bewusster mit meinen Werten umgehen?
- Was möchte ich verändern?

Den Sinn und die Bedeutung von Mitarbeitenden individuell verstehen

In einem Unternehmen hat jeder Mitarbeitende seine eigene Motivation und seinen eigenen Sinn für das, was er tut. Dieser individuelle Sinn kann variieren und muss nicht immer in großen, visionären Zielen verankert sein. Oft geht es um ganz elementare Dinge wie das Geldverdienen, um die Familie zu ernähren, oder um finanzielle Sicherheit.

Eine Führungskraft muss diese Diversität erkennen und berücksichtigen, um allen Mitarbeitenden gerecht zu werden und eine sinnstiftende Arbeitsumgebung zu schaffen. Neben dem Sinn – was das Unternehmen in die Welt bringt – gibt es noch viele weitere Motive.

Hier kann es auch hilfreich sein, die Mitarbeitenden durch gute Fragen zu der Erkenntnis zu bringen, dass die Arbeit – auch wenn sie selbst kaum als sinnstiftend erlebt wird – einen ganz zentralen Beitrag leistet: sie ermöglicht finanziell, dass es der Familie gut geht, ein Hobby ausgeübt oder anderes finanziert werden kann. Das verbindet die Arbeit mit dem persönlichen Sinn, die Arbeit wird zum indirekten Sinnstifter.

Individuelle Motivationen erkennen

Ziel: Erkennen und respektieren Sie die unterschiedlichen Motivationen Ihrer Mitarbeitenden und reflektieren Sie, wie diese zu einem positiven Arbeitsumfeld beitragen können.

Wirtschaftliche Gründe: Viele Mitarbeitende arbeiten primär, um ihren Lebensunterhalt zu sichern. Diese Motivation ist genauso legitim wie jede andere und sollte von Führungskräften anerkannt und respektiert werden.

Persönliche Ziele: Manche Mitarbeitende haben persönliche Ziele, die sie durch ihre Arbeit erreichen möchten, sei es berufliche Entwicklung, persönliche Erfüllung oder soziale Kontakte.

Vielfalt der Motivationen verstehen und nutzen

Motivationsvielfalt: Die Vielfalt der Motivationen in einem Team kann eine Stärke sein. Unterschiedliche Beweggründe können zu einer ausgewogenen und dynamischen Teamdynamik beitragen, in der verschiedene Perspektiven und Ansätze zum Tragen kommen.

Beobachtung und Gespräche

Beobachten Sie Ihre Mitarbeitenden und führen Sie informelle Gespräche, um deren individuelle Motivationen zu verstehen. Fragen Sie sich zum einen: »Was treibt Sie an? Was erleben Sie als sinnvoll und warum? Und weiter: Wie stehen die Antworten der Mitarbeitenden im Einklang mit dem warum und wozu des Unternehmens (Purpose)?«

Reflexion über Teamdynamik

Überlegen Sie, wie die unterschiedlichen Motivationen der Teammitglieder zur Dynamik und zum Erfolg des Teams beitragen.

Schreiben Sie auf: »Welche unterschiedlichen Motivationen gibt es in meinem Team und wie beeinflussen sie die Teamarbeit?«

Tipp: Vielfältige Motivationen als Stärke nutzen

Praktische Tipps zur Förderung von Sinn und Bedeutung

Regelmäßiger Austausch

Ziel: Sicherstellen, dass die Mitarbeitenden ihren individuellen Sinn und Bedeutung der Arbeit mit dem Purpose des Unternehmens verbinden können.

Teammeetings: Integrieren Sie in Ihre regelmäßigen Teammeetings eine kurze Reflexionsrunde, in der Ihre Mitarbeitenden über das nachdenken, was ihnen sowohl persönlich als auch beruflich wichtig ist. Stellen Sie Fragen wie: »Welche Aspekte sind Ihnen in Ihrem Leben besonders bedeutsam und wie können diese mit dem Sinn und der Bedeutung unserer gemeinsamen Arbeit verbunden werden?«

Aufgabenbedeutung im Gesamtkontext vermitteln: Machen Sie deutlich, wie die Arbeit jedes Einzelnen zum größeren Sinn, den Werten und den Zielen des Unternehmens beiträgt. Beispiel: »Ihre Arbeit an diesem Projekt hat entscheidend dazu beigetragen, dass wir einen bedeutenden Kunden gewinnen konnten und unser gemeinsames Ziel der Exzellenz weiterverfolgen.«

Feedbackkultur: Geben Sie regelmäßig Feedback, das den Zusammenhang zwischen der individuellen Leistung und dem übergeordneten Sinn und Zweck der Unternehmensaktivitäten verdeutlicht. Beispiel: »Dank Ihrer gründlichen Analyse konnten wir unsere Strategie überdenken und einen wichtigen Beitrag zur Reduktion der Emissionen unserer Produkte leisten, was unserem Unternehmenswert der Nachhaltigkeit entspricht.«

Wertebasierte Projekte initiieren: Initiieren Sie Projekte und Aufgaben, die es Ihren Mitarbeitenden ermöglichen, ihre persönlichen Werte und Überzeugungen zu leben. Beispiel: »Unser nächstes Projekt legt einen besonderen Fokus auf Nachhaltigkeit, was für viele von Ihnen von großer Bedeutung ist.«

Freiräume schaffen: Ermöglichen Sie Ihren Mitarbeitenden, eigene Projekte oder Initiativen zu starten, die ihren Werten und Überzeugungen entsprechen und so mehr Bedeutung in ihre Arbeit bringen. Beispiel: »Wenn Sie Ideen für Projekte haben, die Ihnen am Herzen liegen und die mit dem Sinn und Zweck unseres Unternehmens in Einklang stehen, lassen Sie es uns wissen.«

Die Sinnpyramide in der Praxis anwenden

Aufbauend auf der in Kapitel 3.4 (ab Seite 96) beschriebenen Sinnpyramide, folgen nun einige wichtige Reflexionen und Tipps zur praktischen Umsetzung. Die Sinnpyramide ist ein strukturiertes Modell und hilft, gezielt den Sinn der Arbeit zu fördern, was Motivation, Engagement und Zufriedenheit der Mitarbeitenden steigert.

Reflexion 1: Die Perspektive der Mitarbeitenden einnehmen

Wählen Sie einen Mitarbeitenden aus Ihrem Team aus. Stellen Sie sich vor, Sie wären in seiner/ihrer Position. Was sind die täglichen Aufgaben und Herausforderungen dieser Person?

- Überlegen Sie, wie diese Person ihre Arbeit erleben könnte. Welche Aspekte der Arbeit könnten für die Person besonders sinnvoll oder sinnlos erscheinen?
- Notieren Sie Ihre Beobachtungen und Gedanken.

Reflexion 2: Analyse anhand der Sinnpyramide

Individuelle Ebene: Überlegen Sie, wie die Aufgaben und Tätigkeiten des Mitarbeitenden als sinnvoll und wertvoll vermittelt werden können. Welche Möglichkeiten zur persönlichen und beruflichen Weiterentwicklung können Sie anbieten?

Team- und Abteilungsebene: Denken Sie darüber nach, wie der Mitarbeitende sich stärker als Teil des Teams fühlen kann. Welche gemeinsamen Ziele und Werte können Sie hervorheben? Wie können Sie die Zusammenarbeit und Unterstützung innerhalb des Teams fördern? Welchen sinnvollen Beitrag liefert das Team? Wie werden die Schnittstellen zwischen Teams und Abteilungen gestaltet und sinnvoll verbunden?

Organisations- und gesellschaftliche Ebene: Überlegen Sie, wie die Arbeit des Mitarbeitenden zur Erreichung der übergeordneten Werte und Ziele des Unternehmens beiträgt. Welche gesellschaftlichen Beiträge leistet die Arbeit Ihres Teams? Wie kann das Engagement des Unternehmens für Nachhaltigkeit und soziale Verantwortung vermittelt werden?

Entwicklung praktischer Maßnahmen

Basierend auf Ihren Überlegungen und Analysen entwickeln Sie konkrete Maßnahmen, die Sie ergreifen können, um das Sinnerleben des Mitarbeitenden zu fördern.

Beispiele könnten sein: regelmäßige Feedbackgespräche, Einbindung in Entscheidungsprozesse, Förderung von Fortbildungen, Organisation von Teambuilding-Aktivitäten, klare Kommunikation der Unternehmensvision und -mission. Notieren Sie diese Maßnahmen und erstellen Sie einen Plan, wie und wann Sie diese umsetzen möchten.

Abschluss und Reflexion

Nehmen Sie sich einen Moment, um Ihre Notizen und den entwickelten Maßnahmenplan zu überprüfen.

Überlegen Sie, welche positiven Auswirkungen diese Maßnahmen auf das Sinnerleben und die Motivation des Mitarbeitenden haben könnten.

Setzen Sie sich ein Ziel, wann Sie diese Übung erneut durchführen möchten, um kontinuierlich das Sinnerleben Ihrer Mitarbeitenden zu fördern und zu reflektieren.

Vision und Mission: die tägliche Umsetzung gestalten

Unternehmensvision und -mission sind zentrale Elemente, die den Kurs eines Unternehmens bestimmen und Orientierung bieten. Die Vision beschreibt das langfristige Ziel und den angestrebten Zustand des Unternehmens in der Zukunft, während die Mission den Zweck und die grundlegenden Werte definiert, die das tägliche Handeln leiten. Es ist sehr wichtig, diese Leitbilder sichtbar zu machen, da sie nicht nur den Mitarbeitenden Klarheit und Sinn vermitteln, sondern auch deren Motivation und Engagement fördern. Leitbilder sollten demnach gelebt werden und nicht auf Hochglanzbroschüren wunderbar formuliert irgendwo im Regal liegen. An welchem Verhalten würden Menschen in Unternehmen gelebte Leitbilder erkennen?

Wenn Unternehmensvision und -mission regelmäßig kommuniziert und in den Arbeitsalltag integriert werden, erzeugen sie eine starke Identifikation mit den Unternehmenszielen und tragen zur Schaffung eines kohärenten und inspirierenden Arbeitsumfelds bei.

Regelmäßige Kommunikation: Integrieren Sie die Vision und Mission in regelmäßige Teammeetings. Sprechen Sie darüber, wie aktuelle Projekte und Entscheidungen mit diesen Leitbildern in Einklang stehen.

Konkretisieren: Brechen Sie die Vision und Mission auf konkrete, greifbare Ziele und Maßnahmen herunter. Zeigen Sie, wie jede:r Einzelne dazu beitragen kann.

Storytelling: Verwenden Sie Geschichten und Beispiele aus der Praxis, um zu zeigen, wie die Vision und Mission bereits erfolgreich umgesetzt werden und welchen positiven Einfluss sie auf das Unternehmen und die Mitarbeitenden haben.

Einbindung in die Zielsetzungen: Verknüpfen Sie die Unternehmensziele direkt mit der Vision und Mission. Zeigen Sie den Mitarbeitenden, wie ihre Arbeit diese langfristigen Ziele unterstützt.

Mitarbeitende einbeziehen: Lassen Sie die Mitarbeitenden aktiv an der Weiterentwicklung und Umsetzung der Vision und Mission teilhaben. Das schafft Identifikation und Engagement.

Visuelle Präsenz: Sorgen Sie dafür, dass die Vision und Mission nicht nur irgendwo stehen, sondern in allen Kommunikationsmitteln präsent sind – sei es in E-Mails, Präsentationen oder auf der Website.

Führungskräfte als Vorbilder: Führungskräfte sollten die Vision und Mission vorleben. Ihr Verhalten und ihre Entscheidungen müssen im Einklang mit den Leitbildern stehen, um Glaubwürdigkeit zu schaffen.

Feedback einholen: Fragen Sie regelmäßig nach dem Feedback der Mitarbeitenden, wie sie die Vision und Mission wahrnehmen und was verbessert werden kann. Dies zeigt, dass die Leitbilder nicht starr, sondern lebendig und relevant sind.

7.5 Accomplishment: Erfolge sichtbar machen und feiern

Nun geht es darum, was Sie konkret tun können, um das Erleben von Accomplishment zu steigern, indem Sie Erfolge sichtbar machen und feiern.

Erfolge wahrnehmen und erkennen

Um Leistung und Erfolge sichtbar zu machen, müssen wir unsere Aufmerksamkeit bewusst auf das Erreichte richten. Das ist besonders einfach, wenn eine Aufgabe vollständig erledigt oder ein Projekt erfolgreich abgeschlossen wurde. Hier einige Aspekte, die Sie bei zukünftigen Erfolgen beachten können:

- **Individueller Stärkeneinsatz:** Wie hat jede:r Einzelne sich engagiert und seine Stärken eingebracht?
- **Individuelles Wachstum:** Wie sind Einzelne über sich hinausgewachsen?
- **Stärkeneinsatz im Team:** Wie haben die Stärken im Team zusammengewirkt?
- **Zusammenarbeit im Team:** Wie hat die Teamarbeit zum Erfolg beigetragen?
- **Kooperation:** Welchen Anteil hat die Zusammenarbeit mit anderen Beteiligten?
- **Ergebnisse für Kunden:** Was wurde für die Kunden erreicht?
- **Beitrag zum Unternehmen:** Was wurde für das Unternehmen geleistet?
- **Sinn und Nutzen:** Welchen übergreifenden Sinn und Nutzen haben wir geschaffen?

Weitere Anregungen zur Entwicklung motivierender Kennzahlen finden Sie unter »Ein positives Reporting entwickeln« auf Seite 225.

Erfolge unter erschwerten Bedingungen wahrnehmen und erkennen

Leistungen zu erkennen, wenn ein Projekt noch läuft oder Probleme auftauchen, ist deutlich herausfordernder. Oft richtet sich der Fokus auf das, was noch nicht funktioniert. Als Führungskraft sollten Sie darauf achten, auch in schwierigen Phasen Erfolge wahrzunehmen und sichtbar zu machen, um Motivation und Engagement aufrechtzuerhalten.

Die eigene Wahrnehmung im Stress

Erinnern Sie sich an eine stressige Führungssituation, bei der Sie und Ihr Team unter erheblichem Zeitdruck standen und der Abgabetermin näher rückte: Wie haben Sie den Stress wahrgenommen? Wie ging es Ihnen? Worauf war Ihre Aufmerksamkeit gerichtet?

Wahrscheinlich haben Sie vor allem gesehen, was noch nicht erledigt ist und wo Gefahren lauern.

Welche Auswirkung hatte das auf das Erleben von Accomplishment bei Ihnen und in Ihrem Team?

Kommen Sie auf diese Weise in den Zustand, den Sie brauchen, um kreativ und erfolgreich zu arbeiten?

Sie wissen sicherlich, worauf diese Selbstreflexion abzielt: Im Stressmodus fällt es schwer, das Erreichte wahrzunehmen. Doch genau diese Wahrnehmung von Erfolg und Selbstwirksamkeit ist notwendig, um die Aufgabe erfolgreich abzuschließen. Oft überträgt sich der Stress der Führungskraft auf das Team und alle verlieren den Blick für die bereits erzielten Fortschritte. Das erhöht den Stress und mindert sowohl Motivation als auch Selbstwirksamkeit, was den »Endspurt« im Projekt noch anstrengender macht.

Was kann helfen? Nutzen Sie Achtsamkeit und positive Emotionen, um Ihre innere Balance wiederherzustellen. Was tut Ihnen in dieser Situation gut? Was lässt Sie durchatmen? Setzen Sie Ihre Stärken bewusst ein und weiten Sie Ihre Wahrnehmung aus. Weitere Anregungen für mehr Achtsamkeit in stressigen Situationen finden Sie in Kapitel 7.6 ab Seite 228.

Teil- und Zwischenerfolge erkennen

Erinnern Sie sich an die stressige Situation aus der vorherigen Selbstreflexion. Atmen Sie tief durch, kommen Sie zur Ruhe und denken Sie an etwas Positives – sei es Ihre Liebsten, Ihr Hobby oder schöne Teammomente.

Spüren Sie, wie sich Ruhe und Gelassenheit in Ihnen ausbreiten.

Welche Ihrer Stärken können Ihnen jetzt helfen, die Situation besser zu meistern? Nehmen Sie sich einen Moment, um Ihre Stärken bewusst wahrzunehmen.

Betrachten Sie die Situation erneut, aber mit einem erweiterten Blick. Was haben Sie und Ihr Team bereits erreicht? Welche Teilaufgaben und Zwischenziele sind erledigt? Was ist schon gelungen oder sogar fertig?

Wie fühlt es sich an, das Teilerreichte zu betrachten? Notieren Sie Ihre Gedanken.

So schaffen Sie die Grundlage, auch in schwierigen Momenten das Positive und Erreichte wahrzunehmen.

Haben Sie Erfolge bei sich und Ihrem Team erkannt, können Sie nun Ihren Kollegen helfen, ebenfalls die Zwischenerfolge und das bereits Erreichte wahrzunehmen.

Erfolge sichtbar machen

Was beabsichtigen wir damit, Erfolge sichtbar zu machen, und an wen richten wir uns dabei? Erfolge sichtbar zu machen verfolgt mehrere Ziele:

1. Die Mitarbeitenden sollen ihre Erfolge bewusst wahrnehmen, auch die Teilerfolge.
2. Es sollen Anerkennung und Wertschätzung vermittelt und positive Emotionen geweckt werden.
3. Erfolge sollen alle motivieren und inspirieren, weiterzumachen.
4. Es wird vermieden, dass Erfolge übersehen, ignoriert oder übergangen werden.

Wem gegenüber und wie sollen Erfolge sichtbar werden?

Je nach Kontext richten Sie sich an Einzelpersonen, Teams oder eine größere Öffentlichkeit. In unterschiedlichen Kulturen und Organisationen variieren die besten Ansätze. In US-amerikanischen Unternehmen ist es üblich, »Mitarbeitende des Monats« öffentlich auszuzeichnen. In der deutschsprachigen Kultur könnte das schwieriger sein, da hier weniger im offenen Wettbewerb untereinander gearbeitet wird und die Auszeichnung eines Einzelnen leicht als Zurücksetzung der anderen gedeutet wird.

Empfehlungen für die Entscheidung, wer angesprochen wird

Einzelpersonen:

- bei Einzelleistungen,
- zur Stärkung der Beziehung,
- wenn die Person das Gespräch braucht, um ihre Leistung zu erkennen,
- wenn öffentliche Anerkennung Stress verursachen würde.

Teams:

- bei Teamleistungen,
- bei gemeinsam erreichten Zielen,
- um den stärkeren Teamzusammenhalt hervorzuheben,
- wenn Hindernisse durch Zusammenarbeit überwunden wurden,
- wenn es motivierend wäre, einzelne Leistungen im Team zu würdigen.

Abteilungen:

- bei Leistungen der gesamten Abteilung,
- wenn der Erfolg für die Abteilung bedeutsam ist,
- wenn die Anerkennung einzelner Leistungen motivierend für die Abteilung ist.

Unternehmen:

- bei Leistungen der gesamten Organisationseinheit,
- wenn der Erfolg wesentlich zu den Unternehmenszielen beiträgt,
- wenn die Anerkennung Einzelner das gesamte Unternehmen motivieren würde.

Öffentlichkeit:

- bei Erfolgen von Relevanz über das Unternehmen hinaus, zum Beispiel für Kunden oder Geschäftspartner,
- bei innovativen Lösungen oder technologischen Durchbrüchen,
- wenn die öffentliche Darstellung die Beteiligten motiviert und stolz macht.

Fazit: Wählen Sie den passenden Empfängerkreis, um Accomplishment optimal zu fördern. Das Sichtbarmachen von Erfolgen sollte motivieren, Verbundenheit stärken und zu einer positiven Unternehmenskultur beitragen, in der alle gerne arbeiten und Erfolge feiern.

Erfolg mit allen Sinnen erleben

Im Abschnitt »Genießen mit allen Sinnen« (Seite 167) haben wir erläutert, wie unsere fünf Sinne das Erleben von Genuss intensivieren. Jeder Mensch hat bevorzugte Sinne, über die er am liebsten wahrnimmt. Im Arbeitskontext ist das oft das Sehen, weshalb wir häufig von »Erfolge sichtbar machen« sprechen. Doch um Erfolg intensiver zu erleben, sollten alle Sinne einbezogen werden. Das positive Erleben wird besonders kraftvoll, wenn mehrere Sinne gleichzeitig angesprochen werden. Um Ihre Kreativität zu inspirieren, haben wir hier einige Beispiele zusammengestellt:

1. Erfolg sichtbar machen

- Kurze Nachrichten wie E-Mails, Postkarten oder Post-its mit einem »Danke« oder Smiley.
- Symbole und Auszeichnungen wie Pokale, Urkunden oder Preise.
- Blog-Artikel, Mitarbeiterzeitschriften, Intranet.
- Visuelle Erinnerungen durch Fotos, Skizzen oder Zeichnungen von Erfolgserlebnissen.
- IT-Tools zur Fortschrittsdarstellung, wie sie in CRM- oder Projektmanagement-Software enthalten sind.

2. Erfolge hörbar machen

- Persönliche Ansprache: im Vieraugengespräch, in Teamrunden oder Besprechungen.
- Akustische Anerkennung: Applaus, Tischklopfen, Jubeln.
- Kommunikation: Telefonanrufe, Audionachrichten, Videonachrichten.
- Soundeffekte: Jingles, kurze Klangfolgen oder Lieblingsmusik bei Erfolgen, wie »We are the Champions«.

- IT-Tools: Sound, der bei Erfolg abgespielt wird.

3. Erfolge spürbar machen

- Händedruck: Anerkennend und etwas länger als gewohnt den Kontakt halten.
- High Five: Enthusiastisches Abklatschen zur Feier eines Erfolgs.
- Körperliche Gesten: Umarmung, Hand auf die Schulter legen (wenn passend).
- Akustische und körperliche Reaktionen: Applaudieren, Klatschen, Trommeln, Jubeln.
- Bewegung: Tanzen, Hüpfen, Springen.

4. Den Erfolg riechen

- Blumenstrauß: die Blüten als Duftquelle.
- Getränke und Speisen.
- Parfüm: als Geschenk zur Belohnung.
- Neues Büro: der charakteristische Geruch.
- Neue Produkte: der Duft erfolgreicher Entwicklungen.

5. Erfolg, den man schmecken kann

- Süße und salzige Snacks, Kaffee und Kuchen.
- Gemeinsames Essen: Frühstück, von Pizza bis zu Mehrgänge-Menüs.
- Getränke zum Anstoßen: Sekt (alkoholfrei möglich), guter Wein.

Welche von diesem Möglichkeiten nutzen Sie schon zum Erleben von Erfolgen mit allen Sinnen? Welche weiteren Ideen haben Sie noch, die wunderbar in Ihr Team passen würden?

Erfolgsfeedback mit WWW geben

In den vorherigen Kapiteln haben wir gezeigt, dass positives, stärkenorientiertes Feedback positive Emotionen fördert, motiviert und Beziehungen stärkt. Für ein Erfolgsfeedback zur Steigerung von Accomplishment nutzen wir weiterhin die WWW-Formel (Wahrnehmung, Wirkung, Wunsch) und ergänzen sie um einige Besonderheiten.

Das zu beschreibende Verhalten (Wahrnehmung) sollte einen klaren Zusammenhang mit dem Ziel oder Projekt haben, auf das sich das Feedback bezieht. Beschreiben Sie genau, welche Stärken Sie dabei erkannt haben.

Bei der Wirkung steht im Fokus, wie das gezeigte Verhalten und die Bemühungen zum erreichten (Teil-)Erfolg geführt haben. Machen Sie den Beitrag der Person oder Gruppe sehr deutlich. Nutzen Sie die »Zauberworte« des Growth Mindset, indem Sie betonen, was »fast« erreicht oder »noch nicht ganz« fertig ist, wenn es sich um motivierendes Zwischenfeedback handelt. Verwandeln Sie das W von »Wunsch« bei Erfolgsfeedback in ein »Weiter so!« oder »Wunderbar!«.

Attribution von Erfolgen nutzen

Attribution beschreibt, wie Menschen die Ursachen von Erfolgen und Misserfolgen interpretieren. Für Führungskräfte ist das bedeutsam, weil es beeinflusst, wie sie und ihre Mitarbeitenden auf Erfolg und Misserfolg reagieren.

Interne Attribution bedeutet, dass Menschen Erfolge und Misserfolge sich selbst zuschreiben, etwa: »Ich habe in dem Projekt gute Arbeit geleistet«. Externe Attribution hingegen sieht die Ursachen außerhalb der eigenen Kontrolle, zum Beispiel: »Das Projekt lief gut, weil der Chef es selbst übernommen hat«.

Unglückliche Menschen neigen dazu, Misserfolge sich selbst zuzuschreiben und Erfolge extern zu begründen, etwa: »Ich habe die Beförderung nicht bekommen, weil mir die Kompetenzen fehlen«, oder: »Ich habe die Stelle nur bekommen, weil die anderen Bewerber schlechter waren«. Interne Attribution insbesondere bei Erfolgen steigert das Selbstwirksamkeitserleben, eine ausgewogene Mischung aus interner und externer Attribution ist jedoch ideal.

Wie können wir das in der Führung umsetzen?

Hören Sie aufmerksam zu, wie Mitarbeitende Erfolge und Misserfolge interpretieren. Achten Sie auf Einseitigkeiten. Stellen Sie gezielte Fragen, um beide Aspekte zu beleuchten:

- Für mehr interne Attribution: »Was haben Sie zu dem Ergebnis beigetragen?«
- Für mehr externe Attribution: »Welche äußeren Faktoren haben zum Ergebnis beigetragen?«

Fazit: Als Führungskraft können Sie die Attribution durch gezieltes Fragen so ausbalancieren, dass die Selbstwirksamkeit und die Eigenverantwortung wieder klar und deutlich wahrgenommen werden.

Die Vielfalt der Zielformen einsetzen

In Kapitel 3.5 (Seite 102) haben wir bereits unterschiedliche Zielformen vorgestellt. Für die Wahl der passenden Zielform sollten Sie folgende Fragen berücksichtigen:

1. Ist das Ziel konkret genug für SMART?

Um ein Ziel SMART zu formulieren, muss es spezifisch, messbar, erreichbar, relevant und zeitgebunden sein. Es gibt verschiedene Deutungen der Buchstabenfolge SMART, auch in deutscher Fassung. SMART-Ziele erfordern ein spezifisch messbares oder genau beobachtbares Ergebnis, was ihre Stärke, aber auch eine Schwäche ist. Ziele, die nicht klar messbar sind, wie Zustandsziele, lassen sich schwer SMART formulieren. Dennoch können viele andere Zielformen auch SMART formuliert werden, mit einigen Ausnahmen, auf die wir noch eingehen.

2. Vermeidung oder Annäherung?

Soll das Ziel etwas vermeiden oder einem positiven Zustand näher kommen? Vermeidungsziele sollten immer mit einem positiven Zielzustand kombiniert werden, um eine klare Handlungsrichtung vorzugeben. Vermeidungszielen können Sie ganz leicht eine Richtung geben, wenn Sie den Satz sprachlich mit einem »sondern« oder »stattdessen« fortsetzen und einen positiv beschriebenen Zielzustand hinzufügen. Beispiel: »Wir werden uns im Meeting nicht mehr gegenseitig ins Wort fallen …« ergänzen durch »sondern uns melden und dann sprechen, wenn der Moderator uns das Wort erteilt«.

3. Wie ist der Zeithorizont?

Handelt es sich um ein einmaliges Ziel oder um eine kontinuierliche Entwicklung? Beispiele: »Wir verkaufen in diesem Jahr zehntausend Stück unseres Produktes« oder »Wir bleiben Marktführer in unserem Segment«.

Klären Sie den Zeithorizont – kurz-, mittel- oder langfristig – und überlegen Sie, ob es Zwischenziele gibt. Beispiele: »Der erste Entwurf wird dem Vorstand in vier Wochen präsentiert« oder »Das fertige Produkt wird dem Kunden nach zwölf Monaten übergeben«.

4. Geht es um Lernen oder Entwicklung?

Handelt es sich um das Erlernen neuer Fähigkeiten oder um persönliche und berufliche Weiterentwicklung? Lernziele umfassen oft komplexe Inhalte, die SMART schwer zu formulieren sind, zum Beispiel: »Ich erlerne agile Methoden für die Projektsteuerung.« Prüfungen oder Zertifizierungen wie »Ich weise bis zum (Stichtag) meine Zertifizierung als Scrum-Master nach« können helfen. Entwicklungsziele hingegen fokussieren sich auf qualitative Aspekte wie Verhaltensweisen und Einstellungen und sind oft schwieriger zu messen. Beispiele für Entwicklungsziele sind:

- Kommunikationsfähigkeiten verbessern: besser präsentieren, argumentieren, überzeugen, verkaufen;
- soziale und emotionale Intelligenz ausbauen;
- Präsenz und Achtsamkeit zeigen;
- Teamfähigkeiten ausbauen;
- Positive Leadership lernen.

Bei solchen Zielen ist der Weg das Ziel. Es gibt keinen klaren Endpunkt, es geht um den Prozess der Entwicklung. Entwicklungsziele sollten immer positiv handlungsleitend formuliert werden.

Positives Zielbild: Wirksame Entwicklungsziele enthalten ein Leitbild. Das ist ein positives Zielbild, das Sinn vermittelt und werteorientiert die erwünschten Handlungen beschreibt. Immer mehr Unternehmen entwickeln solche Leitbilder gemeinsam mit ihren Führungskräften.

Entwicklungspläne: Komplexe Entwicklungen erfordern sorgfältige Planung; sie lassen sich nicht zufällig erreichen. Welche Schritte sind nötig, um das Entwicklungsziel zu erreichen? In Kapitel 5 (ab Seite 141) haben wir die relevanten Themen für die Entwicklung von Führungsskills und Kompetenzen aufgezeigt. Entwicklungsziele erfordern viel Vorbereitung und können nicht »zwischendurch« festgelegt werden – deshalb widmen größere Unternehmen ganze Teams oder Abteilungen der Führungskräfteentwicklung.

5. Ergebnisse erzielen oder Zustand erreichen?

Wollen Sie konkrete, messbare Ergebnisse erzielen? Dann sind Ergebnisziele passend, da die sich gut SMART formulieren lassen, zum Beispiel: »Wir verkaufen in diesem Jahr tausend Stück unseres Produkts.« Oder geht es Ihnen eher darum, einen Zustand zu erreichen? Zustandsziele hingegen beschreiben die Qualität eines gewünschten Zustands, der schwieriger zu messen ist, wie: »Wir fördern ein wertschätzendes und lösungsorientiertes Miteinander im Team.«

Kleine Zustandsziele wie »Wir gehen im Team wertschätzend und lösungsorientiert miteinander um« können schon mit kleinen Schritten und gegenseitigen Vereinbarungen erreicht werden können.

Komplexere Zustandsziele wie »Wir stellen ein hohes Maß an Mitarbeitermotivation sicher« erfordern ähnlich wie ein Entwicklungsziel ein positives Leitbild und einen Plan, wie der Zustands erreicht werden soll.

6. Sie suchen Neues und kennen den Weg dorthin auch noch nicht?

Haben Sie eine vage Vorstellung von dem, was Sie erreichen wollen, aber noch keinen klaren Plan, wie das Ergebnis aussehen soll oder wie der Weg dorthin verläuft? Dann sind Fuzzy Goals die richtige Wahl, also unscharfe Ziele, die einen Zielbereich grob beschreiben. Beispiele: »Schreibe ein erfolgreiches Buch« oder »Entwickle eine App für mehr Kundenbindung«.

Fuzzy Goals betonen den Prozess und erfordern Kreativität und agile Methoden wie Design Thinking, unterstützt durch regelmäßiges Feedback und enge Zusammenarbeit im Team sowie mit potenziellen Kunden. Führungskräfte, die mit Fuzzy Goals arbeiten, müssen in Unsicherheit navigieren können und für psychologische Sicherheit im Team sorgen, damit Kreativität sich bestmöglich entfalten kann. Regelmäßiger Austausch über Zwischenergebnisse ist essenziell, um den Zielbereich im Blick zu behalten und Abweichungen frühzeitig zu korrigieren. Eine positive Arbeits- und Führungskultur ist dafür unerlässlich.

Fehlen diese Elemente, besteht die Gefahr, dass schon Zwischenergebnisse vom eigentlichen Ziel abweichen und etwas ganz anderes entsteht als ursprünglich geplant. Positive Leadership bildet das Fundament, um agile Methoden wie Design Thinking erfolgreich einzusetzen.

7. Das Ziel soll so herausfordern und begeistern wie der Mount Everest?

Suchen Sie große, ambitionierte Ziele, um sich und Ihr Team zu inspirieren, das Bestmögliche zu erreichen und weit über sich hinauszuwachsen? Dann sind Everest-Ziele vielleicht genau das Richtige für Sie und Ihre Organisation. Diese im deutschsprachigen Raum noch wenig bekannten Ziele wurden von Kim Cameron in »Practicing Positive Leadership« (2013) ausführlich beschrieben.

Everest-Ziele zeichnen sich durch fünf zentrale Aspekte aus:

1. Positive Abweichung: Sie streben außergewöhnliche Leistungen an, die weit über das Normale hinausgehen – es geht darum, »nach den Sternen zu greifen«.
2. Innewohnender Sinn: Sie sind an sich wertvoll und erstrebenswert, nicht nur ein Mittel zum Zweck.
3. Aktivierung von Potenzialen: Der Fokus liegt auf Möglichkeiten und Stärken statt nur auf Problemlösung.
4. Beitragsorientierung: Sie zielen darauf ab, einen positiven Beitrag für andere zu leisten, was persönliches Wachstum und Wohlbefinden fördert.
5. Energetisierung: Diese Ziele setzen positive Energie frei und motivieren intrinsisch.

Ein Beispiel von Cameron (2013) aus einem Finanzdienstleistungsunternehmen zeigt, wie ein anfänglich unerreichbar scheinendes Ziel (»10 Millionen US-Dollar Gewinn bis 2010«) in ein viel inspirierenderes Ziel umgewandelt wurde: »Wir sorgen dafür, dass bis 2010 zehn Millionen Menschen einen sicheren Ruhestand haben werden.« Zur Entwicklung dieses Everest-Ziels wurden die folgende Fragen für Organisationen genutzt:

- Welche Errungenschaft repräsentiert das absolute Optimum unserer Organisation?
- Was könnte die Leidenschaft unserer Mitarbeitenden entfachen?
- Was ist das Herzstück unserer Organisation?
- Was ist die wahre Bestimmung unserer Organisation?
- Welches Erbe wollen wir hinterlassen?
- Welchen Nutzen streben wir für die Menschen an?

- Welche grundlegenden Werte und Tugenden verkörpern wir?
- Wie können wir über die unmittelbaren Ergebnisse hinaus Wirkung erzielen?
- Welche positiven Nebeneffekte können wir bewirken?
- Was ist unseren Kunden oder Klienten besonders wichtig?
- Welches Ergebnis ist wichtiger als der Erfolg unserer Organisation?
- Was ist das bestmögliche Ergebnis, das wir uns vorstellen können?

Cameron bietet auch Fragen zur Entwicklung individueller Everest-Ziele:

- Was ist für Sie eine Leistung, die deutlich über der Norm liegt?
- Was ist für Sie an sich wertvoll, auch ohne zusätzlichen Nutzen für Sie selbst?
- Wie können Sie positive Möglichkeiten statt Problemorientierung in den Fokus rücken?
- Welchen Beitrag leisten Sie für andere, wenn Sie dieses Ziel erreichen?
- Vermittelt Ihnen das Ziel aus sich heraus Energie und Begeisterung?
- Was ist die beste Leistung, die Sie sich in einem Bereich vorstellen können, der Ihnen sehr am Herzen liegt?
- Wofür sind Sie leidenschaftlich engagiert und bereit, sich mit aller Kraft einzusetzen?
- Haben Sie ein Unterstützungssystem, das Sie bei Ihrer Zielerreichung unterstützen kann?

Zur Verfolgung von Everest-Zielen empfiehlt Cameron vier Schritte:

1. Setzen Sie das Everest-Ziel.
2. Erstellen Sie einen detaillierten Handlungsplan.
3. Messen Sie Erfolge bewusst und übernehmen Sie Verantwortung, um Erfolg wahrscheinlicher zu machen und Scheitern zu erschweren.
4. Stellen Sie den Beitrag für andere über Belohnungen für sich selbst.

Everest-Ziele sind kraftvoll, aber auch komplex. Daher holen sich viele Führungskräfte und Organisationen Unterstützung von erfahrenen Positive Leadership Coaches, um Everest-Ziele erfolgreich zu nutzen.

8. Wollen Sie Herausforderungen mit Mikozielen überwinden?

Stehen Sie oder Ihre Mitarbeitenden vor Aufgaben, die schnell überfordern? Führt die Größe von Projekten oder Zielen dazu, dass gar nicht erst begonnen wird? Mikroziele sind hier das Mittel der Wahl: Sie sind klein, überschaubar und leicht erreichbar. Ihr Zweck ist es, das Selbstvertrauen und die Motivation zu stärken. In der rechten Spalte dieser Seite finden Sie eine Übungsanleitung, um Mikroziele für Mitarbeitende zu nutzen.

9. Soll mit dem Ziel eine intrinsische oder extrinsische Motivation angesprochen werden?

Daniela Blickhan (2018) unterscheidet, welche Art von Motivation eine Zielformulierung anspricht. Ein und dasselbe Ziel – etwa ein Projekt zu übernehmen – kann unterschiedlich formuliert werden:

Für intrinsische Motivation: »In diesem Projekt können Sie sich voll ausleben, an Ihren Lieblingsthemen arbeiten und alle Ihre Stärken einsetzen.«

Für extrinsische Motivation: »Das Projekt gibt Ihnen die Chance, alle Kriterien für die nächste Beförderung zu erfüllen.«

In Kapitel 3.2 (ab Seite 67) haben wir die Unterschiede zwischen intrinsischer und extrinsischer Motivation beschrieben.

Tipp: Wenn Sie motivierende Ziele formulieren, sollten Sie wissen, was Ihr Gegenüber am meisten anspricht. Wenn Sie unsicher sind, wählen Sie längere Zielformulierungen, die beide Aspekte abdecken.

Übung: Mikroziel für Mitarbeitende setzen

1. Wählen Sie eine Aufgabe: Identifizieren Sie eine Herausforderung, bei der ein Mitarbeitender überfordert ist oder Schwierigkeiten hat, den Einstieg zu finden.

2. Definieren Sie ein Mikroziel: Formulieren Sie zusammen mit dem Mitarbeitenden ein kleines, leicht erreichbares Ziel, das nur einen Teil der Gesamtaufgabe umfasst. Es sollte in kurzer Zeit erreichbar sein.

3. Setzen Sie das Mikroziel: Stellen Sie sicher, dass das Mikroziel spezifisch und klar formuliert ist. Beispiele: »Beantworten Sie die erste E-Mail im Posteingang« oder »Bereiten Sie die ersten zwei Folien der Präsentation vor«.

4. Erreichen Sie das Mikroziel: Ermutigen Sie den Mitarbeitenden, die Aufgabe sofort auszuführen und sich nur auf das Mikroziel zu konzentrieren.

5. Reflektieren Sie gemeinsam: Nach Erreichen des Mikroziels besprechen Sie kurz den Erfolg. Erkennen Sie gemeinsam, wie das Erreichen dieses kleinen Ziels das Selbstvertrauen und die Motivation des Mitarbeitenden stärkt.

6. Nächste Schritte: Setzen Sie nach dem gleichen Prinzip das nächste Mikroziel, bis die Gesamtaufgabe erledigt ist.

Ziele mit WOOP erreichen

WOOP ist eine strukturierte Methode, um wirksam Ziele zu erreichen. Sie definieren einen Wunsch (Wish) machen sich klar, wofür das gut ist (Outcome), klären die Hindernisse (Obstacles) und machen einen Handlungsplan (Plan), wie Sie mit den Hindernissen umgehen werden, wenn sie auftauchen. Eine Anleitung finden Sie im Downloadangebot unter »WOOP-Anleitungen«.

Ein positives Reporting entwickeln

Wie sehen Ihre typischen Reportings aus? In vielen Unternehmen liegt der Fokus auf Mängeln, Fehlern und Planabweichungen, während erreichte Planzahlen oft ignoriert werden. Fördert solch ein Reporting das Erleben von Erfolgen? Sicher nicht! Insbesondere die Arbeit mit SMART-Zielen erfordert den Abgleich mit messbaren Ergebnissen, also Kennzahlen. Doch wie sollte ein positives Reporting aussehen?

Hier sind einige Kriterien:

- stärkere Hervorhebung des Erreichten gegenüber dem noch nicht Erreichten;
- eine Skalierung, die den Gesamtverlauf eines Projekts oder Ziels abbildet;
- motivierende Darstellung dessen, was noch erreicht werden soll;
- deutliche Darstellung der Aktivitäten hinter den Zahlen;
- Hervorhebung positiver Entwicklungen gegenüber Vergleichszeiträumen;
- Einbeziehung von Rahmenbedingungen wie Krankheits- und Urlaubstagen oder unbesetzten Stellen;
- Berücksichtigung qualitativer Aspekte wie durchgeführte Mitarbeitergespräche oder Teamrunden;
- Verhältniszahlen, die die Leistungen der Beteiligten in den gegebenen Umständen sichtbar machen.

Ein Beispiel für Verhältniszahlen: Wenn im Berichtszeitraum 50 Prozent der Kollegen wegen Krankheit und Urlaub abwesend waren, das verbleibende Team aber 65 Prozent der Leistung erbrachte, war das ein großer Erfolg. Sie haben 130 Prozent der erwarteten Leistung erbracht. Ein typisches Reporting würde hier nur die 65 Prozent von 100 Prozent Zielleistung anzeigen und die Anwesenden demotivieren.

Schauen Sie sich Ihre Berichte und Reportings genau an: Wo erfüllen sie bereits die genannten Kriterien? Und wo steckt Potenzial, Ihre Reportings motivierender zu gestalten?

In Kapitel 9 ab Seite 259 listen wir weitere Möglichkeiten auf, wie sich Erfolge erkennen lassen.

Erfolgsrituale etablieren

Wenn wir im Stress sind oder stark belastet, fallen wir gerne in alte Gewohnheiten zurück – Muster, die uns vertraut sind. Das kann das Erleben von Accomplishment gefährden. Ein häufiges Muster ist, bei Abschluss einer Aufgabe sofort zur nächsten zu springen, ohne den Erfolg überhaupt wahrzunehmen.

Um Erfolge zu feiern, brauchen wir Erfolgsrituale – Verhaltensweisen, die wir gerne wiederholen. Solche Rituale sind wie Dialekte: Jedes Team kann eigene Varianten entwickeln. Wichtig ist, dass die Rituale gut ins Team passen und von allen positiv erlebt werden.

In diesem Kapitel haben wir unter »Erfolge sichtbar machen« viele praktische Beispiele genannt. Nun geht es darum, daraus Rituale für sich selbst und das Team zu entwickeln und durch Wiederholung zu etablieren, wie zum Beispiel:

- ein High Five – freudiges Händeklatschen in der Luft, wenn etwas gelungen ist;
- ein Jubel oder Applaus;
- eine Runde Eis oder Kuchen;
- eine gemeinsame Mahlzeit;
- das Eröffnen eines Meetings mit den (vielleicht kleinen) Erfolgen der Anwesenden;
- ein positiver Wochenausklang: Jeder blickt für sich zurück auf die eigenen und gemeinsamen Erfolge. Diese können beispielsweise an einem Board für alle sichtbar gemacht oder der Führungskraft zurückgemeldet werden;
- gemeinsames Feiern in Form einer Party oder eines Ausflugs, der alle begeistert.

Welche Erfolgsrituale passen in Ihr Team? Was machen Sie bereits oder was haben Sie früher (vor Corona) schon gemacht? Was möchten Sie ausprobieren? Nutzen Sie auch die Kreativität Ihres Teams, um die besten Rituale zu entwickeln und sie freudvoll zu pflegen.

Ein neu gebildetes Zweierteam in einen Venture-Capital-Unternehmen hatte viele herausfordernde Verhandlungen zu führen. Beide Mitarbeitende brachten sehr unterschiedliche Berufserfahrungen mit ein. Um sich besser kennenzulernen und voneinander zu lernen, etablierten sie ein positives Erfolgsritual: Sie spiegelten dem anderen nach jeder Verhandlung sehr klar und motivierend wieder, was der andere heute gut gemacht hatte. Erst danach tauschten sie Verbesserungspotenziale aus. So lernten beide in kurzer Zeit sehr viel voneinander und wurden sich zugleich ihrer eigenen Stärken immer bewusster.

Lessons Learned – Positives benennen

Eine einfache und wirkungsvolle Methode, um Erfolge im Team sichtbar zu machen, besteht darin, nach gelungenen Aufgaben wie produktiven Meetings, erfolgreichen Verhandlungen oder Projektabschlüssen regelmäßig innezuhalten. Dabei stellen Sie gemeinsam gezielt folgende Fragen:

- Was haben wir hier gemeinsam richtig gemacht?
- Was haben die Beteiligten dazu beigetragen?
- Was sollten wir nicht mehr tun, weniger oder anders machen?
- Was sollten wir immer wieder so machen?

Ziel dieser Übung ist es, das Positive und Erfolgreiche bewusst in den Vordergrund zu stellen und sich darüber auszutauschen. In kleinen Teams von zwei bis vier Personen dauert dies nur wenige Minuten. »Lessons Learned« werden so zu einem wertvollen Instrument, um zu verstehen, was jede:r Beteiligte als unterstützend empfindet und wie sie einander bestmöglich fördern können.

Ein sehr schönes Erfolgsritual haben wir in einem Synchronstudio kennengelernt. Der Geschäftsführer belohnte alle Teams, die einen Film termingenau fertiggestellt hatten, mit einem »Bienchen« in Form eines Post-its. Die Wertschätzung lag nicht nur in der Geste selbst, sondern auch in dem, was daraus folgte: Sammelte ein Team mehrere Bienchen, durfte es auf Firmenkosten ein Mittagessen für das gesamte Unternehmen ausrichten. Das Gewinnerteam wählte den Essenslieferanten aus und gestaltete einen besonderen Rahmen für das gemeinsame Essen. So wurden die Fleißigsten direkt belohnt – doch das Schöne daran: Auch alle anderen Kollegen profitierten von diesem Erfolg. Diese kleine Tradition verwandelte harte Arbeit in etwas, das alle zusammenbrachte und ein Gefühl der Gemeinschaft stärkte. Es war mehr als nur eine Belohnung; es war ein Ritual, das das Engagement und die Freude an der Zusammenarbeit förderte.

Fokus-Zeiten und Fokus-Orte

Um Engagement und Erfolg im Unternehmen zu fördern, sind neben guter Kommunikation auch Zeiten für konzentriertes, ungestörtes Arbeiten unerlässlich. Eine Möglichkeit ist, im Team feste Zeiten zu vereinbaren, in denen Ruhe herrscht, Benachrichtigungen ausgeschaltet sind und Fragen gesammelt werden. Ebenfalls braucht es Lösungen für eingehende Anrufe und Kundenanfragen.

Falls solche Fokus-Zeiten (zum Beispiel täglich von 10 bis 12 Uhr) nicht umsetzbar sind, bieten sich Fokus-Orte an, wie reservierte Schreibtische oder ungenutzte Besprechungsräume.

Als Führungskraft sollten Sie Ihrem Team ebenfalls signalisieren, wann Sie ungestörte Zeit benötigen – etwa durch eine geschlossene Tür oder eine Notiz im Einzelbüro. Manche Teams nutzen Kopfhörer, Fähnchen oder Bildschirmsymbole, um ihren Fokusbedarf zu verdeutlichen. Da Chefs oft die größten Unterbrecher sind, empfehlen wir, Vereinbarungen im Team zu entwickeln, die allen ein konzentriertes Arbeiten ermöglichen.

7.6 Achtsam führen – sich selbst und die Mitarbeitenden

Wie können Führungskräfte und Teams Achtsamkeit lernen?

Achtsamkeit zu erlernen ist weder kompliziert noch zeitaufwendig. Hier finden Sie einfache Methoden, die Sie zuerst selbst ausprobieren und dann mit Ihrem Team teilen können. Diese Techniken lassen sich leicht in den Arbeitsalltag integrieren, ohne spezielle Kleidung oder Voraussetzungen. Sie können die Übungen im Sitzen oder Stehen durchführen, oft ohne dass es Ihrem Gegenüber auffällt. In unseren Achtsamkeitskursen bieten wir ausführlichere Varianten an, doch hier haben wir sie speziell für den Arbeitskontext vereinfacht.

Die Bedeutung der Atmung

»Atem ist das Band, das Leben und Bewusstsein verbindet, das, was den Körper mit seinem Geist und den Geist mit seiner Seele verbindet. Der Atem ist das, was uns alle miteinander verbindet.«

Thích Nhất Hạnh, vietnamesischer Zenmeister, buddhistischer Mönch, Lehrer, Autor und Friedensaktivist

Der Atem ist ein ständiger Begleiter, der unseren Körper zuverlässig mit Sauerstoff versorgt, auch ohne unsere bewusste Aufmerksamkeit. Meistens arbeitet er unbemerkt im Hintergrund – und das ist gut so. Doch wir können uns bewusst mit unserem Atem verbinden. Bewusste Atmung spielt eine zentrale Rolle in allen Achtsamkeitsübungen, da sie unser autonomes Nervensystem beeinflusst und dadurch Stressreaktionen reguliert. Durch bewusstes Atmen stärken wir unsere Präsenz im Hier und Jetzt, fördern unsere Selbstwahrnehmung, regulieren Emotionen und reduzieren Stress.

Wie Thích Nhất Hạnh sagt: Unser Atem ist das Band, das unseren Körper mit dem Leben, unserem Bewusstsein und

Geist verknüpft – ohne ihn wäre Leben nicht möglich. Bewusstes Atmen schafft eine tiefe Verbindung zu uns selbst und zueinander. Gemeinsames Atmen oder Lachen verstärkt diese Verbindung und stärkt das Miteinander.

Achtsamkeit können Sie überall praktizieren – in Besprechungen, am Schreibtisch oder im Wartebereich. Diese Einfachheit macht den Einstieg in die Übungen leicht und gleichzeitig äußerst wirkungsvoll.

Individuelle Achtsamkeitspraxis

Atem-Anker

Die grundlegendste »Übung« ist der Atem-Anker. Eigentlich ist es nicht mal eine richtige Übung, denn Sie atmen ja »nur«, aber das eben bewusst.

- Sitzen oder stehen Sie entspannt, aber aufrecht und schließen Sie die Augen. Alternativ lassen Sie Ihre Augen entspannt auf einem Punkt ruhen.
- Richten Sie Ihre Wahrnehmung auf Ihren Atem. Atmen Sie erst mal ein paar Mal tiefer ein und aus.
- Nehmen Sie jede Ein- und Ausatmung bewusst wahr. Wo nehmen Sie die Bewegung wahr? Im Bauch, im Brustkorb, den Nasenflügeln, im Mund? Spüren Sie genau hin, wie es sich anfühlt und was genau in Ihrem Körper bei der Atmung geschieht.
- Wann immer Sie in Gedanken abschweifen, bringen Sie den Fokus liebevoll und konsequent zurück zu Ihrem Atem.

Allein dadurch, dass Sie Ihren Fokus auf Ihre Atmung richten, verankern Sie sich unmittelbar im Hier und Jetzt. Unabhängig davon, wie gestresst Sie sind oder wie Ihre Gedanken kreisen, bringt Sie diese einfache Handlung in den gegenwärtigen Moment. Sie entspannen sich und werden präsenter.

Der Zehn-Sekunden-Fokus

Bündeln Sie vor einer Besprechung oder einem Gespräch Ihre Aufmerksamkeit.

- Sitzen oder stehen Sie entspannt aber aufrecht und schließen Sie die Augen. Alternativ lassen Sie Ihre Augen entspannt auf einem Punkt ruhen.
- Aktivieren Sie Ihren Atem-Anker.
- Richten Sie Ihre Aufmerksamkeit auf das »Hier und Jetzt«, sodass Sie sich selbst spüren. Was spüren Sie in diesem Moment? Was hören Sie? Wo hat Ihr Körper Kontakt zum Stuhl oder Boden?
- Dann fokussieren Sie auf das, was vor Ihnen liegt. Was ist Ihre Intention im Gespräch? Öffnen Sie sich für Ihr Gegenüber.

Achtsame Pausen

Auch unsere Pausen nutzen wir oft für Dinge in der äußeren Welt: schnell mal einen Kaffee holen oder das Smartphone checken. Nehmen Sie sich während des Arbeitstages ruhig kurze Pausen, um innezuhalten und den Moment bewusst zu erleben. Selbst wenn Sie nur 60 Sekunden im Hier und Jetzt ankommen, entschleunigt Sie das und bringt Sie in eine entspannte Wachheit.

- Sitzen, stehen oder gehen Sie aufrecht und bequem. Aktivieren Sie Ihren Atem-Anker (Seite 229). Nutzen Sie jetzt Ihre Pause, beispielsweise so:
- Spüren Sie in sich hinein.
- Genießen Sie den Blick auf den Baum vor Ihrem Fenster.
- Genießen Sie den Duft des Tees, den Sie gerade trinken.
- Nehmen Sie Ihr Pausenbrot mit allen Sinnen bewusst wahr.
- Atmen Sie frische Luft am Fenster.
- Gehen Sie achtsam durch den Park und nehmen Sie mit allen Sinnen wahr, was um Sie herum ist.

Führen Sie eine solche Pause durch und vergleichen Sie, wie es Ihnen nach einer solchen Pause geht im Vergleich zu einer »normalen« Pause. Vermutlich sind Sie danach ruhiger und fokussierter. Inspirieren Sie auch Ihr Team, achtsame Pausen einzulegen.

Wartezeiten nutzen

Empfinden Sie es als verschwendete Zeit, wenn Sie am Bahnhof, beim Arzt, vor einer Besprechung Wartezeit haben und es sich nicht lohnt, den Rechner aufzuklappen? Oft flattern unsere Gedanken in solchen Zwischenzeiten im Monkey-Mind-Modus ungesteuert herum. Zukünftig können Sie diese kleinen, wertvollen Zwischenzeiten für eine zentrierende Achtsamkeitspraxis verwenden. Hierfür eignet sich der Atem-Anker (Seite 229) oder die 4-7-8-Übung (Seite 234).

Achtsames Zuhören

Achtsamkeit lässt sich auch in Ihre Interaktionen einbinden, besonders im Gespräch mit Mitarbeitenden. Es ist wichtig, präsent und aufmerksam für Ihr Gegenüber zu sein. Konzentrieren Sie sich voll und ganz auf die Person vor Ihnen. Sehen und spüren Sie bewusst hin: Wie geht es der Person? Mit welchem Anliegen kommt sie zu Ihnen? Hören Sie aktiv zu, anstatt bereits darüber nachzudenken, was Sie als Nächstes sagen wollen.

Ryan Niemiec (2023) betont in der von ihm entwickelten Mindfulness-Based Strengths Practice (MBSP) die zentrale Bedeutung des achtsamen Zuhörens für die Achtsamkeitspraxis und die Stärkung zwischenmenschlicher Beziehungen. Hier die wichtigsten Aspekte, die Niemiec für achtsames Zuhören hervorhebt:

Präsenz und Aufmerksamkeit: Seien Sie ganz im Moment und schenken Sie Ihrem Gegenüber Ihre volle Aufmerksamkeit. Das schafft ein tieferes Verständnis und stärkt die Verbindung.

Urteilsfreies Zuhören: Hören Sie ohne Vorurteile oder schnelle Schlüsse zu. So entsteht ein sicherer Raum für offene und ehrliche Kommunikation.

Aktives Zuhören: Achten Sie nicht nur auf die gesprochenen Worte, sondern auch auf nonverbale Signale und Emotionen. Das verbessert Ihr Verständnis und Ihre Empathie.

Keine Ablenkungen: Schalten Sie Handy und Computer aus, um sich ganz auf das Gespräch zu konzentrieren. Dadurch erhöhen Sie die Qualität der Interaktion und zeigen Wertschätzung.

Reflektiertes Antworten: Zeigen Sie, dass Sie zugehört und verstanden haben, indem Sie Aussagen zusammenfassen oder gezielte Fragen stellen. Das fördert Klarheit und vertieft das Gespräch.

Für Sie als Führungskraft ist achtsames Zuhören entscheidend, um effektiv zu kommunizieren und Vertrauen aufzubauen. Es ist ein Baustein, um eine positive Arbeitsumgebung zu schaffen.

Tipp: Wenden Sie die fünf Aspekt des achtsamen Zuhörens im nächsten Vieraugengespräch noch bewusster an als bisher.

Reflektieren Sie im Anschluss:

- Wie gut ist mir das achtsame Zuhören gelungen?
- Was hat sich dadurch verändert, vertieft, verbessert?
- Wie werde ich das in meine Führungspraxis einbauen?

Achtsamkeit im Team

Achtsamkeit im Team kann das Miteinander und die Arbeitsqualität deutlich verbessern. Nutzen Sie Achtsamkeit gezielt in Meetings, Vieraugengesprächen und anderen Teaminteraktionen. Nehmen Sie sich Zeit, Achtsamkeit sorgfältig einzuführen, indem Sie sie erklären, Erfahrungen austauschen und Raum für Fragen geben, damit sich alle darauf einlassen können.

Wenn Sie diese Einführung lieber professionellen Trainern wie uns überlassen möchten, gönnen Sie Ihrem Team eines unserer Achtsamkeitstrainings (Kapitel 8.4 ab Seite 251).

Teamvereinbarung: Sind wir gerade achtsam miteinander und für das Thema?

Damit Achtsamkeit im Team dauerhaft Früchte trägt, empfehlen wir folgende Vorgehensweisen: Das Team sollte einen selbstunterstützenden Lernprozess entwickeln, bei dem unachtsames Verhalten offen angesprochen werden darf – ob im Vieraugengespräch, in kleinen Gruppen oder im Teammeeting. Regelmäßige kurze Pausen zum Innehalten können helfen, Ruhe und Sachlichkeit wiederherzustellen. Manche Teams verwenden dafür ein Symbol, wie eine Glocke oder einen gelben Ball, um in Besprechungen die Aufmerksamkeit auf Achtsamkeit zu lenken. Diese Vereinbarung schafft einen sicheren Rahmen, in dem sogar die eigene Führungskraft unterbrochen werden darf, wenn es nötig ist.

Achtsame Kommunikation

Vereinbaren Sie im Team eine achtsame Kommunikation, die authentisch und mitfühlend ist und die Bedürfnisse aller Beteiligten berücksichtigt (Niemiec 2014). Die Grundpfeiler dieser Kommunikation sind im folgenden aufgeführt:

- Bewusste Präsenz: Seien Sie präsent, schalten Sie Ablenkungen aus und schenken Sie Ihrem Gegenüber volle Aufmerksamkeit.
- Wahrhaftigkeit: Sprechen Sie ehrlich und drücken Sie Ihre Gedanken und Gefühle offen aus.
- Freundlichkeit und Mitgefühl: Wählen Sie Ihre Worte sorgfältig, um zu unterstützen und nicht zu verletzen.
- Reflektiertes Zuhören: Hören Sie aktiv zu, ohne gleich eine Antwort zu formulieren. Unterbrechen Sie nicht und beziehen Sie das Gehörte in Ihre Antwort ein.
- Pause und Bedacht: Nehmen Sie sich Zeit, bevor Sie sprechen, und wählen Sie Ihre Worte bewusst.

Diese Grundpfeiler schaffen eine Basis für achtsame Kommunikation, fördern ein vertrauensvolles Miteinander und helfen, Missverständnisse zu vermeiden.

A Minute to arrive

Dies ist eine niederschwellige Achtsamkeitsübung, die gemeinsam zu Beginn einer Besprechung im Team durchgeführt wird. Alle Teilnehmenden werden fokussierter und kommen aufmerksamer in dieser Runde an.

- Zu Beginn der Besprechung nimmt sich das Team eine Minute Zeit.
- Alle werden still und schließen die Augen.
- Richten Sie Ihren Fokus für sechzig Sekunden auf Ihren Atem.

- Es ist wichtig, dass das Team auf dieses Ritual eingestimmt ist und weiß, worum es geht. Seine volle Kraft entfaltet es, wenn es regelmäßig durchgeführt wird.

Mindful Check-in

Diese Technik eignet sich gut zur Eröffnung eines Teammeetings oder -tags. Der vollständige Mindful Check-in dauert nur wenige Minuten.

- Starten Sie mit einem gemeinsamen Atem-Anker.
- Körperwahrnehmung: Spüren Sie, wo Ihr Körper den Stuhl oder Boden berührt.
- Emotionale Bestandsaufnahme: Jeder nimmt still seine aktuellen Emotionen wahr und benennt sie innerlich.
- Gedankenbeobachtung: Gedanken werden achtsam beobachtet, ohne sich in ihnen zu verlieren.
- Bei Bedarf können Teammitglieder ihre Erfahrungen in einem respektvollen Rahmen teilen.
- Enden Sie mit einigen tiefen Atemzügen.

Dieser Check-in schärft den Fokus und stimmt das Team auf den Moment ein.

Achtsamkeit in herausfordernden Situationen

In herausfordernden Situationen fällt es besonders schwer, zur Achtsamkeit zurückzukehren, da sich der Körper im Angriffs-, Flucht- oder Erstarren-Modus und damit im Autopiloten befindet. In diesem Zustand atmen wir flach und schnell (Stressatmung), wodurch sich Angst und Panik verstärken. Doch gerade in solchen Momenten kann Achtsamkeit ein Weg zurück zu Entspannung und kognitiver sowie emotionaler Klarheit im gegenwärtigen Augenblick sein.

Grounding-Techniken: »What is?« statt »What if?«

Grounding oder Erdung umfasst Techniken, die helfen, die Verbindung zur Gegenwart und zur physischen Realität wiederherzustellen. Indem wir unseren Fokus von unseren Gedanken auf unsere Sinne im Hier und Jetzt richten, gehen wir den Schritt von »Was könnte alles passieren?« hin zu »Was ist jetzt in diesem Moment?«. Grounding hilft, um Stress, Angstzustände und überwältigende Emotionen zu bewältigen. Hier sind einige effektive Grounding-Techniken:

5-4-3-2-1-Technik

Fünf Dinge sehen: Schauen Sie sich um und nennen Sie fünf Dinge, die Sie sehen können.
Vier Dinge fühlen: Berühren Sie vier Dinge und beschreiben Sie, wie sie sich anfühlen.
Drei Dinge hören: Achten Sie auf drei Geräusche in Ihrer Umgebung.
Zwei Dinge riechen: Identifizieren Sie zwei Gerüche um sich herum.

Ein Ding schmecken: Konzentrieren Sie sich auf einen Geschmack in Ihrem Mund.

Body-Kontakt

Kontakt: Wandern Sie mit Ihrer Aufmerksamkeit dorthin, wo Ihr Körper den Boden berührt, die Armlehnen, die Rückenlehne, die Sitzfläche. Spüren Sie dadurch Ihren Körper und das Hier und Jetzt.

Objekte in die Hand nehmen: Halten Sie ein kleines Objekt, wie einen Stein oder ein Stück Stoff, und konzentrieren Sie sich auf dessen Textur, Gewicht und Form. Dies hilft, Ihre Gedanken zu beruhigen und sich auf das Hier und Jetzt zu konzentrieren.

Bewegung: Machen Sie einen kurzen Spaziergang und achten Sie bewusst auf jeden Schritt. Spüren Sie den Kontakt Ihrer Füße mit dem Boden und nehmen Sie Ihre Umgebung wahr.

Selbstgespräch: Sprechen Sie laut oder leise mit sich selbst und erinnern Sie sich daran, wo Sie sind und was Sie gerade tun. Zum Beispiel: »Ich bin hier in meinem Büro. Es ist Montagmorgen. Ich arbeite an meinem Bericht.«

4-7-8-Atmung

Dauer: fünf bis zehn Minuten.

Diese Atmung ist eine beruhigende Technik, um im gestressten Zustand ruhig zu werden.

- Sitzen oder stehen Sie entspannt, aber aufrecht und schließen Sie die Augen. Alternativ lassen Sie Ihre Augen entspannt auf einem Punkt ruhen.
- Aktivieren Sie Ihren Atem-Anker (Seite 229).
- Atmen Sie nun ein und zählen Sie dabei innerlich bis vier.
- Halten Sie die Atmung an und zählen Sie dabei innerlich bis sieben.
- Atmen Sie dann ruhig und tief aus, während Sie innerlich bis acht zählen.
- Wiederholen Sie diese Atmung, bis Sie sich beruhigt haben.

Diese Technik beruhigt den Körper, indem die Ausatmung langsamer als die Einatmung erfolgt. Dadurch signalisieren wir unserem dem Körper, dass keine Gefahr besteht, und fördert tiefe Entspannung.

Achtsamkeit lernen

»Es ist besser, fünf Minuten Achtsamkeit zu üben, als zehn Minuten gar nicht.«

Chade-Meng Tan, ehemaliger Google-Ingenieur, Autor, Pionier auf dem Gebiet der Achtsamkeit in Unternehmen

Wenn Sie Achtsamkeit für sich lernen wollen, stehen Ihnen folgende Wege zur Verfügung:

Formale Praxis

In angeleiteten Kursen erlernen Sie die Grundlagen und verschiedene Praktiken über mehrere Wochen oder kompakt in zwei Tagen. Solche Kurse können auch als Teamevent genutzt werden.

Übungen im Alltag

Wir haben einige Übungen aufgelistet und es gibt auch viele Bücher dazu. Wichtig ist, dranzubleiben und regelmäßige Rituale zu schaffen.

Tipp: Nutzen Sie Wenn-dann-Regelungen zur Unterstützung: »Immer, wenn ich auf Toilette war, führe ich einen Atem-Anker (Seite 229) durch«, »Immer, wenn ich im Office war, stoppe ich auf dem Rückweg am See und atme«.

Achtsam leben

Sie können jede alltägliche Tätigkeit achtsam durchführen: essen, gehen, liegen, die Liebsten anschauen, mit dem Kind spielen, Rasen mähen, arbeiten.

Überlegen Sie für sich: Aus welcher Achtsamkeitspraxis möchten Sie für sich ein neues Ritual machen? Welche Wenn-dann-Verknüpfung werden Sie für sich erstellen? Wie viel Zeit nehmen Sie sich wann wofür?

Bedenken Sie dabei die Weisheit von Tan (2015): Lieber fünf Minuten üben, als sich zu viel vorzunehmen und gar nicht zu üben.

Die inneren Affen bändigen

Wir hatten schon das Phänomen des »Mind Wandering« beschrieben. Im Buddhismus gibt es dafür den Begriff »Monkey-Mind« (Affengedanken): So wie eine Horde Affen in einem großen Baum herumspringt, kreischt, schreit, sich gegenseitig jagt, so jagen und schreien unsere Gedanken manchmal durcheinander. Wir merken das besonders, wenn wir versuchen, Achtsamkeit zu trainieren: Plötzlich fallen uns alle möglichen Themen wieder ein und – schwups – sind wir raus aus dem Fokus auf den Atem oder den Körper. Das ist normal. Unser Großhirn ist zum Denken gemacht und daran gewöhnt, recht uneingeschränkt wandern zu dürfen.

In der Achtsamkeitspraxis geht es darum, nicht auf diese Gedanken »aufzuspringen«, sondern sie freundlich und stringent zu unterbrechen und immer wieder in den gegenwärtigen Moment zurückzukehren.

Wahrnehmen: Gerade wenn wir mit der Achtsamkeitspraxis beginnen, kann es eine ganze Weile dauern, bis wir überhaupt merken, dass wir abgeschweift sind. Das geht mit zunehmender Übung schneller.

Freundlich und stringent unterbrechen: So wie Sie Ihrer Katze oder Ihrem Hund nicht erlauben würden, von Ihrem Tisch zu fressen, so erlauben Sie Ihren Gedanken nicht, Sie abzulenken. Prinzipiell lieben Sie Ihr Haustier. Also setzen Sie das Tier mit einem klaren »Nein« so oft sanft auf den Boden, bis es die Botschaft verstanden hat. So machen Sie es auch mit Ihren Gedanken: Mit einem freundlichen »Nein danke, jetzt nicht!« lassen Sie sie ziehen.

Zurück zum Fokus: Setzen Sie Ihre Achtsamkeitspraxis dort fort, wo Sie abgeschweift sind.

Marla bemerkt, dass sie bei ihrem Atem-Anker in der Mittagspause darüber nachdenkt, was sie auf dem Heimweg noch erledigen muss. Es durchzuckt sie der Impuls, aufzuspringen und sich eine Notiz zu machen. Dann erinnert sie sich daran, nicht auf die Gedanken »aufzuspringen«! Sie unterbricht ihren Impuls, nimmt sich vor, die Liste nach der Übung zu schreiben, und kehrt zum Atem-Anker (Seite 229) zurück.

Wann Achtsamkeit nicht angebracht ist oder hinderlich sein kann

Es gibt auch Situationen, in denen Achtsamkeit nicht angemessen ist oder negative Konsequenzen haben kann. Berücksichtigen Sie als Führungskraft diese Situationen bei der Einführung einer Achtsamkeitspraxis.

Notfälle oder Krisensituationen: Schnelles Handeln ist wichtiger als eine ruhige, reflektierte Herangehensweise.

Widerstand: Wenn Mitarbeitende oder Führungskräfte nicht offen für Achtsamkeit sind, kann dies zu Widerstand führen und das Vertrauen schädigen. Alternative: Einfache Übungen anbieten, ohne den Begriff »Achtsamkeit« zu nutzen.

Psychische Erkrankungen: Bei schweren Depressionen oder posttraumatischen Belastungsstörungen ist Achtsamkeit mit Vorsicht einzusetzen. In solchen Fällen ist die Unterstützung eines Therapeuten ratsam.

Übertriebene Achtsamkeit: Gelegentlich wird Achtsamkeit (unbewusst) als Vorwand genutzt wird, um Herausforderungen zu vermeiden: »Ich spüre in mich hinein und ich fühle mich gerade nicht danach.« Es ist eine Gratwanderung, ob dahinter ein authentischer Grund steckt oder ob gerade das Fixed Mindset der Person gewinnt. Beobachten Sie dies Muster und erfragen Sie die Hintergründe in einem vertraulichen Gespräch. Vielleicht können Sie die Person sogar in ein Growth Mindset führen (Kapitel 7.2 ab Seite 180).

Kultur des Unternehmens: In leistungsorientierten oder wettbewerbsintensiven Kulturen kann Achtsamkeit als unpassend wahrgenommen werden. Nutzen Sie den Wandel zu einer positiven Unternehmenskultur, um Achtsamkeit schrittweise einzuführen.

7.7 Hoffnung säen – Zukunft ernten

Wir haben bereits dargelegt, dass Hoffnung gestaltbar ist (Kapitel 3.7 ab Seite 116). Führungskräfte können diese Erkenntnis nutzen, um ihre eigene Hoffnung und die ihrer Teams auszubauen und zu stärken.

Viele andere hier im Buch aufgeführte Techniken und Modelle unterstützen auch dabei, Hoffnung zu entwickeln und zu stärken, hier skizzieren wir sie in Kürze:

- Crossover-Effekt: Wenn Sie selbst Hoffnung ausstrahlen, inspiriert das die Einstellung und Zuversicht Ihrer Mitarbeitenden.
- Growth Mindset: Eine zuversichtliche Grundeinstellung lässt uns aus Fehlern und Rückschlägen lernen sowie Herausforderungen mit Neugierde angehen.
- Selbstwirksamkeit befähigt uns, Vertrauen in unsere eigenen Fähigkeiten zu haben und zu wissen, dass wir in der Welt Einfluss nehmen können. Das führt zu einer zuversichtlicheren Einstellung gegenüber zukünftigen Herausforderungen.
- Achtsamkeit und Dankbarkeit helfen, den Fokus auf positive Aspekte des Lebens zu richten und die Fähigkeit zu stärken, in schwierigen Situationen das Gute zu sehen.
- Vertrauen, offene Kommunikation und eine verbundene Arbeitsbeziehung mit transparenter Kommunikation und gegenseitiger Unterstützung bilden die Grundlage für kollektive Hoffnung.
- Gemeinsame Zukunftsentwicklung bezieht die Mitarbeitenden aktiv mit ein und fördert deren Selbstwirksamkeit und Engagement.
- Accomplishment: Auch hier ist es wirksam, Positives zu berichten. Erfolgserlebnisse und positive Entwicklungen stärken die Zuversicht.

- Das Feiern von Meilensteinen und Erfolgen, auch von kleinen Fortschritten, stärkt das Gefühl der kollektiven Hoffnung. Es zeigt, dass der gemeinsame Einsatz Früchte trägt, und motiviert das Team, weiterhin engagiert zu bleiben.

Diese Übersicht zeigt erneut, wie sehr die verschiedenen Aspekte eines erfüllten Lebens und Arbeitens sich gegenseitig unterstützen und fördern. Schon kleine Verhaltensänderungen an zentralen Stellen können positive Auswirkungen in viele Richtungen haben.

Im Folgenden finden Sie konkrete Tools zur Stärkung der Hoffnung. Wir beginnen mit Impulsen, die vor allem für die individuelle Entwicklung von Hoffnung geeignet sind, aber auch im Team geteilt oder leicht angepasst gemeinsam genutzt werden können. Anschließend stellen wir Ihnen eine Idee vor, wie Sie in einem Workshop die kollektive Hoffnung im Team fördern können, als Ergänzung zu den zuvor genannten Aspekten.

Persönlich hoffnungsvoller werden

Positive Imagination

Nutzen Sie Ihre Kraft der positiven Imagination, indem Sie sich die gewünschte Zukunft lebendig mit allen Sinnen vorstellen. Diese Technik aktiviert das Gehirn ähnlich wie reale Erlebnisse und stärkt Motivation sowie Zuversicht. Durch das Visualisieren positiver Szenarien fördern Sie Ihr zuversichtliches Denken und auch Ihre Bereitschaft, zielgerichtet zu handeln (Peters et al. 2010).

Felix will sein Unternehmen in die Zukunft führen. Er schließt die Augen und konzentriert sich auf das kommende Jahr, in dem sein Unternehmen floriert.
Er sieht sich als selbstbewussten Unternehmer in einem modernen, lichtdurchfluteten Büro, umgeben von zufriedenen Mitarbeitenden. Die Atmosphäre ist dynamisch, das Büro strahlt in hellen Farben und ist mit innovativen Technologien ausgestattet. Sein engagiertes Führungsteam steht an seiner Seite. Er hört das Murmeln von Gesprächen, das Klicken von Tastaturen und das Lachen der Mitarbeitenden. Felix spürt Stolz und Zufriedenheit, fühlt sich motiviert und voller Energie. Der Duft von frischem Kaffee erfüllt den Raum, ein Symbol für Erfolg und Gemeinschaft.
Dieses Zukunftsbild motiviert Felix, seine Vision Wirklichkeit werden zu lassen.

Nehmen Sie sich einen Moment Zeit, um sich auf Ihre Wunschzukunft zu konzentrieren.

- Setzen, stellen oder legen Sie sich entspannt hin und aktivieren Sie Ihren Atem-Anker (Seite 229).
- Visualisieren Sie das Thema, auf das Sie sich heute fokussieren möchten. Wenn Ihr Wunschzustand erreicht ist: Wer sind Sie? Wo befinden Sie sich?
- Wie sieht die Situation aus? Welche Farben und Details nehmen Sie wahr?
- Wer ist bei Ihnen?
- Was hören Sie? Geräusche, Stimmen?
- Wie fühlen Sie sich? Was empfinden Sie in diesem Zukunftsszenario?
- Gibt es Gerüche oder Geschmäcke, die Sie wahrnehmen?

Diese Übung stärkt unsere innere Zuversicht und Schaffenskraft. Aktiv handeln in der äußeren Welt müssen wir trotzdem.

Positive Selbstgespräche

Wir haben bereits die Macht des inneren Dialogs erwähnt, wenn unsere Gedanken wie schnatternde Affen umherspringen. Diesen Dialog zu unterbrechen und bewusst positive Selbstgespräche zu führen, kann helfen, negative Gedankenmuster zu durchbrechen und eine optimistischere Sichtweise zu entwickeln (Seligman 1990).

Auf der Heimfahrt denkt Peter mit Grummeln an die unangenehme Besprechung morgen. Dann erinnert er sich an die Macht seiner Gedanken und unterbricht sie mit einem lauten »Stopp«. Stattdessen spricht er laut aus, wie er sich das Meeting wünscht: »Ich gehe entspannt, stark und zuversichtlich ins Meeting. Wir arbeiten wertschätzend und lösungsorientiert zusammen.« Danach lächelt er und richtet den Fokus auf den Feierabend. Am nächsten Morgen ist er entspannt und sorgt für eine lösungsorientierte Zusammenarbeit.

Indem Sie die positiven Dinge laut aussprechen, treten sie in den Vordergrund und übertönen das negative Hintergrundgemurmel. So gehen Sie am besten vor:

- Suchen Sie sich einen ruhigen Ort, an dem Sie laut sprechen können. Wenn Sie sich dabei bewegen, ist das sehr unterstützend, denn die Durchblutung im Gehirn steigt bei Bewegung stark an. Wenn Sie im Büro sind, können Sie die Tür schließen und zumindest beim Auf- und Abschreiten murmeln.
- Machen Sie sich bewusst, welche störenden oder negativen Gedanken Sie möglicherweise gerade in Ihrem Kopf bewegen.
- Anstatt sich nun weiterhin auf diese negativen Szenarien zu konzentrieren, unterbrechen Sie diese.

- Sprechen Sie nun laut aus, wie das Szenario sich positiv entwickeln wird, welche Chancen enthalten sind und wie Sie diese nutzen. Führen Sie das einige Minuten fort.
- Prüfen Sie abschließend, was sich bei Ihnen in Gedanken und Emotionen verändert hat.

Realitäts-Hoffnungs-Check

Wir wissen ja, dass unser Gehirn – was Gefahren angeht – gelegentlich dramatisiert und übertreibt. Diese Übung hilft, den Realitätsgehalt von Befürchtungen zu überprüfen und positive Zukunftsszenarien zu entwickeln.

Thema wählen: Fokussieren Sie sich auf ein Thema, bei dem Sie mehr Hoffnung benötigen.

Nutzen Sie hierfür das »Arbeitsblatt Realitäts-Hoffnungs-Check« im Downloadangebot.

Füllen Sie nun die vier Spalten nacheinander aus: »Befürchtungen«, »Realitäts-Check«, »positive Variante«, »Aktion«.

Befürchtungen notieren: Schreiben Sie Ihre Sorgen konkret in die erste Spalte. Oft sind es mehrere Aspekte, die uns beschäftigen. Differenzieren Sie diese und notieren Sie sie einzeln untereinander.

Realitäts-Check: Überprüfen Sie nun für jeden einzelnen Punkt die Befürchtungen: »Ist das überhaupt wahr oder nur ein Kopfkino?«, »Wie wahrscheinlich ist das?«

Positive Variante: Visualisieren Sie eine positive Zukunft. »Wie könnte es aussehen, wenn alles gut läuft?«, »Wie hoffe ich, dass es sich entwickelt?«

Aktion: Notieren Sie konkrete Schritte, um die positive Zukunft zu verwirklichen.

Diese Übung können Sie, groß visualisiert, auch mit Ihrem Team durchführen.

Lernen von der eigenen Best Practice

Bei dieser Übung schöpfen Sie aus den Schätzen Ihrer eigenen Vergangenheit und nutzen diese für die Zukunft. Reflektieren Sie eine eigene positive oder erfolgreiche Erfahrung.

Erinnern Sie sich an eine Situation, in der Sie mit Ihrem Team ein großes Ziel trotz Unsicherheiten und Hindernissen erreicht haben, indem sich alle dafür eingesetzt haben. Setzen Sie sich nun entspannt, aber aufrecht hin, aktivieren Sie Ihren Atem-Anker (Seite 229) und schließen Sie die Augen.

Lassen Sie die Situation in Ihrer Erinnerung wieder wach werden:

- Welche Emotionen sind entstanden?
- Wie sind Sie als Team mit Hindernissen umgegangen?
- Was haben Sie oder Ihre Führungskraft damals getan, um diese gemeinsame Ausrichtung zu realisieren?
- Wie war die Zusammenarbeit?
- Wie ging es im Team nach dem Erreichen des Ziels?

Öffnen Sie nun wieder die Augen, atmen Sie zwei bis dreimal tief durch und beantworten Sie (gerne auch schriftlich) folgende Frage: Was davon nehme ich für zukünftige große Ziele zusätzlich mit?

Diese Übung können Sie auch mit Ihrem Team durchführen, um vergangene Erfolge für die Zukunft zu nutzen.

Der Weg zum Herzenswunsch

In dieser Übung setzen Sie die sechs Bausteine zur Hoffnung (Kapitel 3.7 ab Seite 116) für einen persönlichen (Herzens-)Wunsch um. Beantworten Sie die Fragen gerne schriftlich.

Herzenswunsch: Was ist für Sie beruflich oder auch privat etwas, das Sie in der Zukunft in Ihrem Leben auf jeden Fall realisieren wollen?

Ziel: Wie können Sie aus diesem Wunsch ein (SMARTES) Ziel machen? Was sind Zwischenziele? Was ist ein erster Schritt?

Glaube: Wie sehr glauben Sie daran, dass es möglich, wenn auch vielleicht nicht wahrscheinlich ist, dieses Ziel zu erreichen?

Hindernisse oder Schwierigkeiten: Identifizieren Sie, was Sie möglicherweise auf Ihrem Weg aufhalten oder behindern könnte.

Vertrauen: Wie sehr vertrauen Sie in sich und andere, dass Sie diese Hindernisse überwinden? Welche Ressourcen haben Sie dafür schon jetzt? Welche benötigen Sie noch? Wer kann Sie unterstützen?

Willenskraft: Wie stark ist Ihre Willenskraft? Wie viel Disziplin und Engagement werden Sie in diese Zielerreichung investieren? Ist Ihnen das Ziel so wichtig, dass Sie dranbleiben, auch wenn es unbequem oder schwierig wird?

Die kollektive Hoffnung stärken

Eine positive, inspirierende und erstrebenswerte Vision für die Zukunft regt die kollektive Hoffnung an. Eine kraftvolle Möglichkeit für sich und Ihr Team ist ein Workshop-Tag zum Thema Hoffnung, wenn Sie als Team neu starten, vor einem neuen Projekt stehen oder sich neu ausrichten wollen.

Dieser Workshop bietet Ihnen die Möglichkeit, Ihr Team auf eine inspirierende Zukunft auszurichten. Sie können sowohl Ihre Zusammenarbeit als auch ein Projekt damit bearbeiten. Gönnen Sie sich ruhig einen ganzen Tag Zeit. Es kann zusätzlich motivieren, wenn Sie sich einen schönen Ort außerhalb der eigenen Räume gönnen. Visualisieren Sie den ganzen Prozess für alle sichtbar – das hilft Ihnen, im Fortschreiten den Überblick zu behalten, und motiviert zum Dranbleiben.

Vision und Herzenswunsch: Entwickeln Sie gemeinsam eine Vision für die bestmögliche Zusammenarbeit, die auf einer attraktiven Zukunftsvariante, einem »Herzenswunsch«, basiert und die Motivation im Team stärkt.

Ziel: Formulieren Sie daraus ein erreichbares Ziel. Es kann ein SMARTes Ziel oder auch ein Fuzzy Goal sein (Kapitel 7.5 ab Seite 214).

Glaube: Fördern Sie gemeinsam die innere Überzeugung, dass Sie das Ziel erreichen können. Dass es möglich ist, auch wenn es Hindernisse gibt. Finden Sie einen gemeinsamen Slogan, der in herausfordernden Situationen an den Glauben erinnert.

Hindernisse: Identifizieren Sie gemeinsam mögliche Hindernisse und Gefahren. Berücksichtigen Sie dabei verschiedene Ebenen: die persönliche, innerbetriebliche, von außen kommende. Entwickeln Sie gemeinsam Strategien, um diese zu überwinden.

Vertrauen: Verschaffen Sie sich einen Überblick über die Ressourcen, die Sie in Ihrem Team haben und die Ihr Unternehmen oder auch externe Dienstleister zur Verfügung stellen. Überlegen Sie gemeinsam, welche zusätzlichen Ressourcen Sie benötigen. Stärken Sie auch das Vertrauen darein, das sich auf dem Weg zukünftige Ressourcen ergeben werden.

Willenskraft: Stärken Sie mit Blick auf die bisherigen Schritte die Willenskraft, um die Vision gemeinsam zu erreichen. Planen Sie, was Sie tun können, um sich gegenseitig zu motivieren, wenn es unbequem oder schwierig wird. Welche Pausen gönnen Sie sich, um Kraft zu tanken und sich zu erholen?

Der Workshop fördert nicht nur die Willenskraft und das Engagement, sondern schafft auch eine starke Grundlage für nachhaltigen Erfolg und Zusammenhalt. Wenn Sie dabei Unterstützung benötigen, stehen wir Ihnen gerne zur Seite, um den Workshop erfolgreich mit Ihnen durchzuführen.

Interview Andreas Krafft, Uni Sankt Gallen

Wie können Führungskräfte die Hoffnung ihrer Mitarbeitenden fördern?

»Führungskräfte sollten aufrichtiges Interesse an den Wünschen und Hoffnungen ihrer Mitarbeitenden zeigen. Es geht nicht darum, alles zu erfüllen, sondern darum, einen Beitrag zur Verwirklichung zu leisten. Auch wenn es scheinbar keinen direkten Nutzen für die Führungskraft gibt, stärkt dieses Engagement die Wertschätzung und das Vertrauen im Team. Gleichzeitig erweitert es den eigenen Hoffnungshorizont der Führungskraft.«

Was können Führungskräfte konkret tun, damit das ganze Team hoffnungsvoller wird?

»Die meisten Menschen haben die Fähigkeit, sich weiterzuentwickeln, auch Ihre Mitarbeitenden. Vermitteln Sie ihnen den Glauben daran und vertrauen Sie, dass sie das, was sie heute noch nicht in der Lage sind zu tun, in Zukunft lernen können. Fragen Sie sich, wie Sie ihre (sowie Ihre eigene) Offenheit und Lernbereitschaft fördern können und wie sich mögliche Hindernisse gemeinsam überwinden lassen. Auf diese Weise können Sie mit Ihrem Team zu einer kraftvollen Hoffnungsgemeinschaft werden.«

Welche weitere wichtige Empfehlung haben Sie noch für Führungskräfte?

»Hoffnung erfordert eine Balance zwischen Tatendrang und Geduld. In hektischen Zeiten ist es entscheidend, Ruhe zu bewahren, um einen klaren Kopf zu behalten. Unüberlegte Handlungen aus Ungeduld heraus können mehr Schaden anrichten als Nutzen bringen. Führungskräfte, die Geduld und Ruhe ausstrahlen, bieten ihrem Team Sicherheit und fungieren als Ruhepol, was in schwierigen Zeiten besonders wertvoll ist.«

Dr. Andreas Krafft ist Zukunfts- und Hoffnungsforscher an der Universität Sankt Gallen sowie an der Freien Universität Berlin

7.8 Positiv führt! Fragen für Ihren Werkzeugkoffer

In den vorangegangenen Kapiteln haben wir beleuchtet, wie sich das Negative – sei es durch negative Emotionen, kritische Medienberichte oder Misserfolge – hartnäckig in den Vordergrund unserer Aufmerksamkeit drängt. Die Kunst der Positiven Führung liegt jedoch darin, den Fokus bewusst auf das Positive zu lenken und so Räume für Wachstum, Kreativität und Erfolg zu eröffnen.

Ein einfacher Ansatz ist, das Gegenüber mit optimistischen Aussagen wie »Schau mal auf das, was auch positiv ist.« oder »Das wird schon wieder« zu ermutigen. Doch oft erreichen solche Äußerungen das Gegenteil – sie prallen an der Person ab, besonders wenn sie gerade tief in einer schwierigen Situation steckt, wie etwa nach einem anstrengenden Kundengespräch. Diese gut gemeinten Worte wirken dann wie ein Fremdkörper, der vom »Immunsystem« des Gegenübers abgewehrt wird.

Es gibt jedoch einen wirksameren Weg: den Weg der Fragen

Wie wir im Kapitel 3.8 (Seite 123) aufgezeigt haben, aktivieren Fragen das Gehirn, sie motivieren und setzen einen inneren Suchprozess in Gang. Metaphorisch gesprochen können die richtigen Fragen eine Art Selbstheilung initiieren, die von innen heraus wirkt. Fragen sind ein hochwirksames Führungsinstrument, denn sie lenken die Aufmerksamkeit und lösen innere Prozesse aus. Nehmen wir das Beispiel der Kollegin nach einem anstrengenden Kundengespräch: Es wäre sinnvoll, ihre Gefühle zunächst zu spiegeln und anzuerkennen, was sie belastet hat. Dieser Ansatz, den wir auf Seite 198 als »Rapid Rapport« beschrieben haben, stärkt die Beziehung, indem er die negativen Emotionen anerkennt, ohne sie zu verstärken.

Erst danach setzt die Kunst der Fragen ein: Fragen Sie zum Beispiel: »Gab es in dieser Situation etwas, das trotz der Herausforderungen gut lief?« oder »Was hast du aus dieser Erfahrung gelernt, das dir in Zukunft helfen könnte?« Hier erkennen Sie als Führungskraft, dass offene Fragen das Mittel der Wahl sind, um das Denken anzuregen und den Fokus auf das Positive zu lenken. Fragen wirken wie eine Taschenlampe, die den Weg erhellt, indem sie die Aufmerksamkeit bewusst auf positive Aspekte lenkt. Voraussetzung dafür ist, dass wir als Fragende die Grundannahme teilen, dass selbst in den schwierigsten beruflichen Situationen positive Elemente existieren – und dass wir offen dafür sind, uns von den Antworten überraschen zu lassen.

Wenn wir bereits eine Vorstellung davon haben, worauf wir hinauswollen – etwa den Zusammenhalt im Team in den Fokus zu rücken, damit die Kollegin auf andere Gedanken kommt –, geben wir dies nicht vor, sondern fragen in diese Richtung: »Wie empfindest du den Zusammenhalt im Team? Was schätzt du daran?« Dadurch erkundet die Kollegin ihre eigene Innenwelt und entdeckt möglicherweise neue Perspektiven. Dieses Vorgehen löst zwar nicht direkt das Problem mit dem Kunden, erweitert jedoch die Wahrnehmung unserer Gesprächspartnerin. Sie gelangt so in einen positiveren Zustand zurück. Das ermöglicht ihr nun, kreative Lösungen für das ursprüngliche Problem zu entwickeln. Auch wenn die negativen Aspekte anfangs überwältigend erscheinen und positive Elemente schwer zu erkennen sind, dürfen wir uns nicht entmutigen lassen. Wir würdigen das, was sich zeigt, und bleiben beharrlich, indem wir weiterhin nach dem Positiven suchen – selbst nach den kleinsten positiven Ausnahmen, die sich inmitten der negativen Umstände zeigen.

Für Ihren persönlichen Werkzeugkoffer erhalten Sie hier nun eine Reihe von Fragen, um Ihre Mitarbeitenden ins Positive zu führen:

Positive Emotionen

- Welche Momente in Ihrer täglichen Arbeit haben Ihnen in letzter Zeit Freude bereitet?
- Was könnten wir gemeinsam tun, um mehr positive Erlebnisse im Team zu schaffen?
- Wie können wir Ihre Stärken besser nutzen, damit Sie sich im Team noch wohler fühlen?

Engagement und Motivation

- Welche Aufgaben machen Ihnen besonders Spaß und wie können wir dafür sorgen, dass Sie diese öfter übernehmen können?
- Wann waren Sie in letzter Zeit besonders motiviert bei der Arbeit?
- Was treibt Sie am meisten an und wie können wir das noch mehr fördern?

Relationships – tragfähige Beziehungen

- Wie erleben Sie die Zusammenarbeit im Team? Was läuft besonders gut?
- Gibt es jemanden im Team, mit dem Sie besonders gut auskommen? Was schätzen Sie an dieser Zusammenarbeit?
- Was könnten wir tun, um den Zusammenhalt im Team noch weiter zu stärken?

Meaning – Bedeutung und Sinn

- Wodurch haben Sie bei Ihrer Arbeit das Gefühl, etwas Sinnvolles zu tun?
- Welche Aufgaben sind Ihnen besonders wichtig und warum?
- Wie können wir klarer herausstellen, warum und wozu unsere Arbeit wichtig ist?

Accomplishment – Erfolge

- Auf welche Erfolge der letzten Zeit sind Sie besonders stolz?
- Wie können wir Ihre Erfolge noch besser im Team und im Unternehmen sichtbar machen?
- Was könnten wir einführen, um Erfolge im Team regelmäßig zu feiern?

Achtsamkeit

- Wie schaffen Sie es im Alltag, auf sich selbst und Ihr Wohlbefinden zu achten?
- Wann haben Sie sich zuletzt richtig konzentriert und fokussiert gefühlt?
- Was könnte Ihnen helfen, in stressigen Situationen ruhiger zu bleiben?

Hoffnung

- Welche Vorstellung haben Sie von Ihrer beruflichen Zukunft und wie kann ich Sie dabei unterstützen?
- Was gibt Ihnen in schwierigen Zeiten Hoffnung und Zuversicht?
- Welche konkreten Schritte könnten wir unternehmen, um Ihre Wünsche und Ziele zu erreichen?

Fragen

- Welche Fragen helfen Ihnen dabei, nach einem stressigen Tag die positiven Aspekte zu sehen?
- Wie könnten wir durch gezielte Fragen Ihre Stärken und Erfolge noch mehr in den Fokus rücken?
- Was könnten Sie in Zukunft öfter fragen, um sich und andere positiv zu beeinflussen?

Welche Lernwege führen zu Positive Leadership?

Führungskräfte fragen uns oft, wie sie Positive Leadership erlernen können. Diese Frage zeigt den Wunsch nach Weiterentwicklung und Verbesserung der Führungskompetenzen. Lernen ist ein Reifungsprozess, der Zeit und Übung erfordert. Nach ersten Impulsen durch dieses Buch oder ein Seminar geht es darum, das Gelernte in die Praxis umzusetzen. Gewohnte Verhaltensmuster, die uns seit Jahrzehnten begleiten, helfen uns zwar in vielen Situationen, müssen aber manchmal angepasst oder ersetzt werden, wenn sie nicht mehr zeitgemäß sind oder nicht die gewünschten Ergebnisse bringen.

Herr Zeitlos, ein erfahrener Geschäftsführer eines mittelständischen Betriebs, erlebte als junger Mann die Maxime »Lehrjahre sind keine Herrenjahre«. Er war überrascht, als ein Auszubildender nun nach nur einer Woche fragte, ob er statt fünf nur vier Tage pro Woche arbeiten könne. Instinktiv wollte er streng reagieren, doch er hielt inne und erkannte, dass sein Führungsstil nicht mehr zeitgemäß war.

Der Wandel fiel ihm schwer, da das alte Verhalten tief in ihm verankert war. Er besuchte ein Seminar und nahm im Anschluss einige Coachings in Anspruch, um seine Führungskompetenzen zu erweitern. Schritt für Schritt lernte er, seine Mitarbeitenden miteinzubeziehen und ihnen Raum für eigene Lösungen zu geben. Mit der Zeit bemerkte er die positiven Auswirkungen auf sein Unternehmen. Er wurde achtsamer und entspannter, was seine Beziehungen zu Mitarbeitenden und zu seiner Familie verbesserte. Das kreative Potenzial im Team wuchs, die Fluktuation sank und es wurde leichter, neue Fachkräfte zu gewinnen.

Heute ist Herr Zeitlos ein Vorbild für junge Führungskräfte. Er hat eine erfüllendere und wertschätzendere Art der Führung für sich entdeckt.

Es gibt verschiedene Wege, um Positive Leadership zu erlernen. Jeder Mensch hat seine eigene Art, sich Neues anzueignen. Sie können die folgenden Methoden nach Bedarf auswählen oder kombinieren, um Ihren individuellen Lernweg zu gestalten. Im Folgenden stellen wir Ihnen verschiedene Lernformen sowie konkrete Trainingsangebote vor, die Sie auf dem freien Markt finden, zum Beispiel auch bei uns, den Positivity Guides. Zögern Sie bitte nicht, uns zu kontaktieren, wenn Ihnen an dieser Stelle nicht klar sein sollte, welches Angebot am besten zu Ihnen und Ihrer Situation passt.

8.1 Selbstlernen

Die meisten Menschen lernen am besten, indem sie sich selbst aktiv Wissen aneignen und ihren eigenen Lernstil entdecken. In einer Zeit, in der Informationen in Hülle und Fülle verfügbar sind, bietet das Selbstlernen zahlreiche Vorteile und Chancen. Mit diesem Buch und den dazugehörigen Übungsanleitungen, die Ihnen als Download zur Verfügung stehen, erhalten Sie eine breite Palette an effektiven Werkzeugen, die speziell darauf abgestimmt sind, Ihr Selbstlernen zu unterstützen und zu fördern.

Selbstlernen bedeutet, eine Vielzahl von Lernressourcen und Medien sinnvoll zu nutzen. Dazu gehören klassische Lernmethoden wie das Lesen von Büchern, aber auch das Anschauen lehrreicher Videos und inspirierender TED-Talks sowie die Teilnahme an Onlinekursen und Webinaren. Diese Form des Lernens gibt Ihnen die Freiheit, Ihren individuellen Lernpfad zu gestalten: Sie können selbst entscheiden, wann Sie lernen, wie viel Zeit Sie investieren möchten und welches Lerntempo für Sie ideal ist. Sie sind nicht an einen festen Zeitplan oder an bestimmte Vorgaben gebunden – Sie können das Lernen genau an Ihre persönlichen Bedürfnisse und Ihren Alltag anpassen.

Allerdings erfordert das Selbstlernen auch ein hohes Maß an innerer Motivation und Selbstdisziplin, denn es fehlen die klassischen Strukturen und äußeren Anreize, wie sie bei formellen Kursen oder Schulungen vorhanden sind. Es gibt keine festen Termine, keinen Lehrplan und auch keine sozialen Komponenten, die Sie zur nächsten Lernphase anspornen könnten. Deshalb ist es wichtig, dass Sie sich eigene Routinen schaffen, indem Sie regelmäßige Lernzeiten einplanen, klare und erreichbare Ziele setzen und eine langfristige Perspektive entwickeln, was Sie mit Ihren neuen Fähigkeiten und Kenntnissen im Bereich Positive Leadership erreichen möchten.

Ein hilfreicher Ansatz, um beim Lernen konsequent am Ball zu bleiben, ist die schriftliche Dokumentation Ihres Lernprozesses. Ob Sie ein klassisches Notizbuch bevorzugen oder moderne digitale Werkzeuge auf Ihrem Smartphone nutzen – wichtig ist, dass Sie Ihre Fortschritte, Ideen und Erkenntnisse festhalten. Ein sogenanntes Erfolgstagebuch kann dabei besonders nützlich sein. Es hilft Ihnen, Ihre Gedanken zu ordnen, Ihren Lernfortschritt zu verfolgen, offene Fragen zu notieren und persönliche Erfolge zu dokumentieren. Während das Tagebuch den Austausch mit anderen nicht ersetzen kann, fördert es eine produktive Auseinandersetzung mit dem Gelernten und dient als wertvolles Feedbackinstrument für Ihre Selbstreflexion. So entsteht eine Art produktives Selbstgespräch, das Ihre Motivation steigert und Sie dazu anregt, kontinuierlich an Ihren Zielen zu arbeiten.

Indem Sie diese Techniken und Strategien nutzen, schaffen Sie eine solide Grundlage für effektives und nachhaltiges Lernen, das nicht nur Wissen erweitert, sondern auch die Fähigkeit stärkt, eigenständig und flexibel in einer sich ständig verändernden Welt zu agieren.

8.2 Positive Leadership Coaching

Wenn Sie den persönlichen Austausch schätzen, könnte ein Positive Leadership Coaching genau das Richtige für Sie sein. In diesem maßgeschneiderten Entwicklungsprozess arbeiten Sie mit einem professionellen Coach zusammen, der in Positive Leadership ausgebildet ist. Viele größere Unternehmen verfügen bereits über Coach-Pools, in denen Experten wie wir gelistet sind. Hier hat Ihr Unternehmen die Qualität der Coaches bereits geprüft, sodass Sie nur noch den passenden Coach auswählen müssen.

Falls Ihr Unternehmen (noch) keine eigenen Coaches anbietet, gibt es einige Dinge, die Sie bei der Auswahl beachten sollten. Da »Coach« keine geschützte Berufsbezeichnung ist, kann sich grundsätzlich jeder so nennen. Doch renommierte Berufsverbände legen großen Wert auf die Ausbildung ihrer Mitglieder und verlangen Nachweise über Qualifikation und Praxiserfahrung.

Eine Übersicht der wichtigsten Coachingverbände finden Sie in unserem Downloadangebot unter »Übersicht Coachingverbände«.

Für Positive Leadership Coaching gibt es derzeit noch keine speziellen Verbände. Allerdings dürfen die PERMA-Lead®-Messinstrumente nur von zertifizierten PERMA-Lead®-Beratern verwendet werden. Qualifizierte Coaches mit einer fundierten Ausbildung in Positiver Psychologie finden Sie auf der Website des deutschsprachigen Dachverbandes für Positive Psychologie (*www.dach-pp.eu*). Neben der fachlichen und persönlichen Kompetenz des Coaches ist der gute Draht zwischen Ihnen beiden entscheidend für den Erfolg des Coachings. Um dies zu beurteilen, bieten die meisten Coaches ein kostenloses Kennenlern- oder Vorgespräch an.

Dabei sollten Sie sich folgende Fragen stellen:

- Passt der Coaching-Ansatz zu meiner Persönlichkeit und meinen Zielen?
- Habe ich Vertrauen in den Coach und fühle ich mich sicher genug, offen und ehrlich zu sein?
- Wie gut versteht der Coach meine beruflichen Herausforderungen und mein Arbeitsumfeld?

8.3 Positive Leadership Trainings

Das Lernen in der Gruppe und der Austausch mit anderen bieten Ihnen die Chance, in einem strukturierten und inspirierenden Umfeld wertvolles Wissen zu erwerben. Durch die systematische Ausbildung, die intensive Zusammenarbeit mit anderen und den hohen Praxisbezug verändern Sie nachhaltig Ihre Haltung und erlernen wertvolle Fähigkeiten für Ihre Führungsarbeit.

Zweitägige Grundlagentrainings

In zweitägigen Positive-Leadership-Grundlagen-Trainings erhalten Sie einen kraftvollen Einstieg, um das PERMA-Modell praktisch anzuwenden. Sie erkennen den Nutzen der einzelnen Elemente und entwickeln einen Umsetzungsplan, um positive Veränderungen in Ihrem Arbeitsalltag anzustoßen. Diese Trainings bieten wir auch als Inhouse-Veranstaltungen an, die auf die spezifischen Bedürfnisse Ihres Unternehmens abgestimmt sind.

Für einen passgenaueren Einstieg empfehlen wir unsere ebenfalls zweitägige Positive Leadership Masterclass. Sie beginnt mit einer PERMA-Lead®-Selbsteinschätzung und einem ausführlichen Auswertungscoaching, sodass Sie die Trainingsinhalte noch passgenauer auf Ihre persönliche Entwicklung zuschneiden können.

Sechstägige Positive Leadership Intensiv-Trainings

Unsere Empfehlung für Unternehmen, die nachhaltigen Wandel anstreben, ist das sechstägige Positive-Leadership-Intensiv-Training. Über einen Zeitraum von vier bis sechs Monaten erlernen Führungskräfte in Modulen die Anwendung von Positive Leadership. Der Prozess ist so gestaltet, dass die Inhalte durch Transferaufgaben nicht nur erlernt, sondern nachhaltig verankert werden.

Dieses Training ist das einzige Positive Leadership Training mit wissenschaftlich nachgewiesener Wirksamkeit. Schon nach den sechs Trainingstagen nahmen die Mitarbeitenden ein signifikant positiveres Verhalten ihrer Führungskräfte wahr, was deren Wohlbefinden deutlich steigerte und die Fluktuationsabsichten stark senkte. Ein solcher Nachweis wurde bisher für kein anderes Positive Leadership Training in Deutschland erbracht (Nesemann 2023).

8.4 Vertiefungstrainings zu verschiedenen Themen

Positive Leadership Trainings bieten den idealen Einstieg in Positive Führung. Um für Ihre Herausforderungen im Betrieb passende und hilfreiche Kompetenzen zu entwickeln, empfehlen wir Vertiefungstrainings. Diese können von einem halben Tag bis zu mehreren Tagen dauern:

- Positive Kommunikation und Feedback: Vertrauen und Teamgeist fördern.
- Achtsamkeit: Klarheit und bessere Entscheidungen ermöglichen.
- Stärken stärken: Mitarbeiterpotenziale gezielt entwickeln.
- Sinn und Purpose: Tieferes Engagement und Motivation schaffen.
- Positive Teams: Effektive Zusammenarbeit durch Vertrauen stärken.
- Remote Leadership: Erfolgreiche Führung in digitalen und hybriden Arbeitsumgebungen.
- Agilität: Schnelligkeit und Anpassungsfähigkeit in agilen Teams steigern.
- Selbstmitgefühl: Vorbild sein und authentische Führung leben.
- Positive Transformation: Erfolgreiche Change Prozesse gestalten.

Welche dieser Themen wecken Ihre Neugier? Lassen Sie uns gemeinsam herausfinden, welche Vertiefungen Ihr Unternehmen auf das nächste Level bringen können.

8.5 Positive Leadership Praxis-Workshops

Wir haben in der Praxis gute Erfahrungen damit gemacht, die Haltung und Handlungsweisen von Positiver Führung auch in individualisierten Praxis-Workshops für ganze Leitungsteams zu vermitteln. Im Gegensatz zu lehrplanbasierten Trainings und Ausbildungen bieten Workshops eine punktuelle Ausbildung, die sich direkt am aktuellen Bedarf der Teilnehmenden orientiert. Bei echten Herausforderungen sind selbst Kritiker oft offen dafür, Positive Leadership als Lösung zu nutzen. Besonders beliebt sind unsere Stärken-Workshops.

Ein Nachteil der Workshops ist, dass nur einzelne Elemente von Positive Leadership vermittelt werden. Der Vorteil liegt jedoch darin, dass direkt mit eigenen Praxisfällen gearbeitet wird, was den Transfer in die Praxis erleichtert.

Interview Anja Dallmeier, AOK Niedersachsen

Ihr habt euch entschieden, Positive Leadership einzuführen und Trainings für eure Führungskräfte anzubieten. Was waren eure Motive dafür?

»Als Gesundheitskasse ist der Ansatz der Positiven Führung für uns mit Blick auf das Wohlbefinden der Mitarbeitenden besonders wichtig. Die wissenschaftliche Fundierung, dass Positive Führung auch harte Kennzahlen positiv beeinflusst, hat uns dazu bewogen, Positive Führung in unser Weiterbildungsprogramm für Führungskräfte aufzunehmen.«

Welche Rückmeldungen erhaltet ihr von den Teilnehmer:innen?

»Die Führungskräfte sind begeistert vom Training. Sie nehmen wertvolle Impulse mit, wie sie in einer sich immer schneller wandelnden Arbeitswelt durch Methoden der Positiven Psychologie neue Akzente setzen und die Führung ihrer Teams positiver gestalten können. Dabei kam die Ausrichtung des Seminars am PERMA-Modell sehr gut an.«

Was habt ihr aus der ersten Phase gelernt?

»Wir erhalten von den teilnehmenden Führungskräften immer wieder Anfragen, dass sie gerne mit ihren Mitarbeitenden einen Teamworkshop zu Themen der Positiven Psychologie durchführen möchten. Zugleich sagen Mitarbeitende, denen wir im Rahmen von Nachwuchsprogrammen einen kurzen Einblick in die Positive Psychologie geben, dass das Thema für alle Personen im Unternehmen sehr wichtig ist. Perspektivisch wollen wir daher auch für Mitarbeitende Trainings zur Positiven Psychologie in unser Weiterbildungsprogramm aufnehmen.«

Anja Dallmeier ist in der Personalentwicklung der AOK Niedersachsen tätig. Als Anwenderin der Positiven Psychologie freut sie sich, diese Methoden in ihr Arbeitsumfeld einzubringen.

8.6 Worauf kommt es bei guten Ausbildungen an?

Die Bezeichnung »Positive Leadership Trainer« ist, ähnlich wie die des Coaches, nicht geschützt. Leider stoßen wir immer wieder auf Profile, bei denen die tatsächliche Expertise unklar bleibt. Ein Buch zu lesen oder einen kurzen Workshop zu besuchen, reicht nicht aus.

Kompetente Trainer:innen sollten fundiert in Positiver Psychologie ausgebildet, erfahren und zertifiziert sein. Wichtig sind tiefes Fachwissen, Empathie, Glaubwürdigkeit, didaktisches Geschick und Praxisorientierung. Wir empfehlen Trainer mit nachweislicher Qualifikation, wie etwa einer mehrjährigen Ausbildung als zertifizierte Trainer der Positiven Psychologie (DACH-PP) oder speziellen Master-Abschlüssen wie MAPP oder MPPuC. Qualifizierte Trainer arbeiten praxisnah, fokussieren auf Haltung und Verhalten und stützen sich auf wissenschaftlich fundierte Methoden.

Warum Präsenztrainings effektiver sind

In der heutigen digitalen Welt fragen sich viele Führungskräfte, ob Präsenztrainings noch zeitgemäß sind. Die Antwort ist ein klares Ja. Präsenztrainings bieten einzigartige Vorteile, die virtuelle Formate nicht in gleicher Weise erreichen können.

Präsenztrainings ermöglichen direkten, tiefgehenden Austausch und sofortige Anwendung des Gelernten. Sie fördern nicht nur das Lernen, sondern auch den persönlichen Austausch mit anderen Führungskräften und Trainern. Studien zeigen, dass Führungskräfte persönliche Erfahrungen und zwischenmenschliches Lernen bevorzugen (Conger 2020).

Vorteile von Präsenztrainings:

- Direktes Feedback: sofort in die Praxis umsetzbar.
- Persönlicher Austausch: Profitieren von den Erfahrungen und Perspektiven anderer.
- Reichhaltige Lernumgebung: essenziell für effektive Führungskräfteentwicklung.
- Informeller Austausch: wichtige Gespräche in Pausen, bei Mahlzeiten oder abends an der Hotelbar.

Während Online-Trainings eine kostengünstige und effiziente Alternative darstellen und viele Wirkfaktoren auch digital erreicht werden können, fehlt oft der informelle Austausch. Präsenztrainings sind besonders für die in Kapitel 6 (ab Seite 149) genannten Grundlagen und Positive Leadership deutlich geeigneter als Online-Trainings.

8.7 Zertifizierungen

Zertifizierungen zu erhalten, ist ein wichtiger Bestandteil von Accomplishment. Uns Autoren motiviert es auch heute noch, die erfolgreiche Teilnahme an einer Fortbildung mit einem Zertifikat in der Hand abzuschließen.

Solche Zertifizierungen sind auch wertvoll, um die eigene Entwicklung zum Beispiel bei Bewerbungen oder für Beförderungen nachzuweisen. Daher erläutern wir hier für Deutschland einige zertifizierte Fortbildungen in Positiver Psychologie und für Positive Leadership.

PERMA-Lead-Zertifizierung

Das PERMA-Lead®-Testverfahren wurde von Markus Ebner entwickelt. Da es ein wissenschaftlich validiertes Werkzeug ist, darf es nur von zertifizierten Berater:innen verwendet werden. Markus Ebner bietet hierzu Zertifizierungsworkshops an.

In diesen Workshops erfahren die Teilnehmenden Grundwissen zu Positive Leadership, erlernen, wie das Verfahren funktioniert und wie Auswertungsgespräche geführt werden.

Anwender der Positiven Psychologie (DACH-PP)

In einer sechzehntägigen Ausbildung erlernen die Teilnehmenden die Grundlagen der angewandten Positiven Psychologie. Durch intensive Selbstreflexion und Übungen gewinnen sie fundiertes Wissen und lernen, die Werkzeuge der Positiven Psychologie anzuwenden. Diese Zertifizierung (Level 1) bildet eine solide Grundlage für die persönliche Weiterentwicklung und öffnet Türen für weiterführende Qualifikationen in Positive Leadership, auch wenn sie noch keinen direkten Bezug zu Führungsaufgaben hat.

Berater der Positiven Psychologie (DACH-PP)

Die achttägige Level-2-Ausbildung vertieft das Wissen und die praktische Anwendung in spezifischen Berufsfeldern wie Business, Coaching oder Teambuilding. Der Schwerpunkt liegt auf der praktischen Anwendung der Positiven Psychologie mit Anderen. Die Zertifizierung schließt mit einer praxisbezogenen Abschlussarbeit ab.

Positive Business Expert (DACH-PP)

Die zehntägige Ausbildung zum zertifizierten Positive Business Expert (PBE) des DACH-PP kombiniert Theorie mit praktischer Anwendung im beruflichen Kontext, einschließlich eines selbst durchgeführten Projekts. Sie legt besonderen Wert auf die Anpassung amerikanischer Businesskonzepte an den europäischen Kulturkreis und vermittelt praxisorientierte Kenntnisse in Stärkenorientierung,

Flow, Positive Leadership und wertschätzender Kommunikation. Teilnehmende lernen, diese Konzepte gezielt anzuwenden, um Motivation, Wohlbefinden und Leistung in ihrem beruflichen Umfeld zu fördern, nicht nur als Führungskräfte.

Zertifizierte Ausbildung zum Positivity Guide®

Die achtzehntägige zertifizierte Ausbildung zum Positivity Guide® richtet sich an Führungskräfte und Multiplikatoren, die Positive Leadership in ihren Unternehmen verankern möchten. In sechs Präsenz- und Onlinemodulen erlernen die Teilnehmenden sowohl die theoretischen Grundlagen als auch praxisnahe Anwendungen im Führungskontext. Ein zentrales Element ist ein integriertes Praxisprojekt, das direkt im eigenen Unternehmen umgesetzt wird. Ergänzt wird der ganzheitliche Lernprozess durch Transferaufgaben, die sicherstellen, dass das Gelernte nachhaltig im beruflichen Alltag verankert wird. Diese Ausbildung befähigt die Teilnehmenden, positive Veränderungen in der Unternehmenskultur wirksam zu initiieren und langfristig zu gestalten.

Neue Studiengänge

Darüber hinaus entstehen immer neue Studiengänge zu diesen Themen. Hervorzuheben ist der erste deutschsprachige Masterstudiengang in Positiver Psychologie und Coaching (MPPuC), den die DHGS (Deutsche Hochschule für Gesundheit und Sport) in Kooperation mit der DGPP (Deutsche Gesellschaft für Positive Psychologie) in Deutschland und Österreich anbietet.

Teil III – die Zukunft: Wohin führt Positive Leadership?

»Change before you have to.«

Jack Welch, einflussreicher amerikanischer Geschäftsmann und langjähriger CEO des Industriekonzerns General Electric. Er gilt als einer der erfolgreichsten Unternehmensführer des zwanzigsten Jahrhunderts.

Nach einer intensiven Auseinandersetzung mit den Grundlagen Positiver Führung und deren Anwendung im Führungsalltag ist es an der Zeit, den nächsten Schritt zu gehen. Sie haben bereits erfahren, wie Positive Leadership einzelne Führungskräfte inspiriert und die Unternehmenskultur verändern kann. Doch was, wenn wir diesen Ansatz über einzelne Führungsebenen hinaus denken und auf die gesamte Organisation anwenden? Was wäre möglich, wenn wir Positive Leadership noch weiter ausdehnen und mit den Zielen nachhaltiger Entwicklung und gesamtgesellschaftlicher Verantwortung verknüpfen?

Stellen Sie sich vor, wie Ihre Organisation zu einem Vorreiter für positive Veränderung wird – nicht nur innerhalb ihrer eigenen Strukturen, sondern weit darüber hinaus, indem sie global agiert und Verantwortung übernimmt.

Im dritten Teil dieses Buches wollen wir gemeinsam erkunden, welche Potenziale freigesetzt werden, wenn Positive Leadership größer gedacht wird. Lassen Sie uns den Horizont erweitern und mutig in die Zukunft blicken, um eine Welle der positiven Transformation anzustoßen, die die Welt nachhaltig verändert.

Wie können wir eine Positive Leadership Welle auslösen?

Jede Führungskraft hat das Potenzial, ihr Verhalten weiterzuentwickeln und positiver zu führen. Positive Leadership kann aber nicht nur einzelne Führungskräfte, sondern die gesamte Unternehmenskultur grundlegend verändern. Doch reicht die Entwicklung einzelner Führungskräfte aus, um eine umfassende Veränderung hin zu Positiver Führung auszulösen?

Der Erfolg hängt davon ab, wie viele Menschen sich gleichzeitig auf den Weg machen. Um eine Welle des Wandels zu erzeugen, braucht es die gebündelte Energie vieler Akteure und einen klaren Startpunkt.

In diesem Kapitel erweitern wir die Perspektive: vom Individuum über Teams und Bereiche auf die gesamte Organisation.

Das Verhalten einer Führungskraft hat durch seine Vorbildfunktion und den Wirkungskreis einen stärkeren Einfluss auf die Organisation als das Verhalten eines einzelnen Mitarbeitenden. Der Crossover-Effekt verstärkt diesen Einfluss zusätzlich, da Emotionen und Verhaltensweisen von Führungskräften direkt auf ihre Mitarbeitenden übergehen.

Mittlere und untere Führungskräfte haben in erster Linie Einfluss auf ihre eigenen Teams, während ihr Einfluss auf die gesamte Organisation begrenzt ist.

Um eine Positive-Leadership-Welle auszulösen, reicht es nicht aus, wenn nur die obersten Führungskräfte involviert sind. Es braucht ein gemeinsames Verständnis der Dringlichkeit, eine Führungskoalition und eine klare Vision, um den Wandel in Gang zu setzen.

John P. Kotter (1996), Professor für Führungsmanagement an der Harvard Business School, entwickelte ein achtstufiges Modell, das weltweit als Standard für Change Management gilt. Seine ersten drei Phasen – Dringlichkeit vermitteln, ein Führungsteam aufbauen und eine Vision entwickeln – sind besonders entscheidend, um den Wandel in Gang zu setzen und nachhaltig zu verankern. Sie schaffen das Fundament, auf dem die weiteren Schritte aufbauen. Nur wenn diese Basis stark ist, kann die Transformation zu einer positiven Führungskultur gelingen.

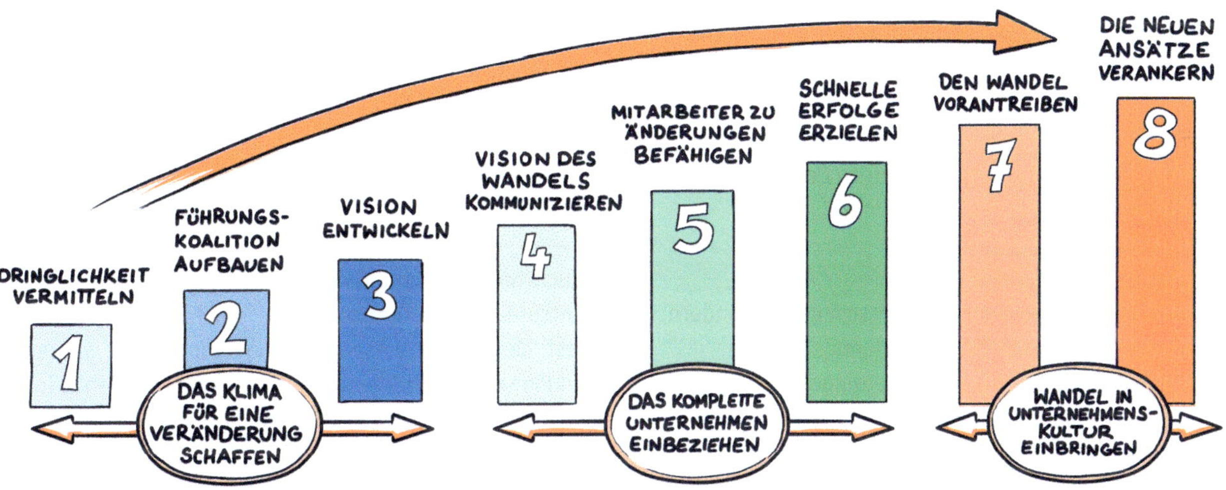
DIE ACHT PHASEN DER VERÄNDERUNG
(NACH: JOHN P. KOTTER)
DRINGLICHKEIT VERMITTELN
1
FÜHRUNGS-KOALITION AUFBAUEN
2
VISION ENTWICKELN
3
VISION DES WANDELS KOMMUNIZIEREN
4
MITARBEITER ZU ÄNDERUNGEN BEFÄHIGEN
5
SCHNELLE ERFOLGE ERZIELEN
6
DEN WANDEL VORANTREIBEN
7
DIE NEUEN ANSÄTZE VERANKERN
8
DAS KLIMA FÜR EINE VERÄNDERUNG SCHAFFEN
DAS KOMPLETTE UNTERNEHMEN EINBEZIEHEN
WANDEL IN UNTERNEHMENS-KULTUR EINBRINGEN

9.1 Das Klima für Veränderung schaffen

Phase 1: Dringlichkeit vermitteln – warum sollten wir uns verändern?

Wenn Organisationen uns kontaktieren, um Positive Führung einzuführen, haben sie oft bereits eine klare Motivation. Diese liegt häufig in sogenannten Weg-von-Ansätzen, wie etwa:

- Burn-out und Krankentage reduzieren,
- schlechte Arbeitgeberbewertungen und ausbleibende Bewerbungen vermeiden,
- Fluktuation verringern,
- interne Konflikte lösen,
- Fehlervertuschung und Qualitätsmängel verhindern,
- Kundenunzufriedenheit minimieren,
- sich wiederholende Fehler unterbinden,
- Low Performer motivieren.

Viele mittlere und große Unternehmen erheben hierzu betriebswirtschaftliche Kennzahlen und KPI, wie Fehlzeiten, Fehlerquoten, Fluktuation, Bewertungen auf Portalen und Mitarbeiterleistung.

Wir empfehlen, solche Daten auch vor und während der Einführung von Positive Leadership zu erfassen, um die Ausgangslage und die Verbesserung quantitativ nachzuweisen.

Manche Unternehmen haben auch eine positiv formulierte Hin-zu-Vorstellung, wie sich die Führungskultur entwickeln soll, wie etwa:

- zufriedene, gesunde und produktive Mitarbeitende,
- Mitarbeiterverbundenheit und Loyalität,
- Führungskräftenachwuchs aus den eigenen Reihen,
- Attraktivität als Arbeitgeber, bei dem Menschen gerne arbeiten (möchten),
- eine Kultur des Lernens und der kontinuierlichen Verbesserung,
- Innovationsfreude und Umsetzungskraft.

Auch hier empfehlen wir die Erfassung und Entwicklung entsprechender Kennzahlen. In der Praxis stellen wir oft fest, dass negative Aspekte gut erfasst werden, während es an Parametern für den gewünschten Zustand fehlt. Instrumente wie der PERMA-Profiler und die PERMA-Lead-Instrumente sowie Mitarbeiterbefragungen können helfen, diese Lücken zu schließen und den Wandel zu dokumentieren.

Diese Daten sind wertvoll, um den Wandel zu steuern und auch kritische Stimmen in der Organisation zu überzeugen. Ohne eine klare Motivation, sei es »weg von« oder »hin zu«, wird es jedoch schwierig, die nötige Energie für den Wandel aufzubringen.

Phase 2: Ein Führungsteam für den Wandel aufbauen

Um den Wandel anzustoßen, müssen Energien gebündelt werden. Kotter (1996) spricht hier von der Bildung einer »Führungskoalition«. Praktisch bedeutet dies, ein Team aus zentralen Akteuren im Unternehmen zusammenzubringen, das ein gemeinsames Verständnis für die Notwendigkeit und Richtung der Veränderung entwickelt. Dieses Team sollte idealerweise alle Hierarchieebenen und relevante Stakeholder wie Betriebsräte einbeziehen, um einen konstruktiven Austausch zu gewährleisten.

Idealerweise geschieht dies in moderierten Workshops, in denen die Grundsätze der Positiven Führung vermittelt und konkrete Ansatzpunkte für den Wandel erarbeitet werden. Besonders für kritische Teilnehmende ist es wichtig, die wissenschaftliche Basis und den Erfolg von Positive Leadership durch Beispiele aus der Praxis zu untermauern.

Phase 3: Ein Idealbild Positiver Führung entwickeln

Nachdem die Führungskoalition gebildet und motiviert ist, Positive Führung einzuführen oder auszubauen, steht als erste zentrale Aufgabe die Entwicklung einer Vision an. Diese Vision soll ein positives Bild des gewünschten Zustands zeichnen, das auf den spezifischen Betrieb, die Ausgangslage, die Rahmenbedingungen und den übergeordneten Sinn (Purpose) der Organisation abgestimmt ist. Sie muss für Mitarbeitende, Führungskräfte und Kunden attraktiv, erstrebenswert und motivierend sein und gleichzeitig die Leistungsfähigkeit des Unternehmens fördern sowie die Erreichung der Unternehmensziele unterstützen.

Anschließend gilt es, eine Strategie zu entwickeln, um die Vision zu verwirklichen. Dabei muss geklärt werden, welche Themen im Vordergrund stehen und wo der Beginn liegt. Das Führungsteam muss entscheiden, ob ein detaillierter Umsetzungsplan erstellt wird oder ob die Umsetzung schrittweise und agil, unter Einbindung der Beteiligten, erfolgen soll.

Die Visionserstellung muss strategische Ziele, Umsetzungsplanung – insbesondere die ersten Schritte – sowie die angestrebten ersten Erfolge berücksichtigen. Erst wenn ein plausibles Konzept vorliegt, sollten die nachfolgenden Phasen gestartet werden.

Diese ersten drei Phasen sind laut Kotter entscheidend, um das »Klima für Veränderung« zu schaffen. Kotter betont, dass die Hälfte der Change-Prozesse bereits in diesen Phasen scheitert. Insgesamt misslingen etwa 70 Prozent der Change-Prozesse, weil sie die acht Phasen der Veränderung nicht ausreichend und in der richtigen Reihenfolge durchlaufen.

9.2 Das komplette Unternehmen einbeziehen

Phase 4: Vision des Wandels kommunizieren

Nachdem das positive Zielbild steht, ist es in Phase 4 nach Kotter entscheidend, die Vision klar und verständlich an alle Beteiligten zu vermitteln. Es gilt zu erklären: Warum erfolgt der Wandel? Welche Ziele und Nutzen sollen erreicht werden? Wie wird der Wandel beginnen, welche Ressourcen stehen bereit und wie werden Betroffene einbezogen?

Diese Fragen können in Führungskräftetreffen, Betriebsversammlungen oder Kick-off-Veranstaltungen mit interaktiven Elementen behandelt werden. Wichtig ist, dass die Vision nicht als unrealistische Fantasie abgetan wird, sondern ernst genommen wird. Dazu sollten rasch erste Schritte der Umsetzung eingeleitet werden, wie zum Beispiel eine Mitarbeiterbefragung zum PERMA-Erleben und zum Führungsverhalten. Eine umfassende PERMA-Lead-Führungs- und Organisationskulturanalyse, basierend auf 360°-Feedbacks, bietet ebenfalls wertvolle Einblicke in Stärken und Entwicklungsbedarfe.

Diese Ergebnisse dienen der Feinplanung weiterer Maßnahmen und ermöglichen es, die Entwicklung kontinuierlich zu überprüfen und den Erfolg der Maßnahmen zu belegen. Bei der Kommunikation der Vision ist es wichtig, Einwände und Kritik offen anzusprechen und Lösungswege aufzuzeigen. Kritische Stimmen sollten aktiv einbezogen werden, indem ihre Ängste und Bedenken ernst genommen und gleichzeitig der Nutzen des Wandels für alle Beteiligten verdeutlicht wird. Am Ende muss klar sein, warum die Veränderung notwendig ist, wie das Zielbild aussieht und wie der Weg dorthin gestaltet wird.

Phase 5: Mitarbeitende (und alle Führungskräfte) zu Änderungen befähigen

In der fünften Phase des Wandels hin zu Positiver Führung müssen Führungskräfte Schritt für Schritt in die Lage versetzt werden, Positive Leadership praktisch anzuwenden. In diesem Buch haben wir eine Vielzahl von Methoden und Verhaltensweisen vorgestellt, die dabei unterstützen.

Bereits bei der Kommunikation der Vision sollte klar sein, welche ersten konkreten Veränderungspunkte in der eigenen Organisation anstehen.

Interview Ariane Reinheimer, apoBank

Was hat Sie bei der apoBank veranlasst, ein positives Leitbild gemeinsam mit allen Führungskräften zu entwickeln?

»Unser vorheriges Führungsleitbild war schon mehrere Jahre alt, wurde damals ganz klassisch von einem Berater entwickelt und geschrieben und hat eigentlich nie so richtig gelebt. In den letzten Jahren hat sich die apoBank aufgrund von externen wie auch internen Faktoren stark verändert. Diese Veränderungen wollten wir nicht einfach nur geschehen lassen, sondern als Chance nutzen, unsere Unternehmens- und Führungskultur aktiv mitzugestalten. Ganz bewusst haben wir uns deshalb auch für einen anderen, partizipativen Weg entschieden. Und die große Bereitschaft und Begeisterung unserer Führungskräfte, daran mitzuwirken, ist ein Beweis für die bereits erfolgten ersten Schritte in Richtung Positive Leadership. Ich denke, diese Freude und Grundhaltung spürt man auch in unseren neuen Leitsätzen.«

Was waren Ihre wichtigsten Erkenntnisse dabei?

»Engagierte Führungskräfte, die ihre Aufgabe gerne machen und Freude am fördernden Umgang mit Menschen haben, wissen sehr genau, was eine gute Führungskraft ausmacht, wie man agieren sollte und dass eine positive Grundhaltung unerlässlich ist. Sie fühlen sich wertgeschätzt und ernst genommen, wenn man sie miteinbindet und anschließend gemeinsam die richtigen Worte findet und die wichtigsten Botschaften herausarbeitet.«

Wo sehen Sie die größten Herausforderungen und wie werden Sie damit umgehen?

»Das Leitbild immer wieder in den Führungsalltag zu integrieren und in die Umsetzung zu bringen. Wir nutzen es für alle unsere neuen Angebote und Prozesse und machen es immer wieder sichtbar. Von einer Learning Journey mit Angeboten zu jedem einzelnen Satz bis hin zur Einschätzung der individuellen Führungsleistung auf Basis der Leitsätze.«

Ariane Reinheimer leitet die Personalentwicklung bei der apoBank und ist treibende Kraft hinter dem Leitbildprozess. Mit Fachwissen, Entschlossenheit und Kreativität hat sie die Weiterentwicklung der Führungskultur maßgeblich vorangetrieben und dabei immer das Zielbild von »Positive Leadership« im Blick behalten.

Es ist wichtig, Lern- und Trainingsangebote bereitzustellen, um die neuen Verhaltensweisen praxisnah zu erlernen. Diese Angebote sollten durch individuelles Coaching und Auswertungsgespräche zu Mitarbeiterbefragungen ergänzt werden, um eine möglichst passgenaue Weiterbildung zu gewährleisten. In unseren Trainings setzen wir auch auf kollegiale Fallberatung, um das fallbezogene Lernen zu fördern, Führungskräfte zu vernetzen und gemeinsam auf Positive Führung auszurichten.

Idealerweise starten die Trainings für alle Führungskräfte gleichzeitig oder zumindest in kurzen Abständen. Falls das nicht möglich ist, sollten die motivierten Führungskräfte den Anfang machen. Diese können als Botschafter und Multiplikatoren für Positive Führung in der Organisation wirken. Kotter betont auch die Bedeutung, einflussreiche Einzelne, die dem Wandel (noch) skeptisch gegenüberstehen, frühzeitig einzubinden. Da Führung ein interaktiver Prozess ist, gilt es auch die Mitarbeitenden zu befähigen, mit Positive Leadership umzugehen. Dies beginnt mit einem tieferen Verständnis für die eingesetzten Befragungen. Der erfolgreiche Wandel erfordert viel gegenseitiges Feedback und eine gemeinsame Lern- und Entwicklungskultur. Es ist daher eine wichtige Aufgabe für Führungskräfte, konstruktives Feedback annehmen zu lernen und daran zu wachsen. Auch die Mitarbeitenden sollten lernen, ihrer Führungskraft konstruktives Feedback zu geben. Es gilt Austauschformate zu entwickeln, um in Teams und Abteilungen passende Verhaltensweisen zu identifizieren und umzusetzen. So werden Mitarbeitende zu Unterstützern ihrer positiven Führungskräfte und es entstehen Vereinbarungen darüber, wie Führung gelebt werden soll.

Da die Prinzipien der Positiven Psychologie und von Positive Leadership nicht nur für das Führen anderer, sondern auch für die Selbstführung sehr wertvoll sind, hat uns zum Beispiel ein mittelgroßes Jobcenter damit beauftragt, nicht nur die Führungskräfte, sondern auch alle anderen Mitarbeitenden insgesamt sechs Tage in Positiver Psychologie zu schulen.

Phase 6: Schnelle Erfolge erzielen

In der sechsten Phase des Wandels ist es entscheidend, schnelle Erfolge zu erzielen und diese sichtbar zu machen. Alle Beteiligten erleben somit rasch positive Wirkungen und erfahren sich als selbstwirksam in Positiver Führung. Das motiviert die Menschen und treibt den Wandel voran. Der Erfolg dieser Phase hängt vom konsequenten Durchlaufen der vorherigen fünf Phasen ab. Nur wenn klar ist, warum die Veränderung erfolgt, wer sie vorantreibt und wie das Zielbild aussieht, können geeignete Maßnahmen zur Befähigung umgesetzt werden. Eine sowohl qualitativ als auch quantitativ gut beschriebene Ausgangslage ermöglicht es, schnelle Erfolge anhand messbarer Veränderungen sichtbar zu machen. Schnelle Erfolge können auch dazu beitragen, Kritiker und zurückhaltende Führungskräfte von Positive Leadership zu überzeugen.

Was könnten schnelle Erfolge bei der Einführung von Positiver Führung sein? In Kapitel 7.5 (ab Seite 214) haben wir zahlreiche inspirierende Ansätze vorgestellt, um motivierende Ziele zu setzen, diese sichtbar zu machen und gemeinsam zu feiern.

Ein eindrucksvolles Beispiel liefert Kim Cameron (2021) mit der »90-in-90-Challenge« im Universitätsverbund Laureate: 46 Führungskräfte wurden nach einer dreitägigen Schulung beauftragt, innerhalb von 90 Tagen 90 Prozent ihrer Kollegen mit Positive Leadership zu inspirieren. Diese Challenge, begleitet von Befragungen, erzielte eine positive Wirkung bei 93,3 Prozent der Kollegen.

Könnte eine solche Challenge auch für Ihr Unternehmen passen? Oder wie müsste sie angepasst werden?

Hier sind einige Beispiele schneller Erfolge von verschiedenen Unternehmen:

- häufigeres positives Feedback;
- mehr Dankbarkeit und Wertschätzung;
- wachsende Vertrauensbasis im Team;
- regelmäßige, freudig erwartete Entwicklungsgespräche;
- verbesserte Werte in PERMA-Lead-Auswertungen;
- Verringerung des Krankenstands;
- reduziertes Stressempfinden;
- verbesserte Leistungsparameter wie Umsatz oder Fallzahlen;
- positive Bewertungen von Mitarbeitenden und Ehemaligen auf Portalen;
- steigende Kundenbewertungen;
- bessere Verzahnung zwischen Abteilungen;
- schnellere Konfliktlösung;
- konstruktive Fehlerkultur und gemeinsames Lernen.

Für den Erfolg in dieser Phase ist es entscheidend:

- erste Erfolge anzustreben, die für die Kollegen bedeutsam sind;
- diese Erfolge schnell sichtbar zu machen, etwa durch Befragungen und Kennzahlen;
- möglichst viele Menschen davon zu überzeugen und
- keine weiteren großen Veränderungen parallel durchzuführen, um den Erfolg eindeutig dieser Initiative zuschreiben zu können.

9.3 Positive Führung in die Unternehmenskultur einbringen

Phase 7: Den Wandel vorantreiben

Nach den ersten sichtbaren Erfolgen ist es in der siebten Phase entscheidend, den Wandel hin zu mehr Positive Leadership mit hoher Energie weiter voranzutreiben. Die Gefahr besteht darin, sich auf den ersten Erfolgen auszuruhen und den notwendigen Wandel aus den Augen zu verlieren.

Das Führungsteam sollte kontinuierlich daran erinnern, warum der Wandel begonnen wurde, warum er weiterhin notwendig ist und welche nächsten Ziele zu erreichen sind. Es gilt, die Haltung der kontinuierlichen Verbesserung beizubehalten und weiter an der neuen Führungskultur zu arbeiten.

Auch in dieser Phase empfehlen wir, die erhobenen Befragungsergebnisse und Kennzahlen intensiv zu nutzen und zum Beispiel darauf zu achten, dass die in Phase 6 eingeführten Mitarbeitergespräche regelmäßig mit allen Mitarbeitenden geführt werden. Solche Meilensteine und weitere Entwicklungsschritte helfen, die Hin-zu-Motivation der Führungskräfte aufrechtzuerhalten.

Während in Phase 6 der Fokus darauf lag, möglichst viele Kollegen zu erreichen, ist es in Phase 7 an der Zeit, auch die bisher zurückhaltenden oder skeptischen Führungskräfte aktiv einzubeziehen.

Bezogen auf die Kommunikation empfehlen wir, den fortlaufenden Entwicklungsprozess und die Veränderung zu betonen, statt auf feststehende Ergebnisse zu verweisen. Ziel ist es, das Growth Mindset, wie in Kapitel 7.2 (ab Seite 180) erläutert, zu fördern und aufrechtzuerhalten.

Phase 8: Die positive Führungskultur verankern

Nun geht es darum, Positive Führung fest in der Unternehmenskultur zu verankern und kontinuierlich zu pflegen. Das erfordert, positive Geschichten über die neue Organisation zu erzählen. Diese Geschichten sollten verdeutlichen, wie die Organisation jetzt funktioniert und warum sie erfolgreich ist. Eine narrative Herangehensweise macht die Vision und die Werte der neuen Kultur verständlich und greifbar.

In dieser Phase wird Positive Leadership bereits als etwas Normales wahrgenommen, das allen klar verständlich ist und einen spürbaren Nutzen bringt. Um diese Kultur weiter zu festigen, ist es hilfreich, regelmäßig Videos zu erstellen und zu teilen, die Erfolgsgeschichten und Best Practices sowie positive Erfahrungen von Mitarbeitenden und Führungskräften zeigen.

Ein weiterer zentraler Bestandteil dieser Phase ist die Etablierung eines Leitbildes, das die Prinzipien der Positiven Führung klar und einprägsam kommuniziert. Dieses Leitbild sollte in der gesamten Organisation präsent sein und regelmäßig in Schulungen, Meetings und internen Kommunikationskanälen thematisiert werden, um sicherzustellen, dass es dauerhaft im Bewusstsein aller bleibt.

Um eine nachhaltige kulturelle Veränderung zu sichern, müssen diese neuen Verhaltensweisen und Ergebnisse dauerhaft bestehen bleiben. Dies erfordert kontinuierliche Anstrengungen, regelmäßige Überprüfungen und klare Kommunikation der neuen Standards.

Schwarze Löcher schließen

»Die Kultur einer Organisation wird durch das schlechteste Verhalten geprägt, das die Leitung bereit ist zu tolerieren.«

Steve Gruenert und Todd Whitaker,
Bildungsforscher, in »School Culture Rewired«

Eine Organisationskultur, die sich an Positive Leadership orientiert, benötigt Regelungen und Werkzeuge, um sich selbst zu schützen und zu verhindern, dass alte, destruktive Führungsverhaltensweisen sich unbemerkt wieder einschleichen. Eine positive Unternehmenskultur braucht Schutz vor Unterwanderung, ähnlich wie eine Demokratie.

In einer positiven Führungskultur sind tragfähige Beziehungen und offene Kommunikation zentral. Tritt destruktives Verhalten bei Führungskräften auf, sollte dies Anlass für ein entwicklungsorientiertes Gespräch sein, um positive Veränderungen anzustoßen. Wenn jedoch einzelne Führungskräfte sich ernsthaft gegen die Prinzipien von Positive Leadership stellen, sollte die Organisation eine Trennung in Betracht ziehen. Solche negativen Führungsverhaltensweisen wirken oft wie »schwarze Löcher«, die Energie und Motivation aus Teams ziehen und Frustration hinterlassen.

Die Trennung von destruktiven Führungskräften kann die Energie und Motivation im Team wieder freisetzen und das »schwarze Loch« schließen. Ist eine Trennung arbeitsrechtlich nicht möglich, kann eine interne Versetzung eine Lösung bieten. Durch die Entlastung von Führungsverantwortung und die Zuweisung eines Spezialthemas, das zu den Stärken der Führungskraft passt, lässt sich ihr negativer Einfluss minimieren und möglicherweise neue Motivation schaffen.

Eine neue Unternehmenskultur ist nicht der erste Schritt der Einführung von Positive Leadership, sondern das Ergebnis des erfolgreichen Durchlaufens aller acht Phasen.

Wenn Sie Positive Leadership in Ihrer Organisation als Welle in Bewegung bringen und dauerhaft verankern möchten, empfehlen wir dringend, die acht Phasen erfolgreichen Wandels nach Kotter konsequent zu nutzen.

9.4 Positive Leadership erfolgreich etablieren: Voraussetzungen und Maßnahmen

Die Einführung von Positive Leadership als gelebte Unternehmenskultur erfordert klare Rahmenbedingungen:

Oberste Führungskräfte als Treiber

Die oberste Leitung muss das Vorhaben aktiv unterstützen, einschließlich der Freigabe von Budgets, interner Kommunikation, Teilnahme an Trainings und Vorbildfunktion durch positives Führungsverhalten.

Einbindung der Mitarbeitervertretungen

Personal- und Betriebsräte sowie andere relevante Beauftragte sollten frühzeitig in den Prozess integriert werden, um die Akzeptanz zu erhöhen und die Anliegen der Belegschaft zu berücksichtigen. Sorgen und Ängste dieser Vertreter müssen frühzeitig gehört und beachtet werden. Unsere Erfahrung zeigt, dass die Akzeptanz deutlich steigt, wenn diese Vertreter gut eingebunden sind.

Führungskräfte zu Teams machen

Oft sehen sich Führungskräfte als Einzelkämpfer, was zu Konkurrenz und Misstrauen führt. Es ist inspirierend zu sehen, wie sie aufblühen, wenn sie zu einem positiven Führungsteam werden und ein Miteinander gestalten, in dem Vertrauen und Unterstützung im Vordergrund stehen. Für Führungskräfte ist es eine Erleichterung, Teil eines Teams zu sein, das offen über Fehler und Beweggründe spricht.

Mit- und voneinander lernen

Ein zentraler Aspekt Positiver Führung ist der aktive Austausch und das gemeinsame Lernen, etwa durch kollegiale Fallberatung. Das fördert ein gemeinsames Verständnis der Führungskräfte und eine gemeinsame Sprache für Positive Leadership.

Wirksame Trainings gestalten

Entwicklung erfordert Zeit und praxisnahe, interaktive Trainings, die Freude am Lernen vermitteln. Neben Online-Schulungen sind Präsenztrainings in Kleingruppen ideal, um die Verhaltensänderungen zu verankern. Achten Sie darauf, dass die grundlegenden Fähigkeiten wie Feedback und Konfliktmoderation bereits vorhanden sind oder in das Trainingsprogramm integriert werden.

Interview Kirsten Liebchen, Jobcenter Osnabrück

Was empfiehlst du, um Positive Leadership auf allen Hierarchieebenen wirksam zu verankern?

»Transparenz über alle Ebenen hinweg zu schaffen ist sehr wirkmächtig. Führungskräfte, die über aktuelle und relevante Themen informieren, schaffen Klarheit und Vertrauen. Ebenso wichtig ist es, dass Mitarbeitende ihre Ideen und Besonderheiten aus ihren Bereichen einbringen können. Dafür sind regelmäßige Austauschformate über Hierarchiegrenzen hinweg äußerst hilfreich.«

Und wie sollte die Kommunikation zwischen den Hierarchieebenen gestaltet werden?

»Die Kommunikation zwischen den Ebenen sollte aktiv gestaltet werden. Qualitativ entscheidend ist eine offene und konstruktive Feedbackkultur in alle Richtungen. Es ist wichtig, regelmäßige Formate für Begegnung und Austausch zu ermöglichen, wie in Projekten, zu Fachthemen oder bei privaten Anlässen. Wenn eine Führungskraft den Mitarbeitenden zum Geburtstag gratuliert oder ein monatliches Treffen für alle Geburtstagskinder organisiert, fühlt sich jede und jeder wertgeschätzt.«

Wertschätzung scheint zentral zu sein. Wie kann sie im Arbeitsalltag gelebt werden?

»Wertschätzung bedeutet, auch kleine Dinge zu sehen und positiv anzusprechen – in beide Richtungen. Es wird oft unterschätzt, wie gut auch Führungskräften Wertschätzung tut. »Danktankstellen«, an denen positive Rückmeldungen gegeben werden können, könnten helfen, Wertschätzung im Alltag zu verankern.«

Vielen Dank, Kirsten, für diese wertvollen Einblicke!

Kirsten Liebchen ist Fallmanagerin im Jobcenter Osnabrück und freiberufliche Trainerin für Positive Psychologie. Sie war die Initiatorin Positive Psychologie im Jobcenter Osnabrück einzuführen.

Geld und Zeit einplanen

Ob Sie eine bestehende Führungskultur weiterentwickeln oder eine vollständige Transformation anstreben – planen Sie ausreichend Budget und Zeit ein, um die Einführung von Positive Leadership erfolgreich umzusetzen. Wichtige Aspekte:

- Zeit für Trainings und Lernformate für die Führungskräfte,
- kompetente Trainer beauftragen,
- angenehme Umgebungen für Trainings bereitstellen,
- digitale Lernplattformen inklusive Lern-Content bereitstellen,
- interne Steuerung der Trainings und Lernformate sicherstellen,
- Test- und Messinstrumente wie PERMA-Lead integrieren,
- optional Maßnahmen für Mitarbeitende einplanen.

Wenn »wir verstehen, dass es gemeinsam einfach besser geht«, um das einleitende Zitat von Julian Nagelsmann aufzugreifen, ist das gut für jeden einzelnen Menschen. Und es bringt ein Empowerment für das ganze Unternehmen.

9.5 Besser kleine Wellen als gar keine Wellen

Was können einzelne veränderungswillige Führungskräfte bewirken, wenn das Unternehmen noch nicht bereit für einen umfassenden Wandel ist?

Sie können in ihrem eigenen Einflussbereich beginnen, mehr PERMA zu leben, sowohl bei sich selbst als auch im eigenen Team. Diese kleinen, räumlich begrenzten Veränderungen können erste Wellen auslösen, die manchmal das gesamte Unternehmen beeinflussen. Mutige und geduldige Führungskräfte können somit Veränderungen anstoßen, die in die Organisation hineinwirken.

Wenn solche kleinen Inseln der Veränderung Erfolg ausstrahlen und es der obersten Leitung auffällt, kann dies größere Wellen auslösen. Zumindest werden die Mitarbeitenden in diesen Bereichen den Unterschied schätzen, da sie mehr PERMA erleben.

Wandel von unten

Herr Gruber, Abteilungsleiter in einer Bank, stand vor der Herausforderung, dass sein Vorstand, Herr Axthelm, einen sehr autoritären Führungsstil pflegte. Herr Axthelm ging oft laut und nicht zimperlich mit den Mitarbeitenden um, die das kaum ertragen konnten. Im Gegensatz dazu legte Herr Gruber großen Wert auf Augenhöhe, Eigenverantwortung und Wertschätzung in seiner Führung.

Um sein Team vor den harschen Ansprachen von Herrn Axthelm zu schützen, nahm Herr Gruber bewusst die Rolle einer »Glucke« ein. Er stellte sich schützend vor die eigenen Teams und klärte Streitpunkte selbst mit seinem Chef, ohne dass sein Team darunter litt. Das erforderte anfangs viel Mut, wurde aber innerhalb der Abteilung sehr positiv aufgenommen.

Dieses Beispiel zeigt, dass es immer einen Einflussbereich gibt, in dem positive Führungskräfte aktiv werden können. Auch wenn das gesamte Unternehmen oder die eigenen Vorgesetzten noch nicht so weit sind, können sie positive Veränderungen anstoßen.

Interview Anne Bollmann, Volkswagen AG

Wie hat Positive Leadership in Ihrem Transformationsprozessen geholfen?

»Positive Leadership macht Führungskräfte in Transformationen effektiver. Sie schaffen ein Umfeld, das auf Vertrauen und Unterstützung basiert. Dadurch erreichen sie nicht nur ihre Ziele, sondern inspirieren und motivieren auch ihr Team.«

Welche Vorteile bringt Positive Leadership in Zeiten von Unsicherheiten und Veränderungen?

»Führungskräfte bleiben resilient, selbst wenn es mal stürmisch wird. Sie schaffen trotz Herausforderungen ein stabiles Umfeld. In diesem sicheren Rahmen können sie und ihr Team besser auf Veränderungen reagieren. Dadurch wachsen sowohl Produktivität als auch Innovation.«

Wie profitieren Mitarbeitende von einem positiven Führungsstil?

»Auch für Mitarbeitende ist Positive Leadership ein Gewinn. Indem Führungskräfte ihre Stärken erkennen und fördern, steigen Zufriedenheit und Engagement. Die Arbeit wirkt dadurch leichter, was besonders in Zeiten des Wandels wichtig ist.«

Wie verändert Positive Leadership die Bereitschaft der Mitarbeitenden, Veränderungen anzunehmen?

»Positive Leadership bietet den nötigen Halt und Orientierung. Es hilft den Mitarbeitenden, sich beruflich und persönlich weiterzuentwickeln und sich wertgeschätzt zu fühlen. In einem positiven Umfeld, das Sicherheit und Unterstützung bietet, sind sie eher bereit, Veränderungen anzunehmen. Insgesamt schafft Positive Leadership also eine Win-win-Situation für Mitarbeitende und Führungskräfte.«

Anne Bollmann, Leiterin der Culture & Change Factory, Volkswagen AG

10 Wohin wird sich Positive Leadership entwickeln?

Stellen Sie sich doch einmal vor, all das, was Sie in diesem Buch über Positive Führung erfahren und gelernt haben, könnte nicht nur Sie selbst und Ihre Organisation, sondern auch die Welt um Sie herum verändern …

Wir haben hier den Fokus von der individuellen Ebene (Ich) über das Du hin zur kollektiven Ebene (Wir) einer gesamten Organisation erweitert. Allein das ist schon ein weiter Weg, der an vielen Stellen sicher auch nicht einfach ist. Vielleicht stehen Sie in Ihrer Organisation auch noch ganz am Anfang. Sie wissen, dass Erfolg daraus entsteht, sich gemeinsam aufzuraffen und trotz möglicher Hindernisse und Hürden dranzubleiben. Sie und Ihre Kollegen richten Ihr tägliches Verhalten konsequent auf Positive Führung aus. Sie wissen, warum und wofür Sie das tun, und unterstützen sich gegenseitig dabei. Sie haben ein klares Bild vor Augen, wie Sie das Miteinander und die gesamte Unternehmenskultur gestalten möchten.

Malen Sie sich das gerne einmal mit allen Sinnen aus und stellen Sie sich vor, Sie wären schon dort. Vielleicht möchten Sie sich sofort ein paar Notizen dazu machen …

Und jetzt laden wir Sie zu weiteren Gedankenexperimenten ein: was wird möglich, wenn wir unseren Denkhorizont viel weiter über den eigenen Tellerrand hinaus ausweiten? Was geschieht, wenn wir Positive Führung mit den neuesten wissenschaftlichen Erkenntnissen, Nachhaltigkeit und gesellschaftlicher Verantwortung verknüpfen? Diese Reise ist herausfordernd und inspirierend zugleich – und genau das macht sie so spannend.

10.1 Die vier Wellen der Positiven Psychologie

Positive Leadership basiert auf der Positiven Psychologie, die sich in verschiedenen Wellen weiterentwickelt hat. Das beeinflusst sowohl die Forschung als auch die Praxis von Positive Leadership.

Erste Welle: Betonung des Positiven

Initiiert von Martin Seligman um das Jahr 2000 (siehe auch Kapitel 2.3 ab Seite 41), konzentrierte sich die erste Welle auf die Erforschung und Förderung positiver Aspekte wie Glück, Stärken und positive Emotionen. Ziel war es, eine Wissenschaft des »Gelingens« zu etablieren und den Fokus auf die Stärken und positiven Erfahrungen des Menschen zu lenken. Wenn Sie Positive Führung in einem schwierigen Umfeld erlernen, kann es auch heute noch hilfreich sein, Ihr Augenmerk erst einmal grundsätzlich auf das Positive zu richten, so wie es die Forschung der ersten Welle getan hat.

Zweite Welle: Integration des Negativen

In der zweiten Welle wurde ergänzend erforscht, wie wichtig negative Erfahrungen (Leid, Trauma) sind, um persönliches Wachstum und Resilienz zu fördern. Diese Welle integrierte das Verständnis, dass positive und negative Erfahrungen zusammenwirken, um Wohlbefinden zu schaffen, und betonte die Bedeutung von posttraumatischem Wachstum neben positiven Erlebnissen. Vielleicht geht es auch in Ihrem Unternehmen gerade darum, verstärkt aus negativen Erfahrungen zu lernen und die Dualität anzunehmen; also Kraft und Wachstum aus allen Facetten zu schöpfen, auch aus den schwierigen und belastenden.

Dritte Welle: Komplexität und Ganzheitlichkeit

Die dritte Welle erweiterte den Fokus der Positiven Psychologie, indem sie individuelle, soziale, kulturelle und ökologische Systeme einbezog. Diese Welle betonte die Bedeutung von Gemeinschaften und sozialen Netzwerken für das Wohlbefinden und rückte Ganzheitlichkeit und Interdisziplinarität in den Vordergrund. Wohlbefinden wird hier als dynamisches, komplexes System verstanden, das weit über das Individuum hinausgeht.

Ein spannendes Konzept, das die Komplexität von Organisationen mit Positive Leadership verbindet, ist »Positive Organizing« (Schielein 2024). Positive Organizing unterstützt Berater und Führungskräfte dabei, durch die systematische Integration positiver Praktiken eine resiliente und innovative Organisationsstruktur aufzubauen. Es fördert cokreative Entscheidungsprozesse und eine starke, positive Organisationsidentität, wodurch systemisch betrachtet die Selbstorganisation und Anpassungsfähigkeit des gesamten Unternehmens gestärkt werden. Dadurch entwickelt sich eine positive, lernende Organisation, die ihre kollektiven Stärken nutzt, um nachhaltig erfolgreich zu sein.

Möglicherweise sind Sie gerade gemeinsam mit anderen Führungskräften dabei, eine von Positive Leadership geprägte Unternehmenskultur zu gestalten. Sie haben gelernt, das PERMA-Erleben bei sich selbst und in Ihrem Team zu steigern. Und Sie nutzen schon viele Positive-Leadership-Tools in ihrem direkten Umfeld. Nun begegnet Ihnen die Komplexität des ganzen Systems. Sie sind überrascht, wo überall neue Hindernisse erscheinen, die aus dem Weg zu räumen sind, um weiter voranzukommen. Sie erkennen, dass Sie tiefgreifende Veränderungen nur mit anderen zusammen erreichen. Die gemeinsame Bewegung aller im Unternehmen hin zu der positiven Vision stärkt nicht nur das Gemeinschaftsgefühl, sondern auch Sie als Führungskraft ganz persönlich.

Die vierte Welle: Globale Perspektive und themenübergreifende Ansätze

Die derzeit entstehende vierte Welle zielt darauf ab, die Positive Psychologie als festen Bestandteil einer globalen und systemischen Bewegung zu etablieren. Diese Welle betont, dass Wohlbefinden in einem globalen Kontext verstanden und gefördert werden muss, einschließlich der Wechselwirkungen zwischen Menschen und ökologischen Systemen. Erkenntnisse aus verschiedenen Disziplinen werden integriert, um komplexe globale Herausforderungen wie soziale Ungleichheit, Umweltkrisen und kollektives Wohlbefinden zu adressieren.

Diese Entwicklung zeigt, wie die Positive Psychologie von einem individuellen Ansatz zu einem umfassenderen Verständnis von Wohlbefinden gewachsen ist, das sowohl die individuelle als auch die kollektive Ebene umfasst. Das Buch »Creating the World We Want to Live In« (Grenville-Cleave et al. 2020) gilt als Meilenstein der vierten Welle der Positiven Psychologie. Es verknüpft individuelles Wohlbefinden mit globalen und ökologischen Herausforderungen und ruft dazu auf, persönliches Wachstum mit einem aktiven Beitrag zur Schaffung einer besseren Welt zu verbinden.

Nachdem Sie die ersten drei Wellen erfolgreich durchlaufen haben, stehen Sie an einem entscheidenden Wendepunkt Ihrer Führungsreise. Positive Führung ist Ihnen vertraut geworden und beeinflusst nicht nur Ihr Arbeitsumfeld, sondern auch andere Bereiche Ihres Lebens.

Mit der vierten Welle vor Augen erkennen Sie, dass es nun darum geht, über den gewohnten Rahmen hinauszugehen. Diese Phase fordert Sie heraus, Ihren Einflussbereich weiter auszudehnen – nicht nur innerhalb Ihrer Organisation, sondern auch auf anderen Ebenen. Positive Leadership in der vierten Welle bedeutet, Verantwortung für das Gemeinwohl zu übernehmen und Nachhaltigkeit in all Ihren Entscheidungen zu verankern. Es geht darum, neue Perspektiven einzunehmen, Allianzen zu schmieden und Ihre Führung in den Dienst einer besseren Welt zu stellen.

Für Sie persönlich bedeutet das, nicht nur als Führungskraft, sondern auch als Mensch weiter über sich hinauszuwachsen. Das erfordert Mut und Zuversicht.

10.2 Positiv führt! Weit über den Tellerrand hinaus!

Wie gelingt der erste Schritt, um Positive Leadership in die vierte Welle der Positiven Psychologie zu überführen und weiterzuentwickeln?

Es erfordert mehr als nur eine leichte Erweiterung unseres Denkrahmens. Es geht darum, unseren Horizont radikal zu vergrößern, den eigenen Tellerrand weit hinter uns zu lassen und mutig verschiedene Perspektiven einzunehmen. Dies ist eine anspruchsvolle Aufgabe, die uns herausfordert, individuelle Eigeninteressen konsequent beiseitezulegen und unseren Fokus auf größere, gesamtgesellschaftliche Zusammenhänge zu richten – mit einem klaren Ziel vor Augen: echte Nachhaltigkeit.

Nachhaltig führen: Positive Leadership und die 17 Ziele

Die 17 Ziele für nachhaltige Entwicklung (SDGs) wurden 2015 von den Vereinten Nationen als Teil der Agenda 2030 verabschiedet, um globale Herausforderungen wie Armut, Hunger, Klimawandel und soziale Ungleichheit zu bewältigen. Diese Ziele decken ein breites Spektrum ab, von der Förderung von Gesundheit und Bildung bis hin zu nachhaltigem Konsum, Klimaschutz und Frieden. Umfangreiche Informationen finden Sie auf *www.17ziele.de*.

Ein Ziel, das besonders für Positive Leadership relevant ist, ist SDG 8, das »menschenwürdige Arbeit und nachhaltiges Wirtschaftswachstum« fördert. Es zielt darauf ab, inklusives und nachhaltiges Wachstum zu unterstützen, produktive Vollbeschäftigung zu erreichen und menschenwürdige Arbeitsbedingungen für alle zu schaffen. Positive Leadership trägt maßgeblich zur Verwirklichung dieser Ziele bei, insbesondere durch die Verbesserung der Arbeitsqualität.

Was haben Unternehmen davon, sich an den 17 Zielen nachhaltig auszurichten?

Schnelleres Wachstum: Marken, die sich an SDGs ausrichten, verzeichnen schnelleres Wachstum und erschließen neue Marktchancen (Unilever 2019; Scott und McGill 2019).

Erhöhte Investorenattraktivität: Investoren bevorzugen Unternehmen, die SDGs umsetzen, und sehen darin eine Möglichkeit, langfristige Erträge zu sichern (Morgan Stanley 2019; Threlfall und King 2020).

Geringere Anfälligkeit für Risiken: Unternehmen, die SDG-Prinzipien umsetzen, sind besser auf regulatorische und gesellschaftliche Veränderungen vorbereitet (Deloitte 2022; Boston Consulting Group 2022).

Steigerung des Markenwerts: SDG-orientierte Unternehmen genießen eine höhere öffentliche Vertrauenswürdigkeit und verbessern ihre Markenreputation (Edelman Trust Barometer 2020; SustainAbility 2020).

Höheres Engagement und Talente: Unternehmen, die SDGs unterstützen, gewinnen leichter Talente und fördern ein stärkeres Mitarbeiterengagement (Deloitte Millennial Survey 2022; LinkedIn 2021).

PERMA global betrachtet: Positive Leadership für eine bessere Welt

Mit der vierten Welle der Positiven Psychologie steht ein mutiger Schritt bevor – ein Schritt, der das Potenzial hat, nicht nur Organisationen, sondern die gesamte Welt grundlegend zu transformieren. Diese Welle erweitert den Horizont von Positive Leadership, indem sie individuelle und organisatorische Ebenen überschreitet und sich den großen globalen Herausforderungen und systemischen Veränderungen stellt.

Lassen Sie uns gemeinsam die Angst vor unserer eigenen Größe überwinden und tiefer erforschen, welchen mächtigen Beitrag Positive Führung für eine bessere Welt leisten kann. Denken Sie dabei an das Everest-Ziel (siehe Seite 222) – ein visionäres, bedeutsames Ziel, das an sich erstrebenswert ist, selbst wenn es niemals vollständig erreicht wird. Vielleicht hat die Idee der Everest-Ziele Sie bereits dazu inspiriert, ein solches Ziel auch für Ihre Organisation zu entwickeln.

Unser persönliches Everest-Ziel ist es, das PERMA-Modell in Unternehmen und Institutionen zu bringen, um die Potenziale von Positive Leadership in einem größeren Rahmen zu entfalten und damit den Grundstein für einen nachhaltigen positiven Wandel zu legen.

Hoffnung und Willenskraft

Positive Leadership stärkt nicht nur die Hoffnung auf eine bessere Zukunft, sondern auch die Entschlossenheit, diese zu verwirklichen. Führungskräfte (von Vorarbeitern bis zu Präsidenten) werden befähigt, tiefgreifende Veränderungen anzustoßen, die weit über ihren eigenen Einflussbereich hinausreichen. Als reife, selbstbewusste Individuen mit emotionaler Intelligenz nutzen Sie die vollen Potenziale positiver Emotionen. Durch ihre – vor allem psychische – Gesundheit und ihr Engagement tragen sie entscheidend zum größeren Erfolg bei, indem sie Vorbilder für eine Welt werden, in der Hoffnung ein Antrieb für Wandel ist.

Stellen Sie sich einmal folgendes Szenario vor: Die Entscheider in Konzernen, Regierungen und bei Gipfeltreffen wären in der Lage, sich zu Beginn ihrer Treffen achtsam in die Aufwärtsspirale positiver Emotionen zu begeben. Sie wären achtsam, präsent und voller positiver Ressourcen. Das ermöglicht ihnen, kreativ, konstruktiv und gemeinwohlorientiert zu denken und völlig neuartige Lösungen für so viele Probleme zu erschaffen.

Engagement und globale Allianzen

Engagement bedeutet in dieser Welle, sich nicht nur für das eigene Unternehmen, sondern für das globale Gemeinwohl einzusetzen. Die Stärken aller kommen optimal dosiert miteinander zum Einsatz. Positive Leadership fördert die nötige Willenskraft für das Schmieden internationaler Allianzen. Nur so können wir Grenzen überwinden. Diese Allianzen sind unerlässlich, um globale Herausforderungen wie den Klimawandel und Umweltprobleme wirksam zu bekämpfen. Durch gemeinsames Handeln können wir die Welt aktiv gestalten. Das Mindset ist nicht mehr geprägt von Neid, Angst und Gier, sondern von Wachstum und Entwicklung.

Relationships – Positive Beziehungen

In einer vernetzten Welt haben starke Beziehungen – die von Wertschätzung und Respekt auf Augenhöhe geprägt sind – einen hohen Wert, auch international. Solche Beziehungen ermöglichen es, globale Missstände gemeinsam anzugehen und nachhaltige Lösungen zu entwickeln. Positive Leadership schafft die Basis für diese Kooperationen, indem es Vertrauen und Verständnis fördert, was wiederum die Grundlage für eine gerechtere und nachhaltigere Welt bildet.

Entscheider sprechen offen und lösungsorientiert miteinander. Positive Beziehungen tragen dazu bei, auch die Perspektiven anderer zu verstehen, Konflikte zu klären und attraktive gemeinsame Wege zu finden. Über die Grenzen von Unternehmen, Ländern und Kulturen hinweg reichen sich Entscheider die Hand, um gemeinsam von Hoffnung geprägte Visionen für eine bessere Zukunft zu entwerfen.

Meaning – Sinnhaftigkeit und globale Verantwortung

Sinn wird nun in einem größeren Zusammenhang betrachtet: Es geht nicht mehr nur darum, ob Handlungen für Einzelne, Gruppen oder Unternehmen sinnvoll erscheinen, sondern auch darum, wie sie auf globaler Ebene wirken – für andere Menschen, betroffene Nationen und unsere Natur. Die 17 Ziele für nachhaltige Entwicklung bieten wertvolle Orientierung, um die Nachhaltigkeit und den globalen Nutzen von Entscheidungen zu überprüfen.

Positive Leadership in der vierten Welle prägt eine Haltung, die stets nach dem Sinn und Nutzen von Handlungen fragt. Entscheider haben sich angewöhnt, den Sinn ihrer Entscheidungen klar zu kommunizieren und ihre Überlegungen auf die langfristigen Konsequenzen auszudehnen. Diese tiefere Reflexion führt zu einem erhöhten Bewusstsein und verantwortungsvolleren Entscheidungen auf allen Ebenen – auch wenn dieser Prozess manchmal herausfordernd ist.

Diese Haltung gründet auf Respekt, Wertschätzung und einer konstruktiven Feedback- und Dialogkultur. Werte wie diese lassen Partizipation und Demokratie aufblühen.

Sie bilden das Fundament westlicher Gesellschaften. Was könnte alles erreicht werden, wenn auch dort, wo Macht bislang noch durch Korruption, Gewalt oder Terrorismus erzwungen wird, die Suche nach Sinn und globaler Verantwortung Einzug hielte?

Das Nachdenken über den größeren Sinn von Entscheidungen und Zielen deckt nicht nur auf, wenn Sinn fehlt, sondern macht auch deutlich, wie wichtig eine sinnstiftende Vision der Zukunft ist. Wenn wir gemeinsam sinnorientierte Zukunftsbilder teilen, die uns motivieren und inspirieren, fällt es leichter, auf kurzfristige Vorteile zu verzichten und sich für eine positive Zukunft zu engagieren.

Eine gemeinsam entwickelte Zukunftsvision entfaltet eine enorme motivierende Kraft, die nicht nur Orientierung gibt, sondern auch die nötige Energie freisetzt, um gemeinsam in eine positive Zukunft zu gehen.

Accomplishment – Motivierende Ziele für die aktive Gestaltung einer besseren Zukunft

Durch Positive Leadership entsteht ein starkes Bewusstsein dafür, wie wichtig es ist, motivierende Ziele zu setzen und Schritt für Schritt zu erreichen. Während Everest-Ziele als inspirierende Leitsterne die Richtung vorgeben, helfen realisierbare Zwischenziele, die Motivation aufrechtzuerhalten und gemeinsam am Ball zu bleiben – auch auf globaler Ebene.

Die vierte Welle der Positiven Psychologie hat uns gelehrt, inspirierende Ziele zu formulieren. Unser Fokus richtet sich auf positive Vorbilder: Organisationen, die sich nachhaltig aufstellen, oder Nationen wie Neuseeland und Island, die sich der Wellbeing Economy verschrieben haben – einem Wirtschaftsmodell, das das Wohlbefinden der Menschen und den Schutz des Planeten über reines Wirtschaftswachstum stellt und den Erfolg einer Gesellschaft anhand von Lebensqualität, sozialer Gerechtigkeit und ökologischer Nachhaltigkeit misst.

Positive Leadership bietet den kraftvollen Ansatz, auf das zu blicken, was bereits erreicht wurde, und aktuelle Herausforderungen in attraktive Ziele zu verwandeln, die Teil eines positiven Zukunftsbildes sind. Ohne die Bedrohungen als treibende Kraft aus den Augen zu verlieren, gehört es zu unserer neuen Normalität, nicht nur in den Medien, sondern auf allen gesellschaftlichen Ebenen viel mehr über das Gute, Erfolge und Erreichtes zu sprechen. Denn wir haben erkannt, dass uns das weit mehr stärkt, als sich vor Negativem und Horrorszenarien zu fürchten.

Gemeinsam erlebte und geteilte kleine und große Erfolge sind die Bausteine einer Welt, in der wir leben möchten.

Das Morgen gestalten: Positiv führt!

»Wir können unsere Probleme nicht mit dem gleichen Denken lösen, das wir verwendet haben, als wir sie geschaffen haben.«

Albert Einstein, Physiker und Philosoph

Die Welt steht vor gewaltigen Herausforderungen, für die es oft keine einfachen und schnellen Lösungen gibt, da die Zusammenhänge zu komplex sind. Die 17 Ziele für nachhaltige Entwicklung geben aber schon eine klare Richtung vor.

Positive Leadership und die Positive Psychologie liefern auch keine konkreten Lösungen für die Herausforderungen an sich, um zum Beispiel den Klimawandel aufzuhalten oder Armut zu beenden.

Der Beitrag Positiver Führung liegt aber darin, Menschen aller Führungsebenen zu empowern, hoffnungsvoller, engagierter, sinnvoller, gemeinwohlorientierter und wirksamer gemeinsam neuartige Lösungen zu entwickeln und umzusetzen. Also ein neues Denken zu erschaffen.

Viele positiv geführte Unternehmen zeigen im Kleinen bereits, was im Großen möglich ist. Sie teilen Wissen, sammeln bereichsübergreifende Best Practices, entwickeln hochinnovative Lösungen und feiern ihre Erfolge. Als Führungskraft in einem solchen Unternehmen sind Sie ein inspirierendes Vorbild – nicht nur innerhalb Ihres Unternehmens, sondern in allen Lebensbereichen. Wenn sich viele Führungskräfte gemeinsam auf den Weg machen, entstehen kraftvolle Wellen der Veränderung, die alle Lebensbereiche durchdringen. Unternehmen werden so zu Motoren gesellschaftlicher Transformation. Aus individuellen Veränderungen erwachsen kollektive Transformationen.

Stellen Sie sich vor, Positive Führung breitet sich auch in der Politik aus – vielleicht zuerst bei Einzelnen, dann parteiübergreifend, national und international. Was könnte daraus entstehen? Neue Allianzen von Wissen und Weisheit, die zum Wohle aller geteilt werden. Durch kreative, interdisziplinäre und internationale Zusammenarbeit könnten völlig neuartige Lösungen entstehen, die bisher kaum denkbar waren.

Als Führungskraft tragen Sie mit Positive Leadership schon das ganze Potenzial in sich, nicht nur die Gestaltung Ihrer Organisation zu prägen, sondern zum Architekten einer besseren Welt zu werden – einer Welt, in der wir alle gerne leben und arbeiten möchten.

Quellen- und Literaturverzeichnis

Abramson; Lyn Y.; Martin E. P. Seligman, Teasdale, John D. (1978): Learned helplessness in humans. Critique and reformulation. Journal of Abnormal Psychology, 87(1), 49–74.

Arthuer, Aron; Edward Melinat, Elaine N. Aron, Robert Darrin Vallone, Renee J. Bator (1997): The Experimental Generation of Interpersonal Closeness. A Procedure and Some Preliminary Findings. Personality and Social Psychology Bulletin, 23(4).

Bandura, Alfred (1997): Self-Efficacy: The Exercise of Control. W. H. Freeman, Times Books, Henry Holt & Co.

Barrett, Lisa (2017): How emotions are made. The secret life of the brain. Houghton Mifflin Harcourt.

Bartlett, Larissa; Angela Martin, Amanda L. Neil, Kate Memish, Petr Otahal, Michelle Kilpatrick, Kristy Sanderson (2019): A systematic review and meta-analysis of workplace mindfulness training randomized controlled trials. Journal of Occupational Health Psychology, 24(1): 108-126.

BetterUp Labs (2018): Meaning and Purpose at Work. BetterUp Insights. https://f.hubspotusercontent40.net/hubfs/9253440/Asset%20PDFs/Promotions_Assets_Whitepapers/BetterUp-Meaning&Purpose.pdf, abgerufen am 24. September 2024.

Biswas-Diener, Robert; P. Alex Linley, Karina M. Nielsen, Raphael Gillett (2010): Using signature strengths in pursuit of goals: Effects in goal progress, need satisfaction and well-being and implications for coaching psychologists. International Coaching Psychology Review, 5(1), 6–15.

Blickhan, Daniela (2018): Positive Psychologie. Ein Handbuch für die Praxis. 2. Auflage, Springer.

Boston Consulting Group (2022): From Compliance to Courage in ESG. www.bcg.com/publications/2022/compliance-to-courage-in-esg, abgerufen am 24. September 2024.

Bower, Gordon (1981): Mood and memory. American Psychologist, 36(2), 129–148.

Brackett, Marc A.; Susan E. Rivers (2014): Transforming students' lives with social and emotional learning. In: R. Pekrun and L. Linnenbrink-Garcia (Eds.), International handbook of emotions in education (pp. 368–388). Routledge/Taylor & Francis Group.

Brackett, Marc A.; Salovey P. Rivers (2011): Emotional intelligence: Implications for personal, social, academic, and workplace success. Social and Personality Psychology Compass, 5(1), 88–103.

Bresciani Ludvik, Marilee J. (2016): The neuroscience of learning and development. Enhancing creativity, compassion, critical thinking, and peace in higher education. Stylus Publishing, LLC.

Brosi, Prisca (2023): Mitarbeitenden-Stärkung. Empowerment hoch 4. Managerseminare 5/23.

Brown, Nicholas J. L.; Alan D. Sokal, Harris L. Friedman (2013): The complex dynamics of wishful thinking. The critical positivity ratio. American Psychologist.

Bundesanstalt für Arbeitsschutz und Arbeitsmedizin und DAK. (2023): Bericht zur psychischen Gesundheit am Arbeitsplatz. www.baua.de, abgerufen am 9. September 2024.

Business Leadership Today (2023): How cognition affects employee motivation. Business Leadership Today.

Butler, Julie; Margaret L. Kern (2016): The PERMA-Profiler. A brief multidimensional measure of flourishing.

Cameron, Kim (2021): Positively energizing leadership: Virtuous actions and relationships that create high performance. Berrett-Koehler.

Cameron, Kim (2013): Practicing positive leadership: Tools and techniques that create extraordinary results. Berrett-Koehler.

Cameron, Kim; Emily Plews (2012): Positive leadership in action. Applications of POS by Jim Mallozzi, CEO, Prudential Real Estate and Relocation. Organizational Dynamics, 41(2), 99–105.

Cohn, Michael A.; Barbara L. Fredrickson, Stephanie L. Brown, Joseph A. Mikels, Anne M. Conway (2009): Happiness unpacked. Positive Emotions increase life satisfaction by building resilience. Emotion, 9(3), 361–368.

Csíkszentmihályi, Mihaly (1996): Creativity: Flow and the Psychology of Discovery and Invention. HarperCollins.

Csíkszentmihályi, Mihaly (1990): Flow. The Psychology of Optimal Experience. Harper & Row.

Dalferth, Ingolf U. (2016): Hoffnung. De Gruyter, Berlin.

Davidson, Richard J.; Sharon Begley (2013): The Emotional Life of Your Brain: How Its Unique Patterns Affect the Way You Think, Feel, and Live – and How You Can Change Them. Hodder Paperbacks.

Deci, Edward L.; Richard M. Ryan (2000): The »What« and »Why« of Goal Pursuits. Human Needs and the Self-Determination of Behavior. Psychological Inquiry, 11(4), 227–268.

Deloitte (2022): Deloitte Millennial Survey. www2.deloitte.com/de/de/pages/presse/contents/deloitte-millennial-survey-2022.html, abgerufen am 9. September 2024.

Deloitte (2020): Agenda 2030. Creating legacy, prosperity and continuity for your business. Deloitte Risk Advisory Sdn Bhd., https://www2.deloitte.com/content/dam/Deloitte/my/Documents/risk/my-risk-sustainability-risk-agenda-2030-v2.pdf, abgerufen am 23.09.2024

Doerr, John (2018): Measure What Matters. How Google, Bono, and the Gates Foundation Rock the World with OKRs. Penguin.

Doran, George T. (1981): There's a S.M.A.R.T. way to write management's goals and objectives. Management Review, 70(11).

Dutton, Jane E. (2003): Energize Your Workplace: How to Create and Sustain High-Quality Connections at Work. Jossey-Bass.

Dutton, Jane E.; Gretchen M. Spreitzer (2012): The Role of High-Quality Connections in Positive Work Cultures. In The Oxford Handbook of Positive Organizational Scholarship. Oxford University Press.

Dweck, Carol (2018): Selbstbild. Wie unser Denken Erfolge oder Niederlagen bewirkt. Piper Verlag.

Ebner, Markus (2024): Positive Leadership in der Praxis. Tools, Techniken und Best-Practice-Beispiele. facultas.

Ebner, Markus (2024): Positive Leadership: Mit PERMA-Lead erfolgreich führen. facultas.

Ebner, Markus (2017): 4-Evening-Questions: Eine einfache Technik mit tiefgreifender Wirkung. Organisationsberatung, Supervision, Coaching, Springer.

Edelman. (2020): Edelman Trust Barometer. www.edelman.de/sites/g/files/aatuss401/files/2020-01/2020%20Edelman%20Trust%20Barometer%20Global%20Report_Final_0.pdf, abgerufen am 9. September 2024.

Edmondson, Amy C.; Zhike Lei (2014): »Psychological Safety: The History, Renaissance, and Future of an Interpersonal Construct.« Annual Review of Organizational Psychology and Organizational Behavior, 1(1).

Eidenschink, Klaus (2024): Die Kunst des Konflikts. Konflikte schüren und beruhigen lernen. Carl-Auer.

Felfe, Jörg (2006): Transformationale und charismatische Führung. Stand der Forschung und aktuelle Entwicklungen. Zeitschrift für Personalpsychologie, 5 (4) Hogrefe.

Forbes (2022): The Global 2000, www.forbes.com/lists/global2000/?sh=10c883d15ac0, abgerufen am 25. März 2024.

Fredrickson, Barbara L. (2023): Die Macht der Liebe. Ein neuer Blick auf das größte Gefühl. Campus.

Fredrickson, Barbara L. (2013): Updated thinking on positivity ratios. American Psychologist, 68(9).

Fredrickson, Barbara L. (2011): Die Macht der guten Gefühle. Wie eine positive Haltung Ihr Leben dauerhaft verändert. Campus.

Fredrickson, Barbara L. (2009): Positivity: Groundbreaking Research to Release Your Inner Optimist and Thrive. Crown Publishing Group.

Fredrickson, Barbara L. (2001): The role of positive Emotions in positive psychology. The broaden-and-build theory of positive Emotions. American Psychologist, 56(3).

Fredrickson, Barbara L.; Marcial F.Losada (2005): Positive affect and the complex dynamics of human flourishing. American Psychologist, 60(7).

Fredrickson, Barbara L.; Roberta A. Mancuso, Christine Branigan, Michele M. Tugade (2000): The undoing effect of positive Emotions. Motivation and Emotion, 24(4).

Gable, Shelly L.; Harry T. Reis, Emily A. Impett, Evan R. Asher (2004): What do you do when things go right? The intrapersonal and interpersonal benefits of sharing positive events. Journal of Personality and Social Psychology, 87(2).

Gallup (2024): Gallup Report. https://www.gallup.com

Gallup (2023): Gallup Report. https://www.gallup.com

Gallup (2022): State of the Global Workplace Report. www.gallup.com/file/workplace/645608/state-of-the-global-workplace-2022-download.pdf, abgerufen am 9. September 2024.

Gallup (2021): Gallup Report. Bericht zum Engagement Index Deutschland 2023. Mitarbeiterbindung sinkt weiter. www.gallup.com/de/472028/bericht-zum-engagement-index-deutschland-2023.aspx, abgerufen am 9. September 2024.

Garland, Eric L.; Barbara L. Fredrickson, Ann M. Kring, David P. Johnson, Piper S. Meyer, David L. Penn (2010): Upward spirals of positive Emotions counter downward spirals of negativity. Insights from the broaden-and-build theory and affective neuroscience. Biological Psychiatry, 68(4).

Global Compact and Accenture (2021): The Decade to Deliver: A Call to Business Action. https://www.accenture.com/content/dam/accenture/final/capabilities/strategy-and-consulting/supply-chain---operations/document/Accenture-The-Decade-to-Deliver-a-Call-to-Business-Action.pdf, abgerufen am 24. September 2024.

Goleman, Daniel (1995): Emotional intelligence: Why it can matter more than IQ. Bantam Books.

Good, Darren J.; Christopher J. Lyddy, Theresa M. Glomb, Joyce E. Bono, Kirk Warren Brown, Michelle K. Duffy, Sara W. Lazar (2016): Contemplating mindfulness at work. An integrative review. Journal of Management, 42(1), 114–142.

Google (2015): Project Aristotle. https://psychsafety.co.uk/googles-project-aristotle, abgerufen am 9. September 2024.

Gottman, John M. (2017): Die 7 Geheimnisse der glücklichen Ehen. Ullstein.

Grenville-Cleave, Bridget; Dóra Guðmundsdóttir; Felicia Huppert; Vanessa King (2021): Creating a world we want to live. How positive psychology can build a brighter future. Routledge.

Guillaume, Yves R. F.; Jeremy F. Dawson, Lilian Otaye-Ebede, Stephen A. Woods, Michael A. West (2017): Harnessing demographic differences in organizations. What moderates the effects of workplace diversity? Journal of Organizational Behavior.

Hagelskamp, Carolin; Marc A. Brackett, Susan E. Rivers, Peter Salovey (2013): Improving Classroom Quality with The RULER Approach to Social and Emotional Learning. Proximal and Distal Outcomes. American Journal of Community Psychology.

Hammermann, Andrea; Jörg Schmidt, Oliver Stettes (2022): Fluktuation auf dem deutschen Arbeitsmarkt. Institut der deutschen Wirtschaft.

Hanson, Rick (2016): Hardwiring happiness: The new brain science of contentment, calm, and confidence. Harmony.

Harzer, Claudia; Willibald Ruch (2013): The application of signature character strengths and positive experiences at work. Journal of Happiness Studies, Springer.

Hattie, John (2009): Visible Learning. A Synthesis of Over 800 Meta-Analyses Relating to Achievement. Routledge.

Hayes, Steven C.; Kirk D. Strosahl, Kelly G. Wilson (1999): Acceptance and Commitment Therapy. An Experiential Approach to Behavior Change. Guilford Press.

Hays (2023): HR-Report 2023. Mitarbeiterbindung. www.hays.de/documents/10192/118775/hays-hr-report-2023-de.pdf, abgerufen am 24. September 2024.

HR Cloud (2023): The impact of employee recognition on engagement and retention. www.hrcloud.com/blog/the-impact-of-employee-recognition-on-engagement-and-retention, abgerufen am 9. September 2024.

Institut für Arbeitsmarkt- und Berufsforschung (2024): IAB-Arbeitsmarktbarometer. www.iab.de/arbeitsmarktbarometer, abgerufen am 1. August 2024.

Job, Veronika; Carol S. Dweck, Gregory M. Walton (2010): Ego depletion—is it all in your head? Implicit theories about willpower affect self-regulation. Psychological Science, 21(11).

John, Oliver P.; James J Gross (2004): Healthy and unhealthy emotion regulation. Personality processes, individual differences, and life span development. Journal of Personality, 72(6).

Kabat-Zinn, Jon (2013): Full Catastrophe Living. Using the Wisdom of Your Body and Mind to Face Stress, Pain, and Illness. Bantam Books.

Kashdan, Todd B.; Lisa F. Barrett, Patrick E. McKnight (2015): Unpacking emotion differentiation. Transforming unpleasant experience by perceiving distinctions in negativity. Current Directions in Psychological Science, 24(1).

Kellerman, Gabriella Rosen; Martin Seligman (2023): Tomorrow Mind. Das Toolkit für mentale Stärke, Gesundheit und mehr Freude an der Arbeit. Ariston.

Killingsworth, Matthew A.; Daniel T. Gilbert (2010): A Wandering Mind Is an Unhappy Mind. Science.

Konvalinka, Ivana; Andreas Roepstorff (2012): The two-brain approach: how can mutually interacting brains teach us something about social interaction? Frontiers in Human Neuroscience, 6.

Kotter, John P. (1996): Leading change. Harvard Business School Press.

Kotter, John P.; Vanessa Akhtar, Gaurav Gupta (2021): Change. How organizations achieve hard-to-imagine results in uncertain and volatile times. Wiley.

Kounios, John; David Rosen (2024): Effortless, enjoyable productivity: Neuroimaging study reveals how the brain achieves creative flow. Drexel University Creativity Research Lab. https://drexel.edu/news/archive/2024/March/New-Neuroimaging-Study-Reveals-How-the-Brain-Achieves-a-Creative-Flow-State, abgerufen am 9. September 2024.

Krafft, Andreas (2024): Keynote Our Hopes, our Fears, our Future. European Congress on Positive Psychology.

Krafft, Andreas (2022): Unsere Hoffnungen, unsere Zukunft, Springer.

Langer, Ellen J. (1989): Mindfulness. Addison-Wesley/Addison Wesley Longman.

Lazarus, Richard S. (1991): Emotion & Adaptation. Oxford University Press.

Lee, Juyoung; Bum-Jin Park, Yuko Tsunetsugu, Toru Ohira, Takahide Kagawa, Yoshifumi Miyazaki (2011): Effect of forest bathing on physiological and psychological responses in young Japanese male subjects. Public Health, 125(2),

Lerner, Jennifer S.; Dacher Keltner (2000): Beyond valence. Toward a model of emotion-specific influences on judgement and choice. Cognition & emotion, 14(4), 473–493.

Li, Qing; Kanehisa Morimoto, Maiko Kobayashi, Hirofumi Inagaki, Masao Katsumata, Yukiyo Hirata, Yoshifumi Miyazaki (2007): Visiting a forest, but not a city, increases human natural killer activity and expression of anti-cancer proteins. International Journal of Immunopathology and Pharmacology, 20(2_suppl).

Lieberman, Matthew D.; Naomi I. Eisenberger, Molly J. Crockett. Molly J., Sabrina M. Tom; Jennifer H. Pfeifer, Baldwin M. Way (2007): Putting feelings into words. Affect labeling disrupts amygdala activity in response to affective stimuli. Psychological Science, 18(5).

Lipman, Victor (2013): New Employee Study Shows Recognition Matters More Than Money. Psychology Today.

Littman-Ovadia, Hadassah; Michael Steger (2010): Character strengths and well-being among volunteers and employees. Toward an integrative model. The Journal of Positive Psychology.

Liu, Tao; Shaokai Lu, Jianhong Ma, Yanhui Mao (2023): Apply your strengths to enjoy flow at work. A diary study on the relationship between strengths use and innovative behavior. Journal of Happiness Studies.

Livingston, J. Sterling (1969): Pygmalion in Management. Harvard Business Review.

Lyubomirsky, Sonja (2013): Glücklich sein. Warum Sie es in der Hand haben, zufrieden zu leben. Campus.

Lyubomirsky, Sonja; Laura King, El Diener (2005): The benefits of frequent positive affect: Does happiness lead to success? Psychological bulletin.

Mangelsdorf, Judith (2020): Positive Psychologie im Coaching. Positive Coaching für Coaches, Berater und Therapeuten. Springer Fachmedien Wiesbaden.

McKinsey & Company. (2023): A Holistic Health Approach for Employees. www.mckinsey.com/mhi/our-insights/reframing-employee-health-moving-beyond-burnout-to-holistic-health, abgerufen am 9. September 2024.

Meyer, Elke Katharina (2016): Abschlussprojekt Positive Psychologie Level 1. Gut in den Tag mit dem 3×3-Starter-Pack; Deutsche Gesellschaft für Positive Psychologie.

Meyers, Marina Christina; Marianne van Woerkom (2017): Effects of a Strengths Intervention on General and Work-Related Well-Being. The Mediating Role of Positive Affect. J Happiness Stud 18, 671–689.

Neff, Kristin D.; Christopher K. Germer (2013): A pilot study and randomized controlled trial of the mindful self-compassion program. Journal of Clinical Psychology, 69(1).

Nesemann, Frank (2023): Veränderungen des Wohlbefindens und der Fluktuationsabsichten von Mitarbeitenden durch das Training des PERMA-Lead-Verhaltens ihrer Führungskräfte. Deutsche Hochschule für Gesundheit und Sport, Berlin.

Niemiec, Ryan M. (2023): Mindfulness and Character Strengths. A Practical Guide to MBSP. Hogrefe Publishing.

Oettingen, Gabriele (2014): Rethinking positive thinking. Inside the new science of motivation. Current.

Pareto, Vilfredo (1896): Cours d'économie politique. Genève: Librairie Droz.

Passmore, Holli-Anne (2023): Efficacy of two nature-based Positive Psychology Interventions compared to »Three Good Things«. IPPA World Congress on Positive Psychology 2023.

Peters, Jan; Christian Büchel (2010): Episodic future thinking reduces reward delay discounting through an enhancement of prefrontal-mediotemporal interactions. Neuron, 66(1).

Peterson, Suzanne; Kristin Byron (2008): Exploring the role of hope in job performance. Results from four studies. Journal of Organizational Behavior, 29(6), 785–803.

Pettit, Philip (2004): Hope and its place in my mind. The Annals of the American Academy of Political and Social Sciense, 592(1).

Phelps, Elizabeth A. (2006): Emotion and cognition. Insights from studies of the human amygdala. Annual Review of Psychology, 57.

Przybylski, Andrew K.; Netta Weinstein (2013): Can you connect with me now? How the presence of mobile communication technology influences face-to-face conversation quality. Journal of Social and Personal Relationships, 30(3), 270–286.

Reinhardt, Rüdiger (2013): Psychologisches Kapital. Durch Nutzung psychischer Ressourcen zu höherer Führungseffektivität. Windmühle.

Rosa, Hartmut (2013): Beschleunigung und Entfremdung. Entwurf einer kritischen Theorie spätmoderner Zeitlichkeit. Suhrkamp.

Rosenberg, Erika L.; Paul Ekman (2001): Linkages between facial expression of anger and transient myocardial ischemia in men with coronary artery disease. Journal of Psychosomatic Research.

Rotter, Julian B. (1966): Generalized expectancies for internal versus external control of reinforcement. Psychological Monographs: General and Applied, 80(1), 1–28.

Rudd, Melanie; Kathleen D. Vohs, Jennifer Aaker (2012): Awe expands people's perception of time, alters decision making, and enhances well-being. Psychological Science, 23(10).

Russo-Netzer, Pnint; Ofer Israel Atad (2024): Activating values intervention. An integrative pathway to well-being. Frontiers in Psychology, 15, 1375237.

Ryan, Richard M.; Edward L. Deci (2000): Intrinsic and Extrinsic Motivations. Classic Definitions and New Directions. Contemporary Educational Psychology.

Salanova, Marisa; Alma Maria Rodríguez-Sánchez, Wilmar B. Schaufeli, Eva Cifre (2014): Flowing together. A longitudinal study of collective efficacy and collective flow among workgroups. The Journal of Psychology, 148(4), 435–455.

Sapolsky, Robert M. (2004): Why Zebras don't get ulcers: The acclaimed Guide to stress, stress-related deseases, and coping. Holt Paperbacks.

Sauer, Sebastian; Karin Andert; Niko Kohls; Günter F. Mülle (2011): Mindfulness in leadership. Does being mindful enhance leaders business success? Shihui Han; Ernst Pöppel (eds) Culture and Neural Frames of Cognition and Communication. On Thinking. Springer.

Schermuly, Carsten C. (2010): Das Instrument zur Kodierung von Diskussionen. Untersuchung der psychometrischen Qualität und experimenteller Einsatz zur Prüfung des Empowermentkonstrukts. Dissertation, Humboldt-Universität zu Berlin.

Schermuly, Carsten C.; Bertolt Meyer (2011): Effects of vice-principals' psychological empowerment on job satisfaction and burnout. International Journal of Educational Management.

Schielein, Eva (2024): Positive Organizing. Organisationskompetenz für die Begleitung von Veränderungsprozessen. Springer.

Schmidt, Corinna Vera Hedwig; Tessa Christina Flatten (2022): Crossover of resources within formal ties: How job seekers acquire psychological capital from employment counselors. Journal of Organizational Behavior, 43(1), 151–170.

Schmidt, Gunther (2012): Hypnosystemische Konzepte in Therapie, Beratung und Coaching. Carl-Auer Verlag.

Scott, Louise; Alan McGill (2019): Creating a Strategy for a Better World. www.pwc.de/de/nachhaltigkeit/creating-a-strategy-for-a-better-world-2019.pdf, abgerufen am 24. September 2024.

Seligman, Martin E. P. (2014): Flourish. Wie Menschen aufblühen. 2. Auflage, Kösel-Verlag.

Seligman, Martin E. P. (2011): Flourish: A Visionary New Understanding of Happiness and Well-being. Free Press.

Seligman, Martin E. P. (2006): Learned Optimism. How to Change Your Mind and Your Life. Vintage Books.

Seligman, Martin E. P. ; Peterson, Christopher (2004): Character Strengths and Virtues. A Handbook and Classification. Oxford University Press.

Seligman, Martin E. P. ; Schulman, Peter (1986): Explanatory style as a predictor of productivity and quitting among life insurance sales agents. Journal of Personality and Social Psychology.

Seligman, Martin E. P.; Tracy A Steen; Nansook Park; Christopher Peterson (2005): Positive psychology progress. Empirical validation of interventions. American Psychologist, 60(5), 410–421.

Senju, Atsushi; Mark H. Johnson (2009): The eye contact effect. mechanisms and development. Trends in Cognitive Sciences, 13(3).

Shehata, Mohammad; Miao Cheng, Angus Leung, Naotsugu Tsuchiya, Daw-An Wu, Chia-Huei Tseng, Shigeki Nakauchi, Shinsuke Shimojo (2021): Team flow is a unique brain state associated with enhanced information integration and inter-brain synchrony. eneuro.

Spenst, Dominik (2023): 6-Minuten-Podcast. Wie du dein Gehirn auf Erfüllung progammierst (mit der 10-Sekunden-Regel) #1. https://youtu.be/e7Bi3qJLShc, abgerufen am 24. September 2024.

Spreitzer, Gretchen M. (1995): Psychological empowerment in the workplace. Dimensions, measurement and validation. Academy of Management Journal.

Stanley, Morgan (2019): Sustainable Signals. Individual Investor Interest Driven by Impact. Conviction and Choice. www.morganstanley.com/content/dam/msdotcom/infographics/sustainable-investing/Sustainable_Signals_Individual_Investor_White_Paper_Final.pdf, abgerufen am 24. September 2024.

Steger, Michael F. (2024): Regenerative positive psychology.A call to reorient wellbeing science to meet the realities of our world. The Journal of Positive Psychology.

Steger, Michael F.; Bryan J. Dik, Ryan D. Duffy, (2012): Measuring meaningful work. The work and meaning inventory (WAMI). In: Journal of Career Assessment, 20(3), 322–337.

Tan, Chade-Meng (2015): Search Inside Yourself. Optimiere dein Leben durch Achtsamkeit. Goldmann.

Threlfall, Richard; Adrian King (2020): KPMG Survey of Sustainability Reporting. Abgerufen: https://kpmg.com/xx/en/home/insights/2020/11/the-time-has-come-survey-of-sustainability-reporting.html, abgerufen am 9. September 2024.

Tomlinson, Eve R.; Omar Yousaf, Axel D. Vitterso, Lauraine Jones (2018): Dispositional mindfulness and psychological health. A systematic review and meta-analysis. Clinical Psychology Review.

Tuckman, Bruce W.; Mary Ann Jensen (1977): Stages of Small-Group Development Revisited. Group & Organization Studies, 2(4).

Unilever (2019): Sustainable Living Brands. Better for you, Better for the Planet. www.unilever.de/files/92ui5egz/production/287881e6e4572af1bc2a1d3c97e3b4abd4e57ea1.pdf, abgerufen am 24. September 2024.

Urch Druskat, Vanessa; Steven B. Wolff (2001): Building the emotional intelligence of groups. Harvard Business Review, 79(3).

Vonderlin, Ruben; Miriam Biermann, Martin Bohus, Lisa Lyssenko (2020): Mindfulness-Based Programs in the Workplace. A Meta-Analysis of Randomized Controlled Trials. Mindfulness, 11, 1579–1598.

Wammerl, Martin; Johannes Jaunig, Thomas Mairunteregger, Philip Streit (2019): The German version of the PERMA-Profiler. Evidence for construct and convergent validity of the PERMA theory of well-being in German speaking countries. Journal of Well-Being Assessment, 3.

Wandeler, Christian A.; Susana C. Marques, Shane J. Lopez (2016): Hope at work. The Wiley Blackwell Handbook of the Psychology of Positivity and Strengths-Based Approaches at Work, 48–59.

Watzlawick, Paul; Janet H. Beavin; Don D. Jackson (1967): Menschliche Kommunikation. Formen, Störungen, Paradoxien. Hogrefe.

Weiss, Rachel; Eric Vittinghoff, Magret C. Fang, Robert M. Arnod, Andrew D. Auerbach, Wendy G. Anderson (2017): Association of Physician Empathy with Patient Anxiety and Ratings fo Communications in Hospital Admission Encouners.

Wingerden, Jessica van; Joost van der Stoep (2018): The motivational potential of meaningful work.Relationships with strengths use, work engagement, and performance. PLoS ONE 13(6).

77 magische Bilder, die dich stärker machen

Markus Hörndler
77 magische Bilder, die dich stärker machen
Das inspirierende Motivationsbuch
2. Auflage 2024

192 Seiten; Broschur; 19,95 Euro
ISBN 978-3-86980-731-7; Art.-Nr.: 1186

Wir leben in einer Zeit voller Stressfaktoren, Leistungsdruck, Weltproblemen und Zukunftssorgen. Negative Gedanken dominieren.

Das Leben verlangt uns vieles ab. Wie du deine Persönlichkeit und deinen Kopf stärkst, illustrierte Markus Hörndler in 77 bewegenden Bildern, die auf inspirierende Art und Weise darstellen, wie du mit Optimismus, Zuversicht und positiven Gefühlen dir selbst und anderen Menschen begegnest.

Sie bringen dich zum Nachdenken, zum Umdenken und dazu, neue Möglichkeiten im Leben zu sehen.

Ganz ohne starre Verhaltensvorschriften gibt dir dieses Buch anregende Impulse, die richtigen Fragen zu stellen, und stärkt deine dir innewohnende Motivation.

www.BusinessVillage.de